ELEKTROSTATISCHE GENERATOREN

ELEKTROSTATISCHE GENERATOREN

Eine Sammlung von Aufsätzen

Herausgegeben
von
A. K. WALTER
Mitglied der Akademie der Wissenschaften der UdSSR

Mit 218 Abbildungen und 19 Tabellen

AKADEMIE-VERLAG · BERLIN
1963

А. К. Вальтер
Электростатические Генераторы

Erschienen im Verlag der Hauptverwaltung
für die Ausnutzung der Atomenergie
beim Ministerrat der UdSSR, Moskau 1959

Übersetzung aus dem Russischen von
Dr. H. HELFER und R. POSE
Wissenschaftliche Redaktion der deutschen Ausgabe:
S. HOPF, Dr. H. HELFER und R. POSE

Erschienen im Akademie-Verlag GmbH, Berlin W 8, Leipziger Straße 3—4

Lizenznummer: 202 · 100/523/63
Gesamtherstellung: VEB Druckerei „Thomas Müntzer“ Bad Langensalza
Bestellnummer: 5494 · ES 18 B 7/20 K 3

Inhaltsverzeichnis

A. K. Walter

Anwendungsgebiete und allgemeine Bauprinzipien elektrostatischer Generatoren für hohe Spannung

Infolge einer eigentlich unberechtigten Tradition wird mit dem Ausdruck „Elektrostatischer Generator" der Hochspannungserzeuger (Generator) sowie der elektrostatische Beschleuniger bezeichnet. Der elektrostatische Beschleuniger enthält jedoch außer dem Generator auch das System zur Beschleunigung geladener Teilchen, bestehend aus Teilchenquelle, Beschleunigungsrohr, Vakuumanlagen sowie Einrichtungen zum Analysieren und Trennen des beschleunigten Teilchenstrahles.

Da die elektrostatischen Beschleuniger das Hauptthema des vorliegenden Artikels bilden, widmen wir ihnen den größten Teil der Aufmerksamkeit; zu Beginn jedoch werden wir einige Bemerkungen über den eigentlichen elektrostatischen Generator machen.

Die Anwendung hoher elektrischer Gleichspannung in Wissenschaft und Technik nahm im Laufe der letzten Jahre ständig zu und erfaßte immer neue Gebiete. Generatoren hoher Gleichspannung wurden zur Lösung einer Vielzahl von Aufgaben benötigt, z. B. Beschleunigung geladener Teilchen zur Untersuchung von Kernreaktionen, Elektronenoptik, Röntgentechnik, Fernsehen (bei Anwendung großer Bildschirme), Aussortieren von Mineralen, elektrostatisches Anstreichen, Staubentfernung, Prüfung der elektrischen Eigenschaften von Isolatoren, Zündung in Verbrennungsmotoren und selbst bei Bohrlochuntersuchungen mit Gamma- und Neutronenstrahlen.

Ein bei weitem nicht vollständiges Bild der Anwendungsgebiete von Aggregaten hoher Gleichspannung gibt Abb. 1. In den aufgezählten Anwendungsgebieten werden kompakte, zuverlässige und im Sinne der Anschaffungs- und Betriebskosten billige Hochspannungsquellen für 100 kV und höher benötigt, die in der Lage sind, Ströme im Mikro- bis Milliamperebereich zu liefern.[1])

Auf Grund ihres Arbeitsprinzips können die elektrostatischen Generatoren diesen Anforderungen genügen. Ihre geringe Verbreitung ist daher als ein bedauerliches Paradoxon der modernen Elektrotechnik anzusehen.

---

[1]) Einige Anwendungsgebiete in der Röntgentechnik, z. B. die Defektoskopie, erscheinen künstlich „hinzugezogen" im Hinblick darauf, daß es Defektoskopiegeräte mit künstlichen Gamma-Strahlern gibt. Das Hochspannungsaggregat besitzt jedoch spezifische Vorteile: a) Möglichkeit der Herstellung einer beinahe punktförmigen Strahlungsquelle; b) definierte Richtung der Strahlung; c) keine Strahlung bei abgeschaltetem Gerät.

Auf die Geschichte der elektrostatischen Generatoren werden wir nicht näher eingehen. Zu bemerken wäre jedoch, daß ihre Unpopularität wahrscheinlich darauf zurückzuführen ist, daß die ersten Muster elektrostatischer Maschinen vor etwa 100 Jahren erschienen, d.h. ein halbes Jahrhundert vor den ersten Experimenten über Gasionisation, die bekanntlich die wichtigste Rolle bei der Wirkungsweise einer beliebigen elektrostatischen Anlage spielt. Aus diesem Grunde waren diese Maschinen unzuverlässig und schwerfällig.

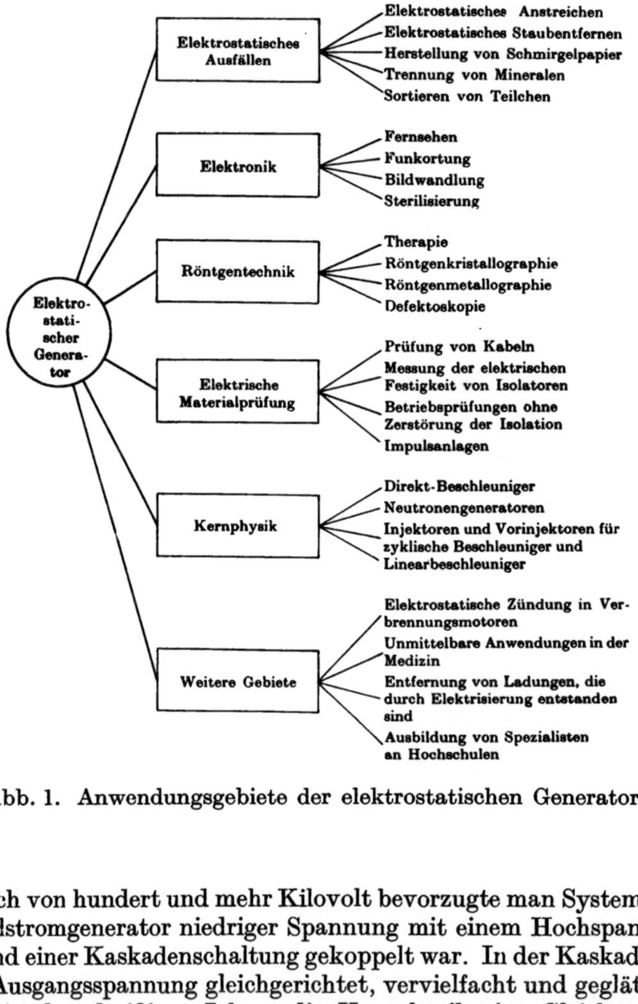

Abb. 1. Anwendungsgebiete der elektrostatischen Generatoren

Im Bereich von hundert und mehr Kilovolt bevorzugte man Systeme, bei denen ein Wechselstromgenerator niedriger Spannung mit einem Hochspannungstransformator und einer Kaskadenschaltung gekoppelt war. In der Kaskadenschaltung wurde die Ausgangsspannung gleichgerichtet, vervielfacht und geglättet.

Erst als in den dreißiger Jahren die Kernphysik eine Gleichspannung von Millionen Volt dringend erforderte, konnten die Kondensator-Gleichrichter-Ventil-Schaltungen der Konkurrenz der elektrostatischen Generatoren nicht mehr standhalten. Dutzende von Instituten in der gesamten Welt begannen fieberhaft elektrostatische Generatoren zu bauen, die heute fest in den Bestand kernphysikalischer Laboratorien eingegangen sind. Später wurden in verschiedenen Ländern elektrostatische Beschleuniger für kernphysikalische Untersuchungen industriell hergestellt.

Es wäre falsch zu behaupten, daß in bezug auf die Entwicklung von serienmäßig herzustellenden elektrostatischen Generatoren für kleinere Spannungen, für die ständig große Nachfrage besteht, in den zurückliegenden dreißig Jahren nichts getan worden wäre. Von den in der UdSSR durchgeführten Arbeiten ist die Entwicklung von elektrostatischen Vakuum-Rotor-Maschinen im Leningrader Physikalisch-Technischen Institut unter Leitung von Akademiemitglied N. N. Semjonow in den Jahren 1924 bis 1926 zu nennen und die von B. M. Hochberg u. a. in den dreißiger Jahren im Laboratorium des Akademiemitgliedes A. F. Joffe entwickelten Rotor-Maschinen mit früssiger Isolation. Allerdings bewährte sich die Verwendung von Vakuum- und Flüssigkeitsisolation nicht.

Die ersten nennenswerten Erfolge bei der Herstellung genormter elektrostatischer Generatoren von einigen hundert Kilovolt als obere Grenze wurden durch Anwendung eines zylindrischen isolierenden Rotors und Wasserstoffisolation (Gasdruck 10 bis 20 atm) in der Universität Grenoble (Frankreich) erzielt.

Die Firma SAMES (Grenoble) produziert heute serienmäßig Generatoren verschiedener Typen und Größen von 45 bis maximal 300 kV Spannung auf 0,1% stabilisiert. Die Leistung der verschiedenen Typen schwankt zwischen 50 und 2000 Watt.

Generatoren mit zylindrischem Rotor und Wasserstoffisolation sind sehr kompakt gebaut. Ein zylindrischer Rotor von 180 mm Durchmesser und einer Länge von 180 mm liefert an der Hochspannungsseite 1 kW Leistung. Der Wirkungsgrad beträgt z. B. 80 bis 85% für Generatoren von 100 kV und mehr als 90% für Generatoren mit einer Spannung über 100 kV.

Die stürmische Entwicklung, die wir in den letzten 25 Jahren in der Konstruktion von elektrostatischen Aggregaten hoher Spannungen für kernphysikalische Untersuchungen zu verzeichnen hatten und die von Jahr zu Jahr zunehmende praktische Anwendung dieser Ergebnisse hingen in starkem Maße von der Entwicklung der Beschleunigungstechnik geladener Teilchen ab. Das rasche Anwachsen der Energie der beschleunigten Teilchen kann als wichtiges Merkmal in der Entwicklung der Beschleuniger während dieses Zeitraumes angesehen werden. Wenn in den dreißiger Jahren den Experimentalphysikern Energien von einigen MeV noch als äußerste Grenze erschienen, so sind heute schon Anlagen von einigen BeV in Betrieb. Beschleuniger von einigen 10 Milliarden Elektronenvolt sind bereits konstruiert und befinden sich im Aufbaustadium.

Zweifellos liegt die „große Zukunft" der Kernphysik im Bereich dieser gigantischen Energien, und es ist offensichtlich, daß elektrostatische Generatoren und beliebige andere Direkt-Beschleuniger bezüglich der Endenergie mit den modernen zyklischen und Linear-Beschleunigern nicht konkurrieren können. Außerdem dürfte es aus ökonomischen Erwägungen kaum sinnvoll sein, Direkt-Beschleuniger für mehr als 6 MeV pro Elementarladung zu bauen. Diese Behauptung bekräftigt Abb. 2, die den ungefähren Preis von Beschleunigern verschiedener Typen in Abhängigkeit von der Energie wiedergibt. In Abb. 2 sind außerdem die Kosten zur Erzeugung von Neutronenströmen mit einer Intensität von 10^{10}, 10^{12} und 10^{13} Neutronen pro Sekunde und cm^2 im Reaktor angegeben.

Es erweckt den Anschein, daß dieses Diagramm als Grabschrift für die elektrostatischen Generatoren angesehen werden kann, und leider hört man auch häufig die Meinung: „. . . der Mohr hat seine Schuldigkeit getan, der Mohr kann geh'n". Diese Ansicht ist selbstverständlich nicht richtig. Wäre die maximale Energie der einzige bestimmende Faktor bei der Beurteilung eines Beschleunigers, so hätte es keinen Sinn, die modernen Beschleuniger-Giganten zu bauen.

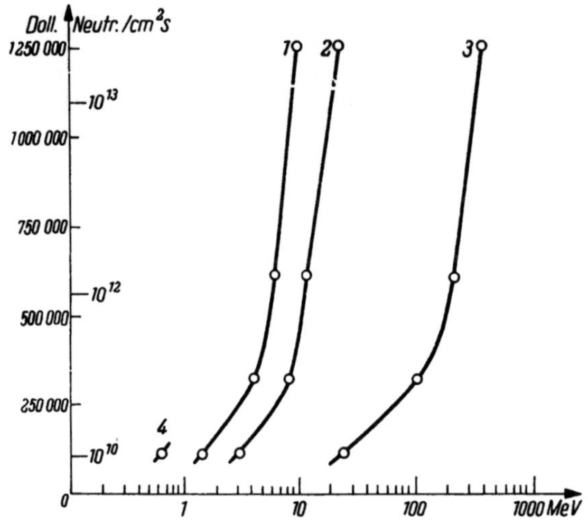

Abb. 2. Kosten verschiedener Beschleunigertypen als Funktion der Energie

1 ESG mit Drucktank
2 Zyklotron
3 Betatron, Synchrotron
4 Kaskaden-Generatoren

Tatsächlich kommen in der kosmischen Strahlung Teilchen mit Energien von 10^{15} bis 10^{16} eV vor, d. h. 5 bis 6 Größenordnungen mehr als die im Bau befindlichen Riesen-Beschleuniger liefern können.[2])

Zur Durchführung eines beliebigen Experimentes auf dem Gebiet der Physik hoher Energien wünscht sich der Experimentator einen Beschleuniger, der bei größtmöglicher Endenergie einen räumlich leicht zu handhabenden Strahl beliebiger Teilchen mit ausreichender Intensität liefert. Dabei soll ein Minimum von Untergrund und Störungen vorhanden sein. Das Energiespektrum der Teilchen soll eine möglichst schmale Linie darstellen, deren Lage auf der Energieskala mit größter Genauigkeit bekannt ist und beliebig lange erhalten bleibt. Der Experimentator möchte die Energie der Teilchen in einem breiten Intervall bis an die „Grenze" des Beschleunigers gleichmäßig verändern können. Dieser langen Aufzählung ist noch der Wunsch hinzuzufügen, am Beschleunigerausgang einen Teilchenstrahl mit vorgegebener Spinrichtung zu erhalten.

Wie schon erwähnt wurde, dürfte es kaum sinnvoll sein, Direkt-Beschleuniger für höhere Spannungen als 6 Millionen Volt zu bauen. In diesem bescheidenen Energiebereich kommen jedoch von allen Beschleunigungsprinzipien nur die elektrostatischen Aggregate allen Anforderungen der Experimentatoren nahe. Wenn die in verschiedenen Laboratorien begonnenen Entwicklungen von elektrostatischen Generatoren, die mit Injektion negativer Ionen und deren Umladung

---

[2]) Dieser Gedanke stammt von dem ungarischen Gelehrten SCHIMONI.

innerhalb der Hochspannungselektrode arbeiten, erfolgreich sind, kann der Energiebereich um das Zweifache vergrößert werden.[3]) Die Schaffung von „Umladungsaggregaten"[4]) erleichtert außerdem die Erzeugung von polarisierten Strahlen.

Hierbei ist zu unterstreichen, daß die Entwicklung von Tandem-Beschleunigern die Verbesserung, Standardisierung und serienmäßige Produktion der üblichen elektrostatischen Generatoren fördert. Erstens enthalten die Tandem-Aggregate alle Elemente der üblichen elektrostatischen Beschleuniger und somit stützt sich ihre erfolgreiche Entwicklung auf die Lösung der eben diesen Maschinen eigenen physikalischen, technischen und technologischen Probleme. Zweitens weisen die Tandem-Beschleuniger neben einigen spezifischen Vorteilen auch eine Reihe im Prinzip begründete Nachteile auf, die bei herkömmlichen Generatoren nicht auftreten (Kompliziertheit, beschränkte Auswahl der zu beschleunigenden Teilchen, Begrenzung der Stromstärke, wahrscheinlich breitere Energieverteilung u. a.). Drittens muß dem Bau von Tandem-Beschleunigern die Entwicklung einer Reihe von Konstruktionselementen und die Lösung vieler für diesen Beschleunigertyp spezifischen Aufgaben vorausgehen (Bau von speziellen Ionenquellen für negativ geladene Ionen; Entwicklung der Umladungseinrichtung, die auf hohem Potential arbeiten muß; Lösung des „Kanalisierungsproblems" für den Strahl bei geringsten Verlusten usw.).

Zur Lösung dieser Aufgaben sowie zur Inbetriebnahme und Untersuchung der ersten Tandem-Beschleuniger-Anlagen ist eine jahrelange angestrengte Arbeit vieler Laboratorien notwendig.

In den Laboratorien der UdSSR besteht ein großer Bedarf an üblichen elektrostatischen Aggregaten, der durch drei hauptsächliche Anwendungsgebiete dieser Beschleuniger bedingt ist.

Als erstes Gebiet nenne ich ihre Anwendung als Teilchenbeschleuniger bei der Durchführung von kernphysikalischen Experimenten im Energiebereich von 1 bis 6 MeV. Diese Untersuchungen sind sowohl vom wissenschaftlichen Standpunkt als auch von der Anwendung her von Interesse. Die Statistik der Untersuchungen, die in den letzten Jahren mit Hilfe von Beschleunigern durchgeführt wurden, ergibt ein unerwartetes, jedoch lehrreiches Bild (Abb. 3).

In dieser Darstellung sind einige hundert veröffentlichte Arbeiten (hauptsächlich im „Physical Review"), die in den Jahren 1951 bis 1954 mit Hilfe verschiedener Beschleunigertypen durchgeführt wurden, in Abhängigkeit von der benutzten Teilchenenergie aufgetragen. Auf der Abszisse bedeuten: *A* Energieverlustmessungen; *B* Proton-Proton-Streuung, Korrelationsexperimente, Bestimmung der Energieniveaus von Kernen, Messungen der Wirkungsquerschnitte von Kern-

---

[3]) Siehe auch „Proceedings of the Second Accelerator Conference; Amsterdam, 4. bis 6. Okt. 1960, Nucl. Instr. Meth. (Amsterdam) **11** (1961) No. 1 (Anm. d. dtsch. Red.).

[4]) In letzter Zeit setzte sich auch in der sowjetischen Fachliteratur die für diese „Umladungsaggregate" übliche Bezeichnung „Tandem" (oder Umladungs-Tandem-Beschleuniger, Tandem-van-de-Graaff-Beschleuniger) durch. Siehe z. B. „Tandem-Beschleuniger". Eine Sammlung von Aufsätzen, zusammengestellt von A. K. Walter, Charkow 1960, PTI AW USSR. Wir schließen uns diesem Sprachgebrauch an und werden im weiteren diese Bezeichnung benutzen (Anm. d. dtsch. Red.).

reaktionen; *C* allgemeine Streuprobleme, Bremsstrahlung, Kernphotoeffekt, π-Mesonenphysik; *D* schwere Mesonen, Kernexplosionen (Spallation), Antinukleonen.

Wie man sieht, ist der Beitrag der elektrostatischen Beschleuniger zur wissenschaftlichen Produktion der Kernphysik-Laboratorien recht eindrucksvoll. Selbstverständlich kann diese Darstellung nicht die Wichtigkeit jeder einzelnen Untersuchung für die allgemeine Entwicklung der Wissenschaft wiedergeben. Die Arbeiten im rechten Teil des Diagrammes besitzen z. B. eine sehr viel größere wissenschaftliche Bedeutung als die im Bereich von 0,5 bis 5,0 MeV. Trotzdem haben

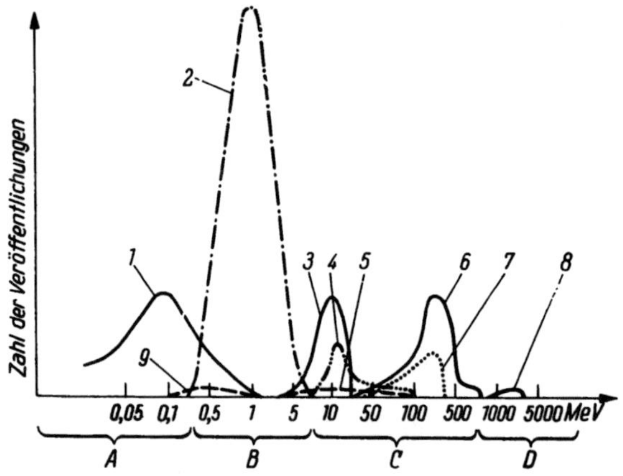

Abb. 3. Statistik der wissenschaftlichen Untersuchungen, die in den Jahren 1951 bis 1954 mit Hilfe von Beschleunigern durchgeführt wurden

1 Kaskaden-Generatoren
2 elektrostatische Generatoren mit Drucktank
3 Zyklotron
4 Betatron
5 Linear-Beschleuniger
6 Synchrozyklotron
7 Synchrotron
8 Bevatron

auch viele dieser Untersuchungen die Wissenschaft bereichert. Ich beschränke mich darauf, die in Kopenhagen an zwei Generatoren mit einer Endenergie von 2 und 4 MeV durchgeführten Experimente über Coulomb-Anregung tiefliegender Kernniveaus und die darauf basierenden theoretischen Forschungen von Oge Bohr als Beispiel anzuführen.

Das zweite große Anwendungsgebiet elektrostatischer Beschleuniger liegt im Einsatz als Hilfsaggregate in Laboratorien, deren hauptsächliche Ausrüstung Beschleuniger hoher Energie sind. Die modernen elektrostatischen Beschleuniger zeichnen sich durch Stabilität der Teilchenenergie, die Möglichkeit deren kontinuierlicher Regelung sowie durch nahezu völliges Fehlen von Störungen aus. Sie können mit Vorteil angewandt werden bei der Inbetriebnahme und Eichung von Registriergeräten, die für Experimente im Bereich höherer Energien gebaut werden müssen sowie bei der Entwicklung und Eichung von Dosimeterapparaturen usw. Mit ihrer Hilfe erhält man Ströme geladener Teilchen und Neutronen von genau bestimmter Geometrie, Energie und Intensität. Die Verwendung elektrostatischer Beschleuniger beim Aufbau verschiedener Apparaturen gestattet, die großen Beschleuniger-Giganten effektiver auszunutzen. Das ist sehr wichtig, wenn man an den hohen Kostenaufwand, die lange Bauzeit und die ständig steigenden Anforderungen denkt. Es ist sicher keine zufällige Erscheinung, daß die meisten Kernphysik-Laboratorien der USA, Englands und einiger anderer Länder neben den zyklischen Beschleunigern noch elektrostatische besitzen.

Das dritte Anwendungsgebiet elektrostatischer Beschleuniger ist in den physikalischen Laboratorien der höheren Lehranstalten gegeben. Die relativ kompakte Bauweise, der geringe Energiebedarf, die „Universalität" der elektrostatischen Aggregate, die sich in der Möglichkeit der Beschleunigung beliebiger Teilchen ausdrückt, die einfache Bedienung und schließlich die geringen Kosten machen den elektrostatischen Beschleuniger zu einem unersetzlichen Element der technischen Ausrüstung physikalischer Laboratorien jeder Hochschule. Das trifft besonders für solche höheren Lehranstalten zu, die Spezialisten auf dem Gebiet der Kernenergetik ausbilden.

Zum Schluß möchte ich noch kurz auf eine weitere Anwendung elektrostatischer Aggregate auf dem Gebiet der Physik hoher Energien eingehen — ihre Verwendung als Injektoren für zyklische und Linear-Beschleuniger. Der Artikel von B. S. Akschanow in der vorliegenden Sammlung behandelt diese Frage. Man muß hier allerdings bemerken, daß dieses Anwendungsgebiet umstrittener ist als die vorhin aufgezählten, da von den impulsbetriebenen Injektionssystemen Eigenschaften gefordert werden, die elektrostatische Beschleuniger im allgemeinen nicht besitzen (große Impulsströme, kein Abweichen von der Sollenergie während der Impulsdauer usw.). In einem der beiden in Betrieb genommenen Beschleuniger im Milliarden-Elektronenvolt-Energiebereich für schwere Teilchen wird jedoch ein elektrostatischer Injektor mit Erfolg benutzt.[5])

Zum Unterschied von anderen Beschleunigertypen, für die jede Entwicklungsetappe auf einer neuen Idee oder einem neuen Prinzip basierte, blieben die elektrostatischen Beschleuniger im Verlauf ihrer gesamten Entwicklungsperiode in ihren grundsätzlichen Zügen unverändert. Eine Ausnahme bildet nur die von Alvarez zum ersten Mal ausgesprochene Idee des Umladungsprinzips, auf dessen Grundlage heute ein neuer Beschleunigertyp entsteht. Während ihrer gesamten,

---

[5]) In den vergangenen 2 bis 3 Jahren sind eine Reihe neuer großer Protonen-Beschleuniger im Milliarden-Energiebereich in Betrieb genommen worden, so daß die Angaben Prof. A. K. Walters der Ergänzung bedürfen. Außer den zwei im Text erwähnten Beschleunigern — das Cosmotron (3 GeV) in Brookhaven mit einem 3,6 MeV van-de-Graaff-Beschleuniger und das Bevatron (6,7 GeV) in Berkeley mit einem 10 MeV Linear-Beschleuniger als Injektor — sind folgende Protonen-Synchrotrone (Synchrophasotrone) ihrer endgültigen Bestimmung übergeben worden (in Klammern sind Injektionsenergie und Injektortyp angegeben): Synchrophasotron für 10 GeV in Dubna (9 MeV Linear-Beschleuniger), 28 GeV Protonen-Synchrotron der CERN in Genf (50 MeV Linear-Beschleuniger), 3 GeV Protonen-Synchrotron „Saturn" in Saclay (3,6 MeV van-de-Graaff-Beschleuniger), 1 GeV Protonen-Synchrotron in Birmingham (460 keV Kaskade). Im Bau bzw. kurz vor der Fertigstellung befinden sich die Protonen-Synchrotrone für 30 GeV in Brookhaven (50 MeV Linear-Beschleuniger), für 3 GeV in Princeton (3,6 MeV van-de-Graaff), für 12 GeV in Oak Ridge (850 MeV Zyklotron), für 7 GeV „Nimrod" in Harwell (15 MeV Linear-Beschleuniger), für 10 GeV in Canberra (8 MeV Zyklotron), für 7 GeV in der UdSSR (4 MeV van-de-Graaff), für 50 GeV in der UdSSR (100 MeV Linear-Beschleuniger), für 12,5 GeV in Lemont (50 MeV Linear-Beschleuniger). Literatur: „Atomkernenergie" (1960) Heft 4; International Conference on High-Energy Accelerators and Instrumentation CERN 1959; Express-Information No. 20 (98) 1958, Hauptverwaltung für die Ausnutzung der Atomenergie beim Ministerrat der UdSSR; eine ausführliche Tabelle über alle Typen von Beschleunigern siehe auch „Nuclear Instruments" **3** (1958), No. 4. (Anm. d. dtsch. Red.).

nahezu dreißigjährigen Entwicklungs- und Betriebszeit erfuhren die elektrostatischen Beschleuniger nicht einmal besondere konstruktive Änderungen, wenn man davon absieht, daß früher Luft als Isoliermittel diente, heute aber ein Gasgemisch unter hohem Druck verwendet wird. Außerdem besitzen die Beschleunigungsrohre infolge der Verkleinerung der räumlichen Aggregatabmessungen heute eine andere Form (Übergang vom traditionellen Zylinderlinsen-System zum mehrfach unterteilten Beschleunigungsrohr mit ebenen und später trichterförmigen Elektroden).

Die Entwicklung der elektrostatischen Beschleuniger ging deshalb sehr langsam vor sich und war mit dem allmählichen, mühseligen Überwinden von Konstruktionsschwierigkeiten einzelner Aggregate und Aggregatelemente verknüpft.

Die elektrostatischen Beschleuniger sind im Prinzip höchst einfach aufgebaut, allerdings bestehen sie aus einer Vielzahl sehr verschiedenartiger Bauteile, die ihrerseits zu den Kompetenzsphären weit voneinander entfernter Industriezweige gehören, wie z. B. zur Isolierstoff- und chemischen Industrie, zur Textilindustrie und zum Chemiemaschinenbau, zur Hochspannungs- und Hochvakuumtechnik, zur Elektronik, zum Schwermaschinenbau usw.

Im Verlauf von zwei Jahrzehnten (1932 bis 1952) erfolgte der Bau von elektrostatischen Aggregaten in der UdSSR in einzelnen Laboratorien physikalischer Institute. Eine genaue technische Charakterisierung der entwickelten Konstruktionen und ihre ausführlichen Beschreibungen wurden in der Regel nicht publiziert. Schon eine flüchtige Betrachtung der Veröffentlichungen über Arbeiten an elektrostatischen Aggregaten oder über die Aggregate selbst läßt eine außerordentliche Unvollständigkeit erkennen. Die Autoren begnügten sich oft mit ausschließlich formellen Angaben der Beschleunigungsparameter, z. B. mit Angaben über Grenzspannung und maximalen Strom. In den letzten zwei Jahren erschienen zum ersten Male in der ausländischen Literatur einige Artikel, die sich vorteilhaft dadurch auszeichnen, daß sie nicht nur auf allgemeine Fragen der Konstruktion elektrostatischer Beschleuniger, sondern auch hinreichend ausführlich auf die Betrachtung wichtiger Einzelteile der in Kopenhagen, Saclay und Aldermaston gebauten Aggregate eingehen.

Die vorliegende Artikelsammlung soll den Meinungs- und Erfahrungsaustausch fördern und der Verbreitung der gewonnenen Ergebnisse hinsichtlich Konstruktion und Betrieb elektrostatischer Generatoren in der UdSSR dienen. Außerdem soll sie Anregungen zur Aufstellung eines Forschungsprogramms geben.

Zum Schluß möchte ich noch auf einige Gesichtspunkte hinweisen, die sich auf die wichtigsten Teile der elektrostatischen Beschleuniger beziehen:

1. Das Beschleunigungsrohr stellt das wichtigste Element, zugleich aber auch die „Achillesferse“ des Beschleunigers dar. Eine Erhöhung der elektrischen Festigkeit des Beschleunigungsrohres von 1 auf 1,6 MV/m wurde bei einigen in letzter Zeit im Ausland gebauten Beschleunigern erzielt. Die Erhöhung der elektrischen Festigkeit konnte durch Verwendung besten Isoliermaterials, geeignete Formgebung und Material der Elektroden sowie durch Verbesserung der Technologie beim Zusammensetzen der Rohre erreicht werden. Diese Verbesserungen wurden vorwiegend empirisch gefunden, da der Mechanismus des elektrischen Durchschlags im Vakuum sowohl in einer Sektion als auch im gesamten Beschleunigungsrohr mit vielen Sektionen noch nicht geklärt ist. Daher erscheint es sinnvoll, a) eine intensive Forschungsarbeit zu betreiben, die zur Aufklärung des

physikalischen Vorganges beim Vakuumdurchschlag führt; b) die Prüfung von Rohrsektionen durchzuführen, die laut Literaturangaben günstige Eigenschaften besitzen, z. B. die Rohrsektionen des Beschleunigungsrohres in Saclay; c) die Zusammensetzung und Technologie von Hochspannungsporzellan für die Isolationselemente der Rohre zu erarbeiten; d) die Ausarbeitung der Technologie geschweißter Rohre, z. B. aus einer Glas-Kowar-Verbindung und die Prüfung ihrer Elemente voranzutreiben.

2. Am weitesten verbreitet ist die vertikale Anordnung der elektrostatischen Beschleuniger. Innerhalb eines zylindrischen Hochdruckkessels ruht auf einer zusammengesetzten isolierenden Säule die Hochspannungselektrode in Form eines in eine Halbkugel übergehenden Zylinders. Die Auswirkung von leitenden Elektroden mit Zwischenpotential, die zwischen Hochspannungselektrode und Drucktank eingeführt werden, ist theoretisch und experimentell ausreichend gut untersucht. Die Zweckmäßigkeit dieser Zwischenelektroden wird nur durch ökonomische Erwägungen entschieden. Für Generatoren unter 2,5 MeV Endenergie erübrigt sich die Anbringung von Zwischenelektroden. Isoliersäulen aus organischem Glas bewährten sich gut bei vertikal angeordneten Beschleunigungsanlagen. Bei horizontal angeordneten Beschleunigungsanlagen konnte das Materialproblem der Isoliersäulen bis heute noch nicht zufriedenstellend gelöst werden. Für Anlagen, die zur Teilcheninjektion in zyklische oder Linear-Beschleuniger dienen, wurde eine horizontal-vertikale Konfiguration vorgeschlagen (vertikale Säule mit horizontalen Beschleunigungsrohren).

Die Entwicklung eines Isoliermaterials, das den Anforderungen einer horizontalen Konstruktion des Beschleunigers genügt, sowie der Bau und die Prüfung eines Beschleuniger-Versuchsmodells der horizontal-vertikalen Konfiguration sind wünschenswert.

3. Es bringt wenig Vorteile und ist außerdem unwirtschaftlich, den Gasdruck im Kessel des Beschleunigers höher als 12 atm zu treiben. Gute Resultate ergeben die Gasgemische Stickstoff-Kohlensäure und noch bessere Stickstoff-Schwefelhexafluorid und Kohlensäure-Schwefelhexafluorid. Die Anwendung der letzten beiden Kombinationen erschwert der hohe Preis von Schwefelhexafluorid („elektronegatives Gas"). Eine weitere Erschwernis stellt das Fehlen eines durchgearbeiteten Systems des Gashaushaltes dar, das eine Verminderung der Verluste dieser kostbaren Gaskomponente gewährleisten könnte.

4. In den meisten modernen elektrostatischen Beschleunigern wird die Spannungsteilung über Isoliersäule, Band und Beschleunigungsrohr mit Hilfe eines aus hochohmigen Widerständen zusammengesetzten Spannungsteilers zufriedenstellend erreicht.

Die Entwicklung von Widerständen mit verbesserten Eigenschaften (Konstanz bei Belastung, Genauigkeit, keine Alterungserscheinungen), die den Anforderungen einer serienmäßigen Produktion von elektrostatischen Beschleunigern genügen könnten, ist erstrebenswert.

5. Nach dem Beschleunigungsrohr ist der Bandantrieb der nächst schwächere Punkt der elektrostatischen Beschleuniger. Die aus gummiertem und kalandriertem Perkal-Material hergestellten Bänder haben nicht die notwendigen mechanischen Eigenschaften. Außerdem ändern sich die elektrischen und mechanischen Werte des Materials von einer Lieferung zur anderen außerordentlich stark.

Endlose Bänder für elektrostatische Beschleuniger werden von der Industrie jedoch nicht hergestellt.

6. Ein überaus wichtiger Teil des elektrostatischen Beschleunigers ist die Apparatur zur Stabilisierung und genauen Messung der Energie der beschleunigten Teilchen.

Es gibt eine Vielzahl Apparaturen, die sich sowohl prinzipiell als auch durch konstruktive Ausführungen der Geber voneinander unterscheiden.

Als Geber werden benutzt:

a) Rotor-Voltmeter;

b) der Strahl der beschleunigten Ionen selbst, der durch einen Magnetanalysator abgelenkt wird. Der Magnet wird entweder stromstabilisiert (mit Hilfe eines Normalelements) oder spannungsstabilisiert (mit Hilfe der Protonenresonanz);

c) ein besonderer Ionenstrom, der in einem zweiten Rohr beschleunigt und durch einen spannungsstabilisierten elektrostatischen Analysator abgelenkt wird.

Von diesen drei Geber-Typen besitzt die Rotor-Voltmeter-Methode die geringste Genauigkeit. Die anderen besitzen verschiedene spezifische Vorzüge und Nachteile, aber die zu erreichende Genauigkeit ist etwa gleich groß.

Als Steuerelemente benutzt man:

a) Schaltungen, die auf die Aufladungseinrichtung des Bandes einwirken;

b) Schaltungen, die auf das Potential der Hochspannungselektrode einwirken;

c) eine Kombination von a) und b);

d) die Belastung des Aggregates durch einen Elektronenstrom im Beschleunigungsrohr;

e) die Belastung des Aggregates durch einen Verluststrom bei Spitzenentladung; die Belastung des Aggregates durch einen Verluststrom in einer Gassäule, die mit Röntgenstrahlen ionisiert wird.

Nach meiner Meinung ergibt eine Kombination von a) und b), wie sie am Beschleuniger in Saclay angewandt wird, die vollkommenste Regeleinrichtung.

In diesem Artikel blieben einige wichtige Elemente der elektrostatischen Beschleuniger unerwähnt (Ionenquelle und Pumpsysteme); die Probleme der Herstellung von Tandem-Beschleunigern wurden ebenfalls nicht berührt. Teilweise werden diese Fragen in den anderen Arbeiten der vorliegenden Aufsatzsammlung behandelt.

A. G. Kowal, L. I. Krupnik, A. D. Timofejew, J. M. Vogel

Zur Frage der Erzeugung von Strahlen negativ geladener Wasserstoffionen durch Umladung positiver Ionen im Katodenkanal einer Hochfrequenz-Ionenquelle

Einleitung

In der Arbeit [1] ist eine Ionenquelle für negativ geladene Wasserstoffionen beschrieben. Sie arbeitet nach dem Prinzip, den Strahl negativer Ionen durch Umladung positiver Ionen in einem Gas zu erhalten, das durch einen Kanal in der Katode der Hochfrequenz-Ionenquelle strömt. Diese Erzeugungsart negativer Ionen stellt eine Variante der in letzter Zeit häufig benutzten Methode der Umwandlung von Strahlen positiver Ionen in negative beim Durchgang durch ein Target dar [2, 3]. Die Strahlstromstärke der negativen Ionen hängt sowohl von Zahl und Energie der auf das Target auftreffenden positiven Ionen ab, als auch von dem Material und der Dicke des Targets, in dem der Umladungsprozeß stattfindet. Um die günstigsten Arbeitsbedingungen zu finden, ist ein regelbarer Betrieb der Hochfrequenz-Ionenquelle erwünscht. Bei einem bestimmten Druck in der Ionenquellenkammer und einer bestimmten Absaugspannung erhält man den größtmöglichen Strom positiver Ionen. Unabhängig davon müssen das geeignete Targetmaterial und die günstigste Targetdichte gefunden werden, die einen maximalen Umladungskoeffizient $H^+ \rightarrow H^-$ gewährleisten. Das bedeutet — wenn es sich um ein gasförmiges Target handelt — daß das geeignete Gas für das Target und der Gasdruck in der Targetkammer ermittelt werden müssen. Im Falle der Erzeugung von negativen Ionen im Katodenkanal einer Hochfrequenz-Ionenquelle findet der Umladungsprozeß an den Molekülen des Gases statt, das aus der Ionenquelle durch einen Kanal herausströmt. Aus diesem Grunde hängt der Gasdruck in der Ionenquelle von dem im Target ab und umgekehrt. Als Targetmaterial kann nur dasselbe Gas wie im Gefäß der Ionenquelle verwendet werden. Die Energie der Ionen, die durch den Kanal hindurchtreten, wird von der zwischen Anode und Katode der Ionenquelle angelegten Absaugspannung bestimmt.

Ein Nachteil dieser Methode besteht darin, daß die optimalen Bedingungen für den Erhalt der größtmöglichen positiven Ionenströme nicht mit den optimalen Bedingungen für die Erreichung des maximalen Umladungskoeffizienten im Gastarget zusammenfallen. Deshalb wird die mit dieser Methode erreichbare Stromstärke negativer Ionen eingeschränkt (in der Arbeit [1] wurde ein H_1^--Ionenstrom von 2 2 μA erzielt). Aus diesem Grunde wurden in den Arbeiten [2] und [3] die Quelle der positiven Ionen und die Targetkammer räumlich voneinander getrennt, und das Gas konnte unabhängig in die Targetkammer eingelassen werden. Wegen der Einfachheit der in der Arbeit [1] vorgeschlagenen Erzeugungsart negativer Ionen und der kleinen Abmessungen dieser Ionenquelle erscheint es wünschenswert, die Möglichkeiten dieser Ionenquelle im Hinblick auf die Erzeugung möglichst großer Ströme negativer Wasserstoffionen zu prüfen und die optimalen Arbeitsbedingungen festzulegen. Eine derartige Abschätzung ist jetzt möglich, da in letzter Zeit die effektiven Wirkungsquerschnitte für Elektroneneinfang und -abgabe durch Wasserstoffteilchen bei deren Zusammenstoß mit Wasserstoffmolekülen gemessen wurden. Diese Wirkungsquerschnitte bestimmen die Zusammensetzung des durch das Target hindurchgehenden Wasserstoffstrahles.

Berechnung der Anzahl negativer Wasserstoffionen im Strahl nach dem Austritt aus dem Katodenkanal der Hochfrequenz-Ionenquelle

Mit I_0^+ bezeichnen wir den Strom positiver Ionen, der in den Katodenkanal der Hochfrequenz-Ionenquelle eintritt, mit I^+ und I^- die Ströme positiver und negativer Ionen des aus dem Kanal austretenden Strahls. Die Größe von I_0^+ hängt u. a. vom Gasdruck p in der Ionenquelle, von der Absaugspannung U_a, von der durch Hochfrequenzentladung absorbierten Leistung und von einer Anzahl weiterer Parameter, die die Geometrie des Absaugsystems des Ionenstrahls bestimmen, ab. Alle diese Parameter, mit Ausnahme von p und U_a, werden wir im folgenden als konstant annehmen.

Die Ströme I^+ und I^- hängen vom Strom I_0^+ ab, von der Targetdichte $n\,L$ (n = Anzahl der Atome pro cm^3; L = Kanallänge), von der Energie E des in den Kanal eintretenden Strahls und von der Kanalgeometrie, d. h. von seinem Durchmesser D und seiner Länge L. Das durch den Kanal strömende Gas stellt in diesem Falle das Target dar.

Üblicherweise mißt man beim Betrieb von Ionenquellen die Größen I_0^+, U_a, Q (Gasstrom in die Kammer der Ionenquelle). Die Energie der in den Kanal eintretenden Ionen ergibt sich aus

$$E = e\,U_a\,, \tag{1}$$

die Targetdichte $n\,L$ wird mit der Beziehung

$$n\,L = \frac{Q\,(1{,}61\,L + 2{,}14\,D)}{3{,}45 \cdot 10^3\,D^3} \cdot \frac{L}{2\,kT} \tag{2}$$

berechnet. Bei der Ableitung von Gl. (2) wurde vorausgesetzt, daß im Kanal ein linearer Druckabfall von der Größe p am Eingang bis zu Null am Ausgang vorhanden ist.

Die Größen von I^+ und I^- können mit Hilfe der Beziehungen

$$I^+ = I_0^+ \frac{I^+}{I_0^+}\,, \tag{3a}$$

$$I^- = I_0^+ \frac{I^-}{I_0^+} \tag{3b}$$

bestimmt werden.

Wie aus Gl. (3b) ersichtlich, wird die Größe von I^- durch zwei Faktoren bestimmt, durch I_0^+, dieser Faktor hängt ausschließlich von den Eigenschaften der Ionenquelle ab, und durch I^-/I_0^+. Das Verhältnis I^-/I_0^+ stellt den relativen Anteil negativer Ionen in dem Strahl dar, der aus dem Kanal austritt. Es wird nur von den Eigenschaften des Targets und der Strahlenergie beeinflußt. Die Parameter U_a und Q, von denen I_0^+ abhängt, legen allerdings gemäß den Gleichungen (1) und (2) die Größen E und $n\,L$ fest. Da das Verhältnis I^-/I_0^+ durch E und $n\,L$ bestimmt wird, haben wir damit den schon vorhin genannten Sachverhalt, daß I_0^+ und I^-/I_0^+ nicht unabhängig voneinander variiert werden können.

Wenn wir aus den Gleichungen (3a) und (3b) die Größe I_0^+ eliminieren, erhalten wir für I^- folgenden Ausdruck:

$$I^- = I^+ \frac{\dfrac{I^-}{I_0^+}}{\dfrac{I^+}{I_0^+}}. \tag{4}$$

Die Größe I^+ in Gl. (4) kann unmittelbar im Experiment bestimmt werden. Die Verhältnisse I^+/I_0^+ und I^-/I_0^+ kann man berechnen, wenn die effektiven Wirkungsquerschnitte für Elektroneneinfang und -abgabe, die die Zusammensetzung des Wasserstoffstrahles festlegen, bekannt sind.

Bekanntlich wird die Zusammensetzung eines Wasserstoffstrahles, der durch eine Schichtdichte $n\,L$ hindurchgegangen ist, mit den folgenden [4] Differentialgleichungen beschrieben:

$$\frac{dI^+}{d(n\,L)} = -(\sigma_{10} + \sigma_{1\,-1})\, I^+ + \sigma_{01}\, I^0 + \sigma_{-11} I^-\,, \tag{5a}$$

$$\frac{dI^0}{d(n\,L)} = \sigma_{10}\, I^+ - (\sigma_{01} + \sigma_{0\,-1})\, I^0 + \sigma_{-10}\, I^-\,, \tag{5b}$$

$$\frac{dI^-}{d(n\,L)} = \sigma_{1\,-1} I^+ + \sigma_{0\,-1}\, I^0 - (\sigma_{-11} + \sigma_{-10})\, I^-\,, \tag{5c}$$

wobei σ_{ik} den effektiven Wirkungsquerschnitt für den Übergang von Teilchen aus dem Ladungszustand „$i\,e$" in den Ladungszustand „$k\,e$" bedeutet.

Die Lösung der Gleichung (5) liefert für die uns interessierenden Größen I^+/I_0^+ und I^-/I_0^+ folgende Gleichungen:

$$\frac{I^-}{I_0^+} = \frac{1}{\beta}\,(a_0 + a_1\, e^{r_1 n L} + a_2\, e^{r_1 n L})\,, \tag{6a}$$

$$\frac{I^+}{I_0^+} = \frac{1}{\beta}\,(b_0 + b_1\, e^{r_1 n L} + b_2\, e^{r_1 n L}) \tag{6b}$$

mit

$$r_{1,2} = \frac{-\alpha \pm \sqrt{\alpha^2 - 4\beta}}{2}\,; \quad \alpha = \sigma_{10} + \sigma_{01} + \sigma_{0\,-1} + \sigma_{-10}\,\sigma_{1\,-1} + \sigma_{-11}\,,$$

$$\beta = (\sigma_{01} + \sigma_{10} + \sigma_{11})\,(\sigma_{01} + \sigma_{-10} + \sigma_{-11}) - (\sigma_{01} + \sigma_{-11})\,(\sigma_{0\,-1} - \sigma_{1\,-1})\,,$$

$$a_0 = \sigma_{10}\,\sigma_{0\,-1} + \sigma_{1\,-1}\,\sigma_{01} + \sigma_{1\,-1} + \sigma_{0\,-1}\,,$$

$$a_1 = \frac{r_2}{r_1 - r_2}\,(\sigma_{1\,-1}\, r_1 + a_0)\,, \qquad a_2 = \frac{r_1}{r_2 - r_1}\,(\sigma_{1\,-1}\, r_2 + a_0)\,,$$

$$b_0 = \sigma_{01} - \sigma_{-10} + \sigma_{-11}\,\sigma_{01} + \sigma_{-11}\,\sigma_{01}\,,$$

$$b_1 = \frac{r_2}{r_1 - r_2}\,[b_0 - \beta - r_1\,(\sigma_{10} + \sigma_{1\,-1})]\,,$$

$$b_2 = \frac{r_1}{r_2 - r_1}\,[b_0 - \beta - r_2\,(\sigma_{10} + \sigma_{1\,-1})]\,.$$

Zur Berechnung der Verhältnisse I^+/I_0^+ und I^-/I_0^+ für verschiedene Targetdichten wurden die in der Literatur veröffentlichten Werte für alle Wirkungsquerschnitte σ_{ik} benutzt. Für Ionenenergien von 4 und 6 keV gibt Tab. 1 diese Werte an.

Tabelle 1

Wirkungsquerschnitte σ_{ik} für Ionenenergien von 4 und 6 keV

σ_{ik}	Größe des Wirkungsquerschnittes in cm^2		Literaturhinweis
	$E = 4$ keV	$E = 6$ keV	
σ_{1-1}	$1{,}3 \cdot 10^{-18}$	$3{,}4 \cdot 10^{-18}$	[8]
σ_{10}	$7{,}4 \cdot 10^{-16}$	$8 \cdot 10^{-16}$	[5]
σ_{0-1}	$1{,}41 \cdot 10^{-17}$	$1{,}7 \cdot 10^{-17}$	[11]
σ_{01}	$3{,}4 \cdot 10^{-17}$	$4{,}35 \cdot 10^{-17}$	[11]
σ_{-10}	$1{,}26 \cdot 10^{-15}$	$1{,}31 \cdot 10^{-15}$	[6]
σ_{-11}	$3{,}76 \cdot 10^{-17}$	$4{,}05 \cdot 10^{-17}$	[7]

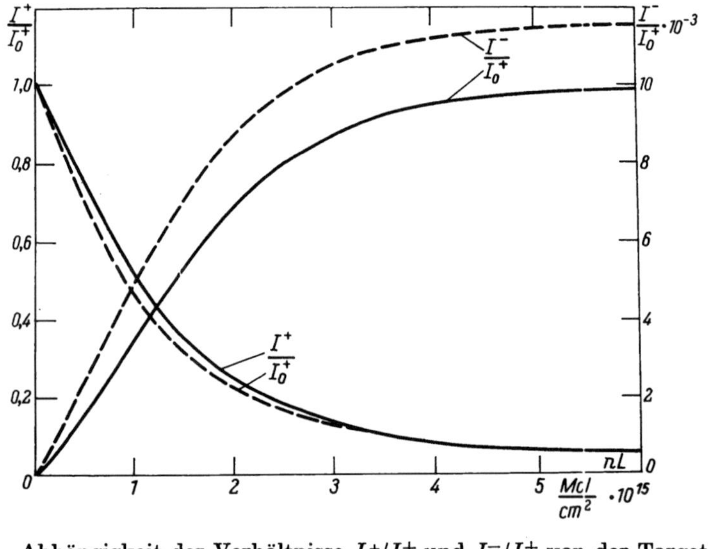

Abb. 1. Abhängigkeit der Verhältnisse I^+/I_0^+ und I^-/I_0^+ von der Targetdichte

– – – $E = 6$ keV
——— $E = 4$ keV

Setzt man die Wirkungsquerschnitte aus der Tabelle in die Gleichungen (6a) und (6b) ein, so kann man die Verhältnisse I^+/I_0^+ und I^-/I_0^+ für verschiedene Targetdichten berechnen.

Abb. 1 stellt I^+/I_0^+ und I^-/I_0^+ als Funktion der Targetdichte für 4 und 6 keV Ionenenergie dar.

Zur Berechnung des Ionenstromes I^- im Strahl, der aus dem Kanal austritt, muß man außer den berechneten Werten für I^+/I_0^+ und I^-/I_0^+ auch die Größe I^+ kennen.

Wir haben die Abhängigkeit der Größe I^+ von verschiedenen Parametern, z. B. von U_a und Q eingehend untersucht [9].

Abb. 2 zeigt den funktionellen Zusammenhang $I^+ = f(Q)$ für eine Hochfrequenz-Ionenquelle vom Typ Reifenschweiler [10]. Die Messungen wurden bei optimaler Absaugspannung $U_a = 4$ kV und den Kanalabmessungen $D = 2{,}3$ mm

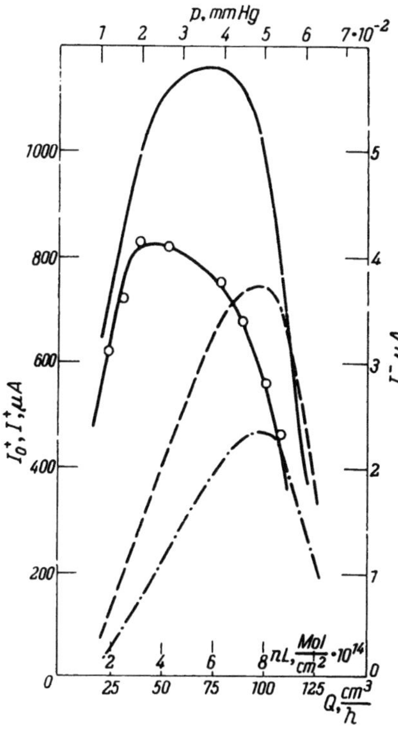

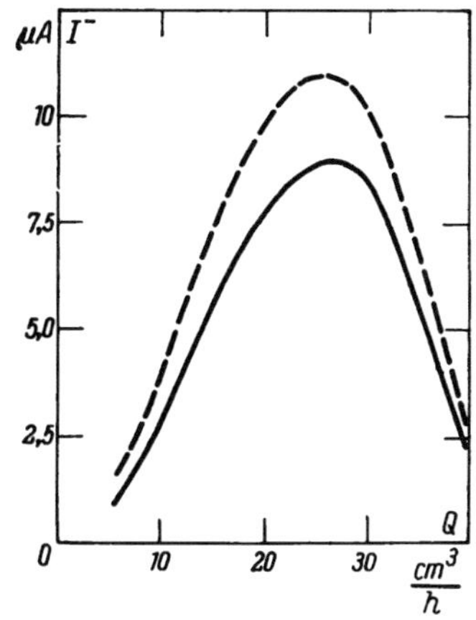

Abb. 3. Abhängigkeit $I^- = f(Q)$ für Ionenenergien von 4 und 6 keV bei $L = 40$ mm

– – – – $E = 6$ keV
——— $E = 4$ keV

Abb. 2. Abhängigkeit I^+, I_0^+, $I^- = f(Q)$ für eine Hochfrequenz-Ionenquelle vom Typ Reifenschweiler

o o o $I^+ = f(Q)$
–·–·– $I^- = f(Q)$ für $E = 4$ keV
– – – $I^- = f(Q)$ für $E = 6$ keV
——— $I_0^+ = f(Q)$

und $L = 10$ mm durchgeführt. Mit den Gleichungen (3a) und (4) berechneten wir für verschiedene Werte von Q die Größen I_0^+ und I^- und stellten die entsprechenden Ergebnisse $I_0^+ = f(Q)$ und $I^- = f(Q)$ als Kurven in Abb. 2 dar. Wie man dem Kurvenverlauf in Abb. 2 entnehmen kann, wird die maximale Stromstärke der negativen Ionen, die den Wert 2,5 μA nicht übersteigt, bei $Q = 100$ cm³/Std. erreicht, d. h. bei einer Durchflußmenge, die nicht dem optimalen Wert für I_0^+ entspricht. Legt man eine Absaugspannung von 6 kV an die Ionenquelle, so kann ein größerer Strom negativer Ionen erreicht werden. Die in Abb. 2 gestrichelt gezeichnete Kurve $I^- = f(Q)$ gilt für 6 keV. Bei der Berechnung der Größe I^- dieser Kurve wurde vorausgesetzt, daß die Abhängigkeit $I^+ = f(Q)$ für 6 und 4 keV gleich ist.

Der verhältnismäßig kleine negative Ionenstrom im Strahl, der aus dem Kanal der Hochfrequenz-Ionenquelle austritt, folgt daraus, daß die Berechnung für einen kurzen Kanal von $L = 10$ mm durchgeführt wurde, wie er üblicherweise in Hochfrequenz-Ionenquellen verwendet wird. Die Verwendung kurzer Kanäle zur Erreichung großer I_0^+-Werte führt dazu, daß bei optimalen Strömen die Größe $n\,L$ für den Kanal klein ausfällt (Abb. 2), d. h., I^-/I_0^+ liegt noch weit entfernt von seinem maximalen Wert, der bei großen $n\,L$-Werten erreicht wird (Abb. 1). Aus diesen Überlegungen geht klar hervor, daß man große Ströme negativer Ionen erwarten kann, wenn man lange Kanäle in der Hochfrequenz-Ionenquelle verwendet.

In der Annahme, daß $I_0^+ = f(p)$ für $L = 10$ mm und $L = 40$ mm gleich ist, haben wir für die Kanallänge $L = 40$ mm die Abhängigkeit $I^- = f(Q)$ berechnet. Abb. 3 zeigt die entsprechenden Kurven $I^- = f(Q)$ für Ionenenergien von 4 und 6 keV und $L = 40$ mm. Wie man sieht, können mit einem längeren Kanal negative Ionenströme größer als 10 μA erzielt werden. Allerdings muß man beachten, daß derartig hohe Ströme bei langen Kanälen nur bei großen Absaugspannungen erreicht werden. Bei hohen Absaugspannungen steigt die Verdampfungsgeschwindigkeit der Katode an. Das kann zu einer bedeutenden Verkürzung der Lebensdauer der Ionenquelle führen.

Die angestellten Berechnungen zeigen, daß diese Methode zur Erzeugung negativer Wasserstoffionen keine Strahlen großer Intensität liefern kann. In den Fällen, wo H_1^--Ionenströme von etwa 10 μA ausreichen, ist diese Methode dennoch anwendbar. Werden negative Ionen schwerer als Wasserstoffionen benötigt, so führt diese Methode zu noch ungünstigeren Ergebnissen auf Grund der Fokussierungsschwierigkeiten für Strahlen schwerer Ionen in einem verhältnismäßig langen und schmalen Kanal.

Literatur

[1] Phillips, J. A. and Tuck, I. L., Rev. Sci. Instr. **27** (1956) 97.
[2] Weinman, J. A. and Cameron, J. R., Rev. Sci. Instr. **27** (1956) 288.
[3] Vogel, J. M., Krupnik, L. I. und Ankudinow, W. A., JTP **26** (1956) 1208.
[4] Vogel, J. M. und Mitin, R. W., JETP **30** (1956) 450.
[5] Stier, P. M. and Barnett, C. F., Phys. Rev. **103** (1956) 896.
[6] Whittier, A. C., Can. J. Phys. **32** (1954) 275.
[7] Vogel, J. M., Ankudinow, W. A. und Slabospitzkij, R. P., JETP **32** (1957) 453.
[8] Vogel, J. M., Mitin, R. W., Koslow, W. F. und Romaschko, N. D., JETP **35** (1958) 565.
[9] Vogel, J. M., Krupnik, L. I., Kowal, A. G. und Timofejew, A. D., Berichte der Tagung über elektrostatische Generatoren.
[10] Reifenschweiler, O., Ann. Phys. **14** (1954) 33.
[11] Vogel, J. M., Ankudinow, W. A., Pilipenko, D. W. und Topolja, N. W., JETP **34** (1958) 579.

A. A. Zigikalo

Beschleunigungsrohrprüfung am 4 MeV elektrostatischen Beschleuniger des Physikalisch-Technischen Instituts der Akademie der Wissenschaften der Ukrainischen SSR

Einleitung

Am elektrostatischen Druckgasgenerator mit zwei Beschleunigungsrohren, der für 4,5 MeV ausgelegt ist, wurde eine Arbeitsspannung von 3,7 bis 3,9 MV bei Betrieb mit Ionenstrahl in nur einem Beschleunigungsrohr (Abb. 1) erreicht.

Bei einem Druck von $3 \cdot 10^{-6}$ mm Hg betrug die maximale Arbeitsspannung 3,6 bis 3,7 MV [1]. Nach einer Druckerhöhung im Beschleunigungsrohr bis auf 1,5 bis $2 \cdot 10^{-5}$ mm Hg konnte eine Durchschlagsspannung von 4,2 MV erreicht werden.

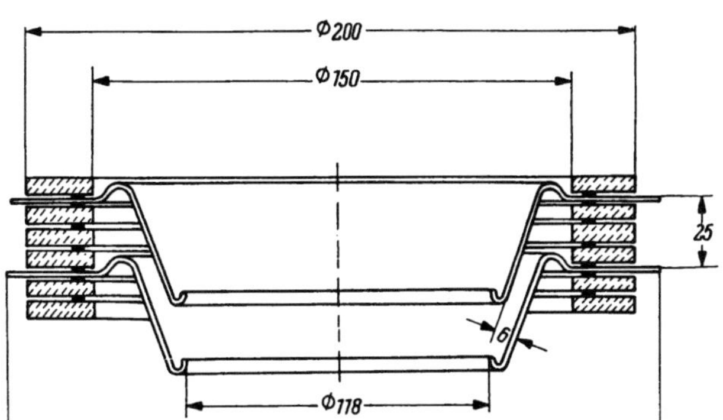

Abb. 1. Beschleunigungsrohr mit konusförmigen Elektroden, Abstand 25 mm

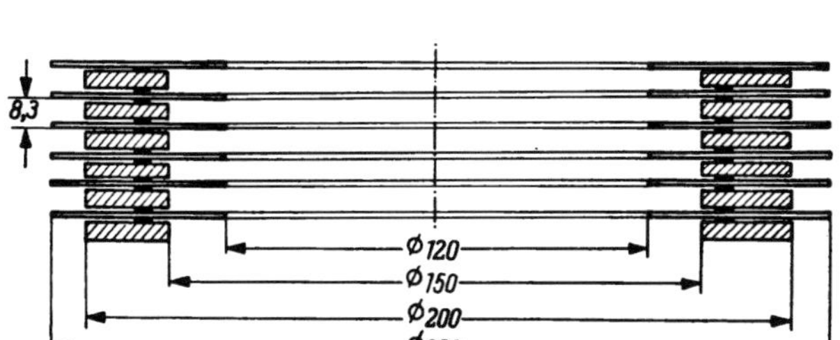

Abb. 2. Beschleunigungsrohr mit ebenen Elektroden

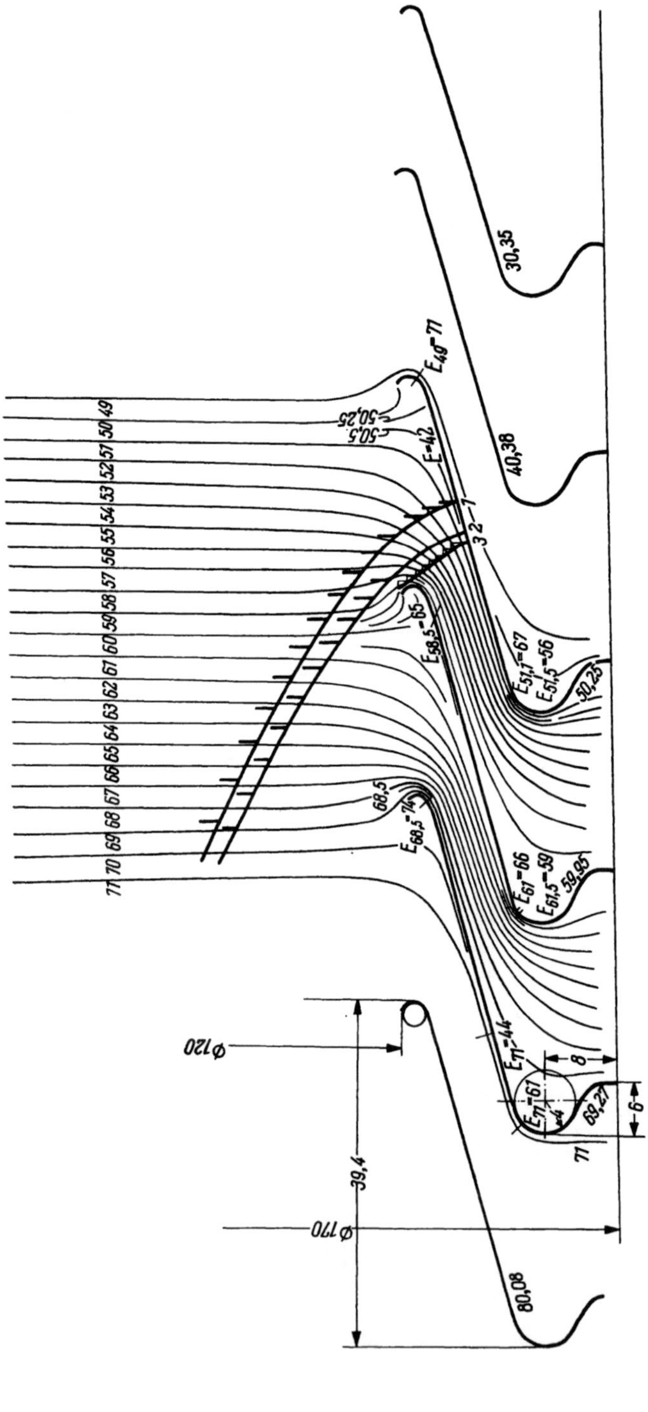

Abb. 3. Der Verlauf des elektrischen Feldes im Beschleunigungsrohr mit konusförmigen Elektroden (Physikalisch-Technisches Institut der Akademie der Wissenschaften der USSR)

In der vorliegenden Arbeit wird eine kurze Beschreibung der Beschleunigungsrohre gegeben, die am 4 MeV elektrostatischen Generator geprüft wurden. Die Ergebnisse dieser Untersuchungen werden ebenfalls mitgeteilt.

Die Auswirkung des Ladungstransportbandes auf die Eigenschaften des Beschleunigungsrohres und die Linearität der Potentialverteilung längs der Säule besitzt bei der Untersuchung von Beschleunigungsrohren im Generator große Bedeutung. Aus einer großen Anzahl vorliegender Messungen wurden deshalb die als die genauesten gewertet, für die man die Gewähr hatte, daß der Generator gut arbeitete und sein störender Einfluß auf die Eigenschaften der Beschleunigungsrohre minimal war.

Konstruktion der geprüften Rohre

Bei normalen Betriebsbedingungen des Generators wurden Beschleunigungsrohre folgender Konstruktionen geprüft (Länge der Rohre im Arbeitsbereich 4 m).

1. Ein Rohr mit ebenen Elektroden aus nichtrostendem Stahl der Stärke 0,3 mm in Abständen von je 8,4 mm. Der Porzellanisolator ist glasiert und mit einer Bleibeilage versehen, damit der Klebstoff nicht das Vakuum verschlechtert (Abb. 2).

2. Ein Rohr der gleichen Konstruktion (Abb. 2), aber ohne Glasur der inneren Oberfläche des Porzellanisolators (der Belag wurde mit einem Sandstrahlgebläse entfernt).

3. Ein Rohr mit konusförmigen Elektroden aus Aluminium in Abständen von je 25 mm (Abb. 1). Der Porzellanisolator ist glasiert, die Höhe jedes Ringes beträgt $h = 8{,}4$ mm, so daß zwischen zwei Elektroden jeweils ein Paket aus drei aufeinandergeklebten Ringen eingefügt ist. Damit kein Klebstoff in den Vakuumraum gelangt, sind Bleidrahtdichtungen angebracht. Bei der Auswahl der Elektrodenform wurde darauf geachtet, daß die Isolatorenoberfläche nicht von gestreuten geladenen Teilchen getroffen werden kann und daß an den Elektroden keine Elektronenvervielfachung stattfindet.

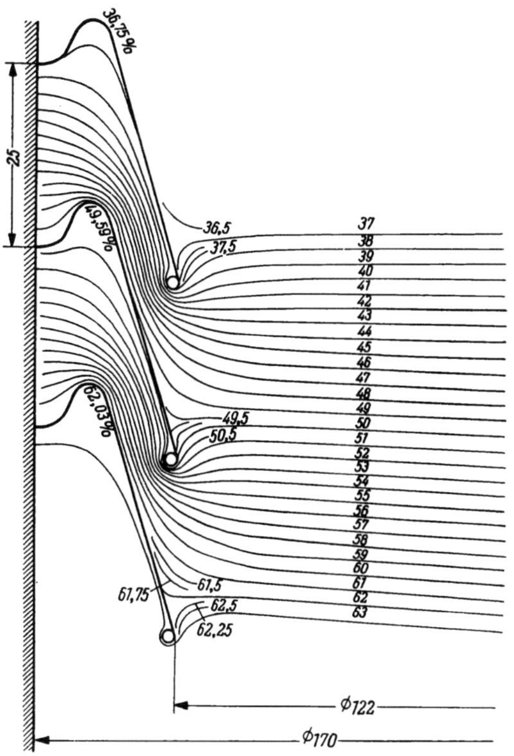

Abb. 4. Elektrischer Feldverlauf im Beschleunigungsrohr mit konusförmigen Elektroden (Wissenschaftliches Forschungsinstitut für elektro-physikalische Geräte)

Abb. 3 zeigt den Verlauf des elektrischen Feldes im Beschleunigungsrohr. Die Bahn, die ein an der Elektrodenoberfläche ausgelöstes Elektron durchläuft, ist ebenfalls angegeben.

4. Ein Rohr mit konusförmigen Elektroden aus nichtrostendem Stahl in Abständen von je 25 mm. Die Isolatoren sind aus nichtglasiertem Steatit mit gewellter innerer Oberfläche gefertigt. Den Verlauf des elektrischen Feldes zwischen den Elektroden skizziert Abb. 4 (Konstruktion des Wissenschaftlichen Forschungsinstituts für elektro-physikalische Geräte).

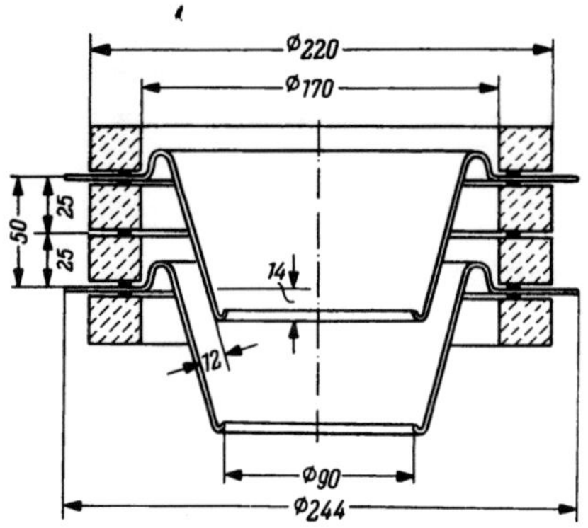

Abb. 5. Beschleunigungsrohr mit konusförmigen Elektroden, Abstand 50 mm

5. Ein Rohr mit konusförmigen Elektroden aus Aluminium in Abständen von je 50 mm, bestehend aus zwei aufeinandergeklebten Porzellanisolatoren von je 25 mm Höhe mit Bleidrahtdichtungen (Abb. 5). Alle Rohre wurden mit dem Klebstoff BF-4 geklebt. Mit Ausnahme des unter 4. genannten wurden alle Beschleunigungsrohre in eigenen Laboratorien und Werkstätten hergestellt.

Prüfungsergebnisse

Für alle Beschleunigungsrohre trafen folgende charakteristische Erscheinungen zu.

1. Der Trainierungseffekt[1]): Wird an ein Beschleunigungsrohr zum ersten Mal Spannung angelegt, so darf diese nicht höher als 1,5 bis 2 MV sein. Eine höhere Spannung führt zum Durchschlag und zur Verschlechterung des Vakuums. Nach mehrstündigem Betrieb (6 bis 10 Std.), verbunden mit einer starken Gasabgabe im Beschleunigungsrohr, erhöht sich allmählich die elektrische Durchschlagsfestigkeit. Wenn das Rohr fortwährend mit der maximal zulässigen Spannung betrieben wird, ohne daß ein Durchschlag stattfindet, kann nach 30 bis 40 Std. die Grenzspannung erreicht werden. Diese Zeit ist unterschiedlich für verschiedene Beschleunigungsrohre und hängt von der Güte und Sauberkeit der Klebestellen ab.

2. Die Erscheinung der „stoßartigen Spannungsverringerungen“: Bei allen Beschleunigungsrohren (mit BF-4 Klebstoff geklebt und mit Bleibeilagen zwischen den Elektroden und Isolatoren versehen) trat eine Begrenzung der maximal zulässigen Arbeitsspannung ein, die nicht von einem Durchschlag hervorgerufen wurde sondern von einer stoßartigen Spannungsverringerung um 10 bis 40%. Diese Erscheinung ist mit einer kleinen Druckerhöhung im Beschleunigungsrohr ver-

---

[1]) Mit „Trainierung“ wird die Entgasung von Oberflächen im Vakuum durch elektrische Felder bezeichnet, die zu Ionisationen oder Entladungen führen (Anm. d. dtsch. Red.).

bunden und kann, wie sich später herausstellte, bei der Prüfung einzelner Sektionen durch verbesserte Konstruktion der Isolator-Elektroden-Verbindungen beseitigt werden. Eine Druckerhöhung im Beschleunigungsrohr bis auf $2 \cdot 10^{-5}$ mm Hg durch Verringerung der Sauggeschwindigkeit beseitigt die stoßartigen Spannungsverringerungen ebenfalls. Danach kann die Arbeitsspannung wieder bis zur maximal zulässigen Grenzspannung erhöht werden, bei welcher ein voller Durchschlag im Rohr einsetzt und eine starke Vakuumverschlechterung eintritt.

Außer den erwähnten Erscheinungen wurde während der Erprobungszeit noch folgendes festgestellt:

1. Nach der Trainierung des Beschleunigungsrohres (Abb. 2) wurde eine Arbeitsspannung von 2,8 bis 3,0 MV gemessen. Bei Verkürzung auf 2,3 m Länge (durch Kurzschließen der unteren Sektion des Generators von 1,7 m Länge) wurde eine stabile Spannung von 2,3 MV erreicht. Die Spannung wurde in allen Fällen über die magnetische Ablenkung des Ionenstrahles gemessen. Oberhalb 3,0 MV setzten die „Spannungsstöße“ ein, und bei 3,5 MV erfolgte der Durchschlag. Eine Druckerhöhung im Rohr bis auf $2 \cdot 10^{-5}$ mm Hg erhöhte die Arbeitsspannung nicht merklich.

Eines der Beschleunigungsrohre wurde demontiert, nachdem es innerhalb von zwei Jahren sehr oft in Betrieb gewesen war. Äußerliche Untersuchungen zeigten,

a) daß auf der inneren Oberfläche längs der Isolatoren Entladungsspuren sichtbar waren und daß an manchen Stellen Rückstände verbrannten Klebstoffes hafteten;

b) daß sich auf der Anodenseite der Elektroden, gegenüber den Entladungsspuren, Kraterflecke gebildet hatten und daß sich an der Anoden-Stirnseite des Isolators Spuren des Elektrodenmetalls fanden;

c) daß an einigen Stellen das Porzellan abgebröckelt war.

Die innere Oberfläche des demontierten Rohres wurde mit Sandstrahlgebläse und anschließend mit Druckluft und Staubsauger gereinigt. Danach konnte eine Arbeitsspannung von 3,4 MV erzielt werden.

2. Nach der Trainierung des Beschleunigungsrohres nach Abb. 1 wurde eine Arbeitsspannung von 3,7 bis 3,9 MV bei Ionenstrahl-Betrieb erreicht. Die Durchschlagsspannung lag bei 4,2 MV und der Druck im Rohr betrug 1,5 bis $2{,}5 \cdot 10^{-5}$ mm Hg. Bei einem Druck von $3 \cdot 10^{-6}$ mm Hg im Beschleunigungsrohr begrenzte die Erscheinung der „stoßartigen Spannungsverringerungen“ die Arbeitsspannung auf 3,7 bis 3,8 MV.

3. Das von der Industrie hergestellte Beschleunigungsrohr (Abb. 4) erreichte nach zweistündigem Betrieb bei einem Druck von $2 \cdot 10^{-5}$ mm Hg eine Durchschlagsspannung von 3,3 bis 3,4 MV. Allerdings mußte die weitere Erprobung abgebrochen werden, da infolge der mikroskopisch porösen Struktur des Steatits eine Undichtigkeit aufgetreten war.

4. Das Beschleunigungsrohr nach Abb. 5. Die Voruntersuchung einzelner Rohrsektionen ergab, daß 40 bis 70 kV Spannung an eine Sektion angelegt werden kann. Bei der Rohrprüfung im Generator betrug die endgültige Spannung 2,5 MV. Eine sorgfältige Untersuchung des Rohres zeigte, daß die Bleidichtungen nicht weit genug zwischen die Isolatoren hineingedrückt und an manchen Stellen wahrscheinlich durch den Klebstoff wieder herausgepreßt worden waren. Das begünstigte den Durchschlag zwischen den Elektroden und die Metallisierung des Porzellanisolators durch verdampftes Blei.

Die Prüfung einzelner Sektionen des Beschleunigungsrohres

Die Prüfung einzelner Sektionen des Beschleunigungsrohres wurde durchgeführt, um die Ursachen für das Entstehen des Durchschlags zu erforschen und um Konstruktionen mit höherer Durchschlagsspannung zu untersuchen.

Abb. 6 stellt schematisch den Versuchsaufbau dar.

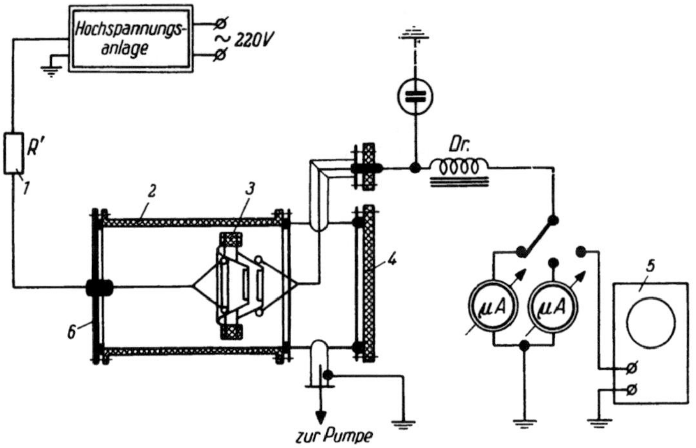

Abb. 6. Schematische Anordnung des Prüfstandes für einzelne Sektionen des Beschleunigungsrohres

1 Begrenzungswiderstand
2 Kammer (Porzellan)
3 zu prüfendes Teil
4 Kammerdeckel (organisches Glas)
5 Oszillograf EO-7
6 Kammerdeckel (Metall)

Insgesamt wurden 16 verschiedene Konstruktionen geprüft. Im Verlaufe der Untersuchungen wurden folgende charakteristische Größen bestimmt:

die Spannung U_V, bei welcher Stromstöße bemerkbar wurden, die allerdings nur auf dem Oszillografenschirm in Form kleiner Zacken sichtbar waren,

die Spannung U_D, bei welcher Durchschläge in der Sektion längs der Isolatoroberfläche stattfanden, die man durch das Fenster in der Kammer (*4* in Abb. 6) beobachten konnte.

Wir wollen die charakteristischen Eigenschaften der wichtigsten Konstruktionen (siehe Abb. 7, 8, 9) kurz skizzieren.

In Tab. 1 sind die Ergebnisse zusammengefaßt, die nach 8 bis 16-stündiger Spannungsprüfung der Sektionen im Vakuum für Isolatoren von 25 mm Höhe erzielt wurden.

Der Vergleich zeigt, daß die Konstruktion nach Abb. 9 eine hohe Durchschlagsspannungsfestigkeit aufweist und daß sich ihre Eigenschaften auch nach lang anhaltender Belastung durch viele Durchschläge nicht verschlechterten, im Gegensatz zu der Konstruktion nach Abb. 8.

Wenn für die ungünstigste Sektion des Beschleunigungsrohres $U_D = 35$ bis 40 kV erzielt wurden, das ist nur die Hälfte des in der Tabelle angegebenen Wertes, so besteht Aussicht, am gesamten Rohr eine Spannung von 4,5 MV zu erreichen, falls der Effekt der Elektronenbelastung beseitigt wird.

Es kann als sicher angenommen werden, daß

a) eine Begrenzung der maximal zulässigen Spannung infolge der „stoßartigen Spannungsverringerung“ durch geänderte Konstruktion des Isolators und verbesserte Klebetechnologie zur Verbindung von Isolator und Elektrode, wie z. B. in Abb. 9, beseitigt werden kann;

b) die Prüfung einer neuen Konstruktion des Beschleunigungsrohres bei üblichen Betriebsbedingungen notwendig ist.

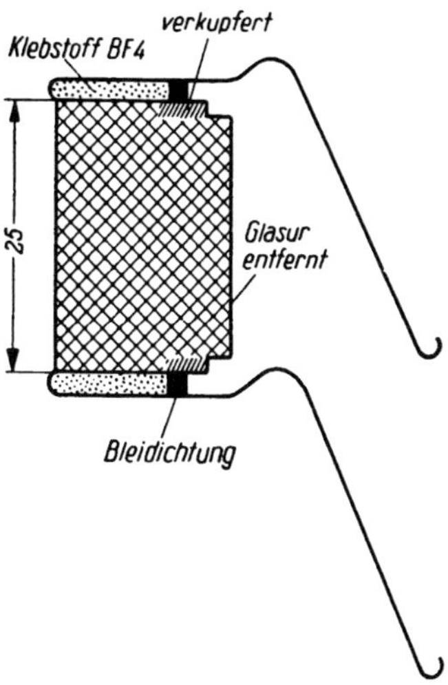

Abb. 7. Übliche Konstruktion der Klebestellen des Beschleunigungsrohres

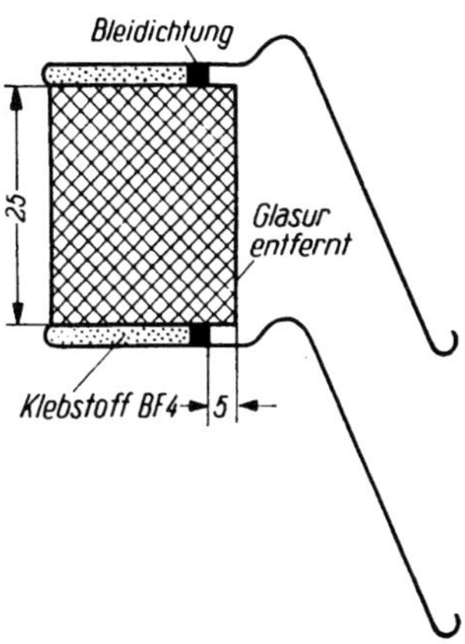

Abb. 8. Vereinfachte Konstruktion einer Klebestelle des Rohres mit geändertem Isolator

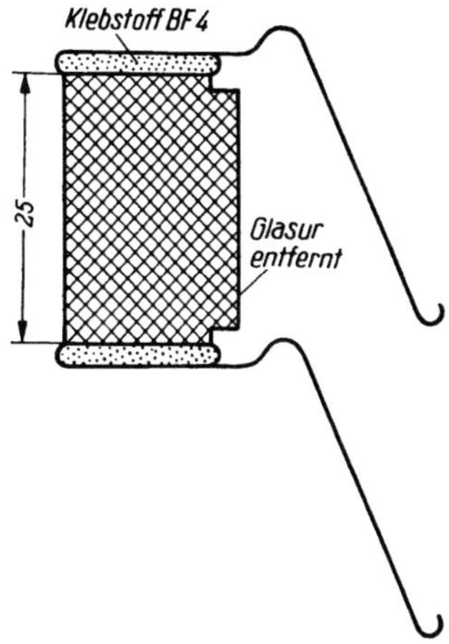

Abb. 9. Verbesserte Konstruktion einer Klebestelle des Beschleunigungsrohres mit geändertem und metallisiertem Isolator

Tabelle 1

Ergebnisse der Trainierung von Sektionen eines Beschleunigungsrohres unter Spannung im Vakuum für Isolatoren von 25 mm Höhe

Sektion	U_V, kV	U_D, kV	Anmerkung
Abb. 7	10	30	—
Abb. 8	50	60 (38)	in Klammern — Durchschlagsspannung nach einer großen Anzahl von Durchschlägen
Abb. 9	65	größer als 75	Kein Durchschlag in dieser Sektion

Literatur

[1] Zigikalo, A. A., Chartschenko, J. A. und Bogdalin, G. N., Bericht des Physikalisch-Technischen Instituts der Akademie der Wissenschaften der Ukrainischen SSR für das Jahr 1957.

J. M. Vogel, R. P. Slabospitzkij, I. T. Guschowskij

Erzeugung negativ geladener Helium-, Kohlenstoff-, Sauerstoff- und Chlorionen beim Durchgang von positiven Ionen durch einen Überschall-Quecksilberdampfstrahl

Einleitung

Auf Grund einer Reihe von Arbeiten [1, 2, 3] können die Probleme, die mit dem Bau von Ionenquellen für negativ geladene Wasserstoffionen für Tandem-Generatoren zusammenhängen, heute als gelöst betrachtet werden. Mit Hilfe eines Tandem-Generators kann man außer Protonen und Deuteronen der Energie $2\,U$ eV (U — Potential der Hochspannungselektrode des Tandem-Generators) auch schwere Ionen der Energie $(k + 1)\,eU$ eV mit der Ladung ke beschleunigen. Die Möglichkeit, vielfach geladene positive Ionen zu beschleunigen, hängt selbstverständlich vom Bau einer Ionenquelle für schwere negative Ionen ab. Der Aufbau einer solchen Ionenquelle kann nach dem gleichen Prinzip erfolgen, das schon bei der Herstellung der Ionenquellen für negative Wasserstoffionen angewendet wurde, nämlich durch Elektroneneinfang positiver Ionen beim Passieren von Materie. L. I. Krupnik beschrieb in seiner Dissertationsarbeit vorläufige Versuche, die der Erforschung des Umwandlungsprozesses von positiven Sauerstoff- und Heliumionen in negative Ionen beim Passieren eines Dampfstrahl-Targets gewidmet sind. Eine Ionenquelle für negative Heliumionen, die nach dem $He^+ \rightarrow He^-$-Umwandlungsprozeß in einem gasförmigen Target arbeitet, erwähnt die Vortragszusammenfassung der Sitzung der Amerikanischen Physikalischen Gesellschaft [4]. Die Autoren dieser Arbeit erzielten eine Stromstärke von $3{,}5 \cdot 10^{-9}$ A bei He^--Ionen.

Das Ziel der vorliegenden Arbeit besteht in einer ausführlichen Untersuchung des Umwandlungsprozesses von positiv geladenen Helium-, Kohlenstoff-, Sauerstoff- und Chlorionen in negativ geladene Ionen beim Durchgang durch ein Quecksilberdampf-Target. Weiterhin sollte die Herstellungsmöglichkeit einer Ionenquelle für schwere negativ geladene Ionen für den Tandem-Generator geklärt werden.

Versuchsapparatur und Experimentiermethode

Der erste Abschnitt der Arbeit [7] enthält eine eingehende Beschreibung der Versuchsanlage, mit der wir die Umwandlung von positiven Helium-, Kohlenstoff-, Sauerstoff- und Chlorionen in einem Quecksilberdampf-Target untersucht haben. Da man diese Anlage von vornherein für das Studium des Umwandlungsprozesses $H^+ \rightarrow H^-$ projektiert hatte, wurde die magnetische Linse zur Bündelung der negativen Wasserstoffionen von 30 keV Energie berechnet. Die Linse konnte selbstverständlich die schweren negativen Ionen, die das Untersuchungsobjekt der vorliegenden Arbeit darstellen, nicht fokussieren. Aus diesem Grunde sind die später aufgeführten Werte für die Umwandlungskoeffizienten und die absoluten Strahlstromstärken negativer Ionen ein wenig kleiner als die tatsächlichen Werte. Wie aus der Arbeit [1] folgt, kann man durch Fokussierung der schweren negativen Ionen diese Werte erhöhen, allerdings nicht mehr als um den Faktor Zwei.

Zur Erzeugung des positiv geladenen Ionenstrahls wurde eine Hochfrequenz-Ionenquelle benutzt, wobei für He^+-, C^+-, O^+- und Cl^+-Ionenerzeugung der Gasbehälter der Ionenquelle entsprechend mit Helium, Kohlensäure, Sauerstoff und Freon CCl_2F_2 gefüllt wurde. Bei der Untersuchung des $Cl^+ \rightarrow Cl^-$-Umwandlungsprozesses berücksichtigten wir, daß im Cl_{35}^+-Ionenstrahl eine Beimischung von ClF^+- und CCl^+-Ionen enthalten sein kann, bedingt durch die Dissoziation der $CClF_2^+$- und $CClF^+$-Ionen im Quecksilberdampfstrahl. Da die „scheinbare" Masse dieser Ionen nahe bei 35 liegt, konnte der Magnetanalysator der Anlage diese Ionen nicht vom Cl^+-Ionenstrahl trennen. Allerdings ist ihre Energie kleiner als die der Cl^+-Ionen, so daß sie mit einem elektrischen Feld vom Cl^+-Ionenstrahl abgetrennt werden können. Die Trennung der Ionen nach ihrer Energie erfolgte durch das elektrische Feld eines ebenen Kondensators, der vor dem Eingang des Magnetanalysators angebracht war.

Wir untersuchten die Abhängigkeit der Umwandlungskoeffizienten von der Energie des einfallenden Strahls und von der Temperatur des Siedekessels (Boiler). Die Temperatur des Siedekessels bestimmt die Dichte des Dampfstrahles. Mit einem FARADAY-Zylinder variabler Blende (der Durchmesser der Blende konnte von 2 bis 22,5 mm verändert werden), der am Ausgang des Magnetanalysators angebracht war, untersuchten wir außerdem die Verteilung und Dichte des negativen Ionenstroms quer zur Strahlrichtung. Die Ergebnisse dieser Experimente werden später gegeben.

$He^+ \rightarrow He^-$-Umwandlung

Theoretische Betrachtungen [5] zeigten, daß metastabile negative Heliumionen existieren können. Die Entstehung negativer Heliumionen beim Zusammenstoß positiv geladener Heliumionen mit Atomen eines Edelgases wurde zum ersten Mal in der Arbeit [6] beobachtet. In der Dissertation L. I. KRUPNIKS wurden Untersuchungsergebnisse der $He^+ \rightarrow He^-$-Umwandlung in einem Quecksilberdampf-Target mitgeteilt. Die Arbeit [4] amerikanischer Autoren über eine Ionenquelle negativ geladener Heliumionen wurde schon in der Einleitung des vorliegenden Aufsatzes erwähnt.

Abb. 1 zeigt das Massenspektrum eines positiven Ionenstrahls einer Hochfrequenz-Ionenquelle[1]) und das Massenspektrum eines negativen Ionenstrahls aus einem Quecksilberdampf-Target. Wie man aus dieser Abbildung entnehmen kann, sind im Spektrum der positiven Ionen fast nur He^+-Ionen und im Spektrum der

[1]) Dieses Spektrum wurde unter Verwendung eines Quecksilberdampfstrahles von Überschallgeschwindigkeit aufgenommen.

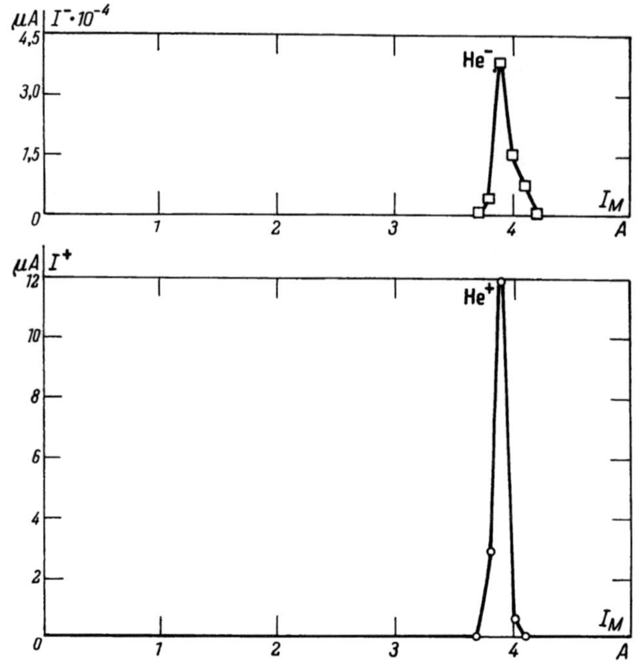

Abb. 1. Die Massenspektren eines positiven Ionenstrahles einer Hochfrequenz-Ionenquelle und eines negativen Ionenstrahles aus einem Quecksilberdampf-Target

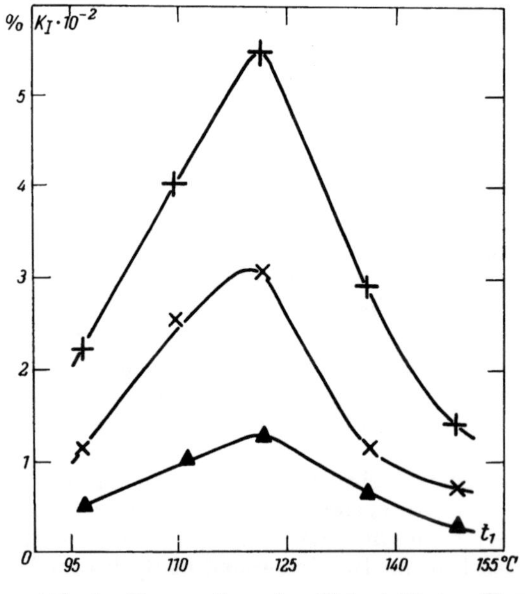

Abb. 2. Umwandlungskoeffizient $He^+ \to He^-$ in Abhängigkeit von der Boilertemperatur

▲▲▲ E = 22,2 keV ××× E = 32,2 keV +++ E = 42,4 keV

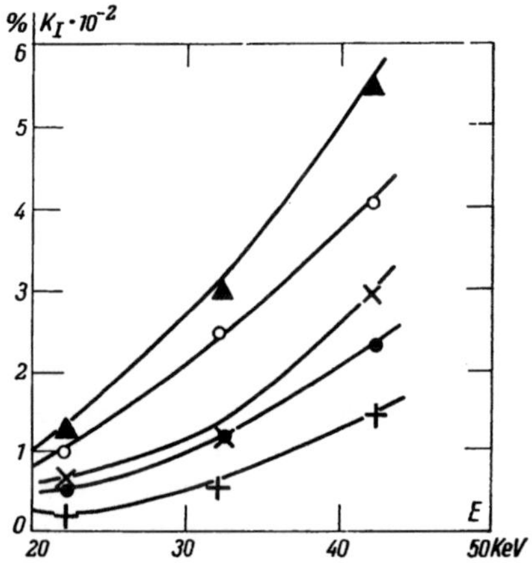

Abb. 3. Umwandlungskoeffizient $He^+ \to He^-$ in Abhängigkeit von der Ionenenergie

● ● ● t = 95° C
○ ○ ○ t = 110° C
▲ ▲ ▲ t = 123° C
× × × t = 135° C
+ + + t = 147° C

negativen Ionen fast nur He^--Ionen vorhanden, die von der $He^+ \to He^-$-Umwandlung stammen.

In Abb. 2 und 3 ist die Abhängigkeit des $He^+ \to He^-$-Umwandlungskoeffizienten von der Boilertemperatur und von der Ionenenergie gezeigt.

Ein charakteristisches Merkmal der $He^+ \to He^-$-Umwandlung besteht in dem kleinen Wert für den Umwandlungskoeffizienten. In unseren Experimenten war der größte Umwandlungskoeffizient $6 \cdot 10^{-4}$. In Anbetracht der Tatsache, daß der Umwandlungskoeffizient monoton mit der Energie anwächst (Abb. 3), ist es nicht ausgeschlossen, daß für He^+-Ionen-Energien oberhalb 40 keV ein erheblich größerer Umwandlungskoeffizient erzielt werden kann. Die maximale Stromstärke für He^--Ionen in den oben beschriebenen Versuchen lag bei $2{,}9 \cdot 10^{-9}$ A.

$C^+ \to C^-$-Umwandlung

Abb. 4 zeigt das Massenspektrum eines auf ein Quecksilberdampf-Target aufgetroffenen Strahls positiver Ionen und das Massenspektrum eines aus einem Quecksilberdampf-Target austretenden Strahls negativer Ionen. Im Spektrum der negativen Ionen konnten C^--Ionen nachgewiesen werden, die aus den Prozessen $C^+ \to C^-$, $CO^+ \to C^-$, $CO_2^+ \to C^-$ stammen. Die Anzahl der C^--Ionen von

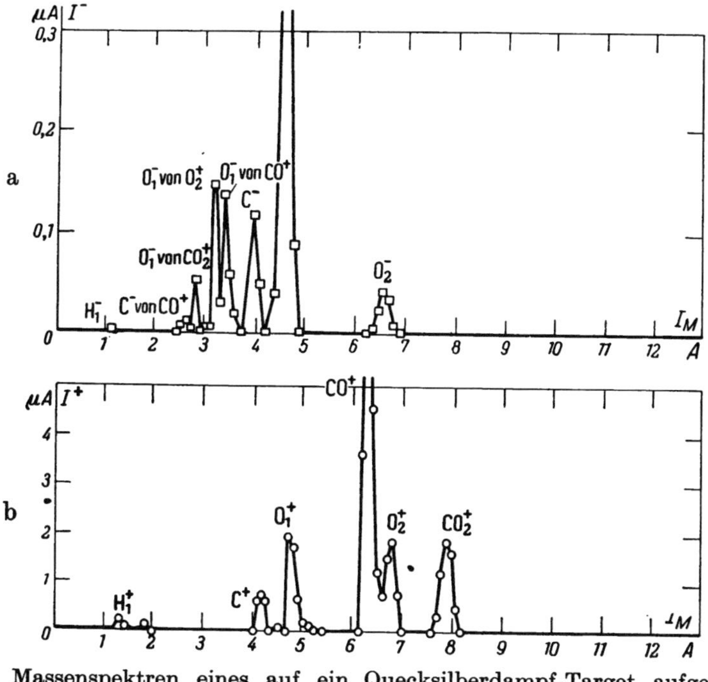

Abb. 4. Massenspektren eines auf ein Quecksilberdampf-Target aufgetroffenen Strahls positiver Ionen und eines aus einem Quecksilberdampf-Target austretenden Strahls negativer Ionen

a) $I_{O^-_{1}\,max} = 0{,}41\ \mu A$ b) $I_{CO^+_{max}} = 7{,}8\ \mu A$

dem Prozeß $CO_2^+ \rightarrow C^-$ war außerordentlich gering, so daß keine Messungen des Umwandlungskoeffizienten für diesen Prozeß erfolgten. Im Spektrum der negativen Ionen wurden keine CO^- und CO_2^--Ionen festgestellt, woraus geschlossen werden kann, daß die Umwandlungskoeffizienten für die Prozesse $CO^+ \rightarrow CO^-$ und $CO_2^+ \rightarrow CO_2^-$ kleiner als $1{,}25 \cdot 10^{-3}$ und $5 \cdot 10^{-3}$ sind.

In Abb. 5 und 6 sind die Umwandlungskoeffizienten für die Prozesse $C^+ \rightarrow C^-$ und $CO^+ \rightarrow C^-$ in Abhängigkeit von der Boilertemperatur und der Ionenenergie dargestellt.

Wie aus diesen Abbildungen hervorgeht, nimmt der Koeffizient K_I ($C^+ \rightarrow C^-$- Umwandlung) bedeutend größere Werte an als der Koeffizient K_{II} ($CO^+ \rightarrow C^-$-Umwandlung). Im Hinblick auf die Erzeugung intensiver C^--Ionenstrahlen besitzt nur der Prozeß $C^+ \rightarrow C^-$ praktische Bedeutung.

Aus diesem Grunde ist es wünschenswert, die optimalen Betriebsbedingungen für die Hochfrequenz-Ionenquelle zu finden, die den größ-

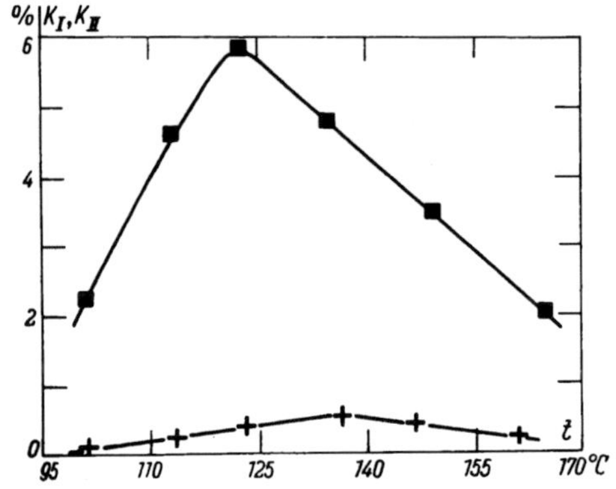

Abb. 5. Abhängigkeit des Umwandlungskoeffizienten für die Prozesse $C^+ \rightarrow C^-$ und $CO^+ \rightarrow C^-$ von der Boilertemperatur

$E = 42{,}4$ keV ■■■ $C^+ \rightarrow C^-$ +++ $CO^+ \rightarrow C^-$

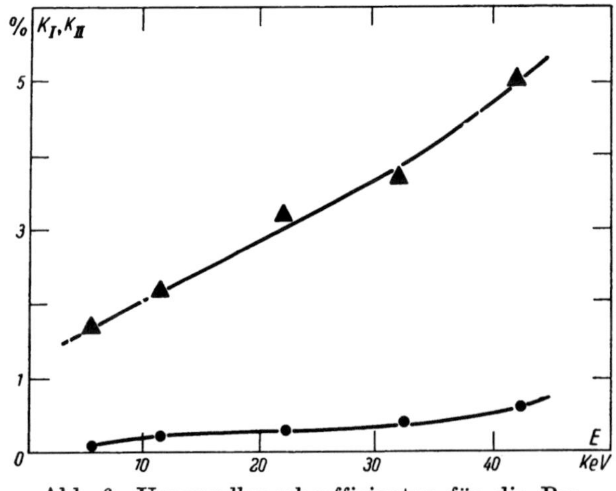

Abb. 6. Umwandlungskoeffizienten für die Prozesse $C^+ \rightarrow C^-$ und $CO^+ \rightarrow C^-$ in Abhängigkeit von der Ionenenergie

▲▲▲ $t = 123°$ C; $C^+ \rightarrow C^-$ ●●● $t = 136°$ C; $CO^+ \rightarrow C^-$

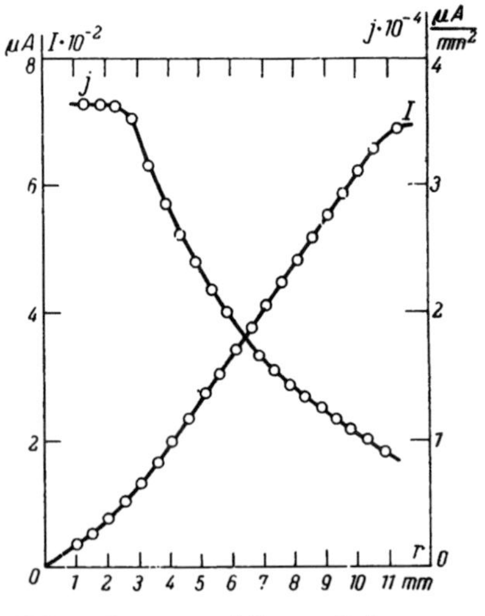

Abb. 7. Strom und Stromdichte der C^--Ionen von $E = 32{,}2$ keV Energie bei der $C^+ \rightarrow C^-$ Umwandlung in Abhängigkeit vom Durchmesser der variablen Blende

ten C^+-Ionen-Anteil im positiven Ionenstrahl ergeben. Da der Koeffizient K_I mit der Ionenenergie monoton anwächst, sollte man K_I auch für Energien oberhalb 40 keV messen.[2])

Abb. 7 zeigt Strom und Stromdichte der C^--Ionen mit einer Energie $E =$ 32,2 keV der Umwandlung $C^+ \rightarrow C^-$ in Abhängigkeit vom Durchmesser der variablen Blende. Bei einem Blendendurchmesser von 2 mm konnte noch eine Stromstärke von $4{,}5 \cdot 10^{-9}$ A erreicht werden. Der maximale Strom durch eine Blende von 22,5 mm Durchmesser betrug 0,1 μA.

$O^+ \rightarrow O^-$-Umwandlung

Abb. 8 gibt die Massenspektren der positiven und negativen Sauerstoffionen wieder. Im Spektrum der negativen Ionen wurden atomare Sauerstoffionen aus den Umwandlungen $O_1^+ \rightarrow O_1^-$, $O_2^+ \rightarrow O_1^-$ und $O_1^+ \rightarrow O_3^-$ und molekulare Sauerstoffionen von der Umwandlung $O_2^+ \rightarrow O_2^-$ beobachtet. Der Umwandlungskoeffizient für $O_3^+ \rightarrow O_1^-$ konnte wegen des verschwindend kleinen Anteils von O_3^+-Ionen im Strahl der positiven Ionen nicht untersucht werden.

Abb. 9 und 10 stellen die Umwandlungskoeffizienten K_I, K_{II}, K_{III} (entsprechend $O_1^+ \rightarrow O_1^-$, $O_2^+ \rightarrow O_1^-$, $O_2^+ \rightarrow O_2^-$-Umwandlungen) in Abhängigkeit von der Boilertemperatur und der Ionenenergie dar. Diesen Darstellungen kann

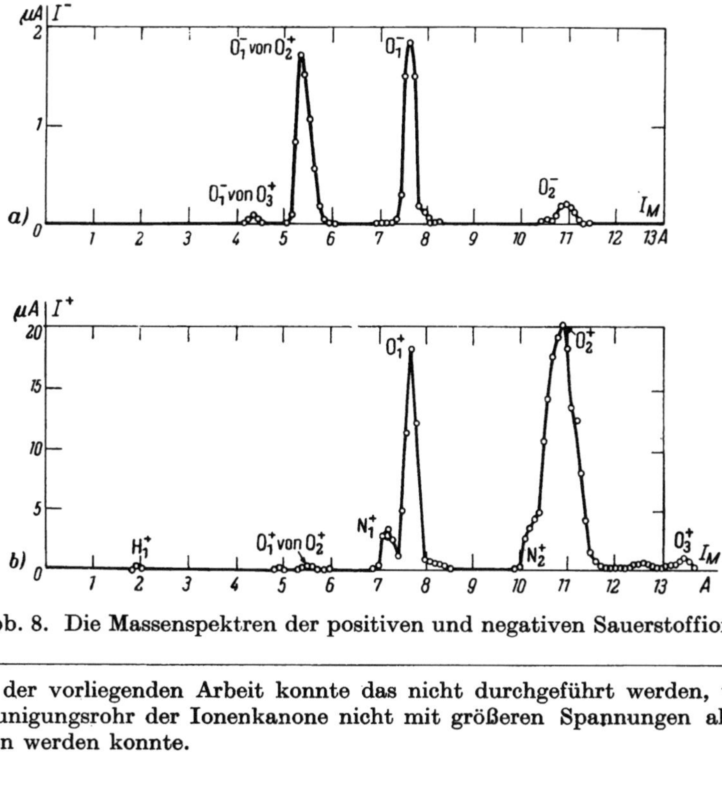

Abb. 8. Die Massenspektren der positiven und negativen Sauerstoffionen

[2]) In der vorliegenden Arbeit konnte das nicht durchgeführt werden, weil das Beschleunigungsrohr der Ionenkanone nicht mit größeren Spannungen als 40 kV betrieben werden konnte.

man entnehmen, daß im Gegensatz zu den Umwandlungen $H_1^+ \rightarrow H_1^-$ und $H_2^+ \rightarrow H_1^-$ der Koeffizient K_{II} für Sauerstoffionen kleiner als K_I ist. Aus diesem Grunde verwendet man am besten für die Erzeugung intensiver O^--Ionenstrahlen die Umwandlung $O_1^+ \rightarrow O_1^-$.

Abb. 11 stellt Strom und Stromdichte der O_1^--Ionen mit einer Energie von 32,2 keV aus der Umwandlung $O_1^+ \rightarrow O_1^-$ in Abhängigkeit vom Durchmesser der variablen Blende dar.

Bei einer Stromstärke des nach Massen nichtgetrennten Strahls von 150 μA wurde ein O_1^--Ionenstrom im Faraday-Zylinder bei völlig geöffneter Blende ($d = 22{,}5$ mm) bis zu 2,5 μA erzielt. Bei einem Blendendurchmesser von $d = 2$ mm ergab sich ein Strom von 0,1 μA. Da der Umwandlungskoeffizient für $O_1^+ \rightarrow O_1^-$ sehr groß ist, besteht die Möglichkeit, O_1^--Ionenstrahlen von bedeutend größerer Intensität zu erhalten. Dazu muß die Intensität des positiven Ionenstrahls

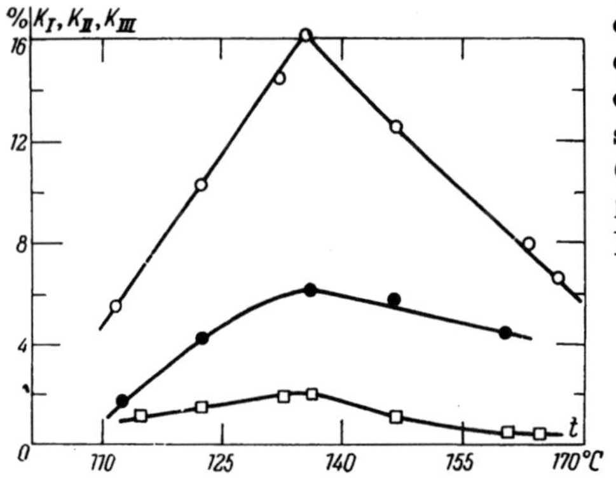

Abb. 9. Die Umwandlungskoeffizienten K_I, K_{II} und K_{III} in Abhängigkeit von der Boilertemperatur, $E = 11{,}6$ keV

○ ○ ○ $O^+ \rightarrow O^-$ ● ● ● $O_2^+ \rightarrow O_1^-$
□ □ □ $O_2^+ \rightarrow O_2^-$

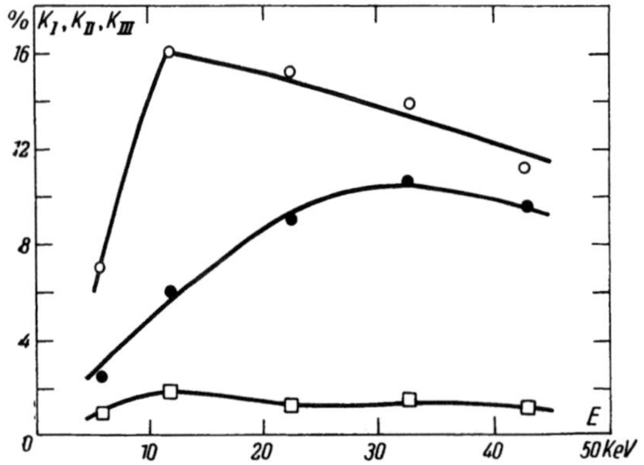

Abb. 10. Die Umwandlungskoeffizienten K_I, K_{II} und K_{III} in Abhängigkeit von der Ionenenergie, $t = 136°$ C

○ ○ ○ $O_1^+ \rightarrow O_1^-$ ● ● ● $O_2^+ \rightarrow O_1^-$ □ □ □ $O_2^+ \rightarrow O_2^-$

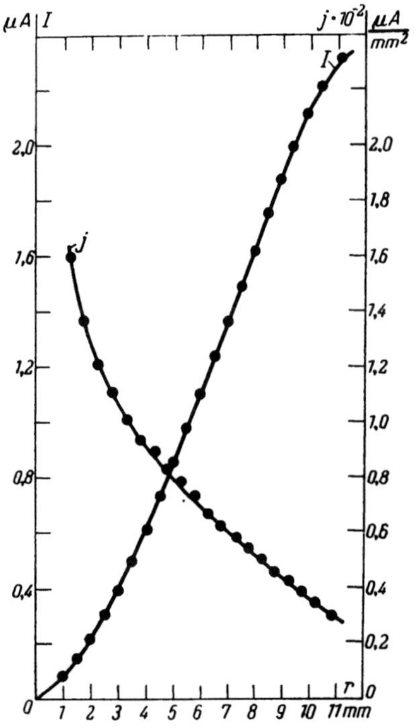

Abb. 11. Strom und Stromdichte der O_1^--Ionen mit einer Energie von $E = 32{,}2$ keV bei der Umwandlung $O_1^+ \rightarrow O_1^-$ in Abhängigkeit vom Durchmesser der variablen Blende

erhöht und sowohl seine Fokussierung als auch die Fokussierung der im Quecksilberdampf-Target erzeugten negativen Ionen verbessert werden.

$Cl^+ \rightarrow Cl^-$-Umwandlung

Die Massenspektren eines auf ein Quecksilberdampf-Target aufgetroffenen positiven Ionenstrahls und des austretenden Strahls negativer Ionen zeigt Abb. 12. Wie aus dieser Abbildung ersichtlich, sind im Spektrum der negativen Ionen, die

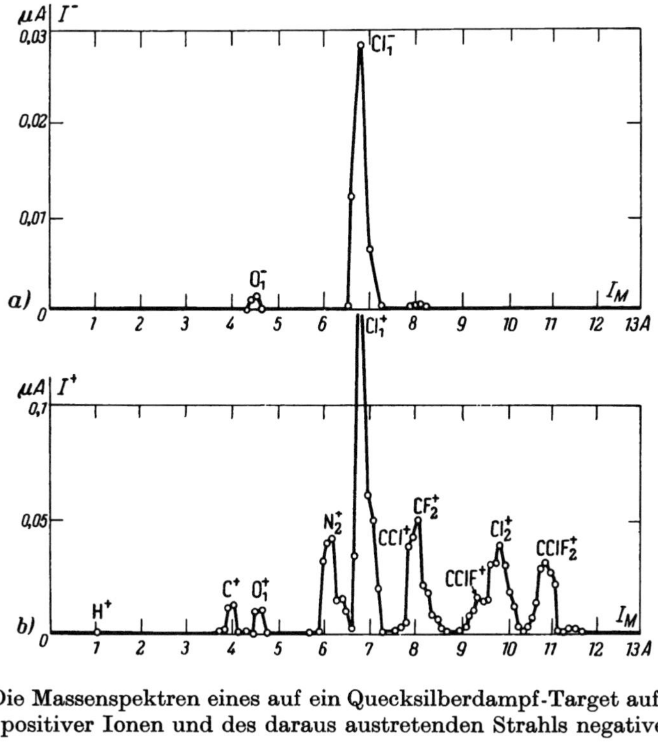

Abb. 12. Die Massenspektren eines auf ein Quecksilberdampf-Target aufgetroffenen Strahls positiver Ionen und des daraus austretenden Strahls negativer Ionen

eine den positiven Ionen genau gleich große Energie besitzen, Cl_1^--Ionen von der Umwandlung $Cl_1^+ \rightarrow Cl_1^-$ und sehr wenig CCl^-- und CF_2^--Ionen von den Umwandlungen $CCl^+ \rightarrow CCl^-$ und $CF_2^+ \rightarrow CF_2^-$ festgestellt worden. Dagegen wurden im Spektrum der negativen Ionen keine Cl_2^--Ionen beobachtet, woraus folgt, daß der Umwandlungskoeffizient des Prozesses $Cl_2^+ \rightarrow Cl_2^-$ kleiner als $2 \cdot 10^{-3}$ ist.

Mit Hilfe des elektrostatischen und magnetischen Analysators konnten Cl^--Ionen aus den Umwandlungen $CCl^+ \rightarrow Cl_1^-$, $CCl_2F^+ \rightarrow Cl_1^-$ und $Cl_2^+ \rightarrow Cl_1^-$ nachgewiesen werden. Die Anzahl der negativen Chlorionen von diesen Prozessen war verschwindend klein. Die Umwandlungskoeffizienten wurden in diesem Falle nicht untersucht.

Abb. 13 und 14 stellen den Umwandlungskoeffizienten K_I für den Prozeß $Cl_1^+ \rightarrow Cl_1^-$ in Abhängigkeit von der Boilertemperatur und der Ionenenergie dar. Wie ein Vergleich mit Umwandlungsprozessen anderer Ionen zeigt, ist der Koeffizient für die Umwandlung $Cl_1^+ \rightarrow Cl_1^-$ am größten und erreicht etwa 20%.

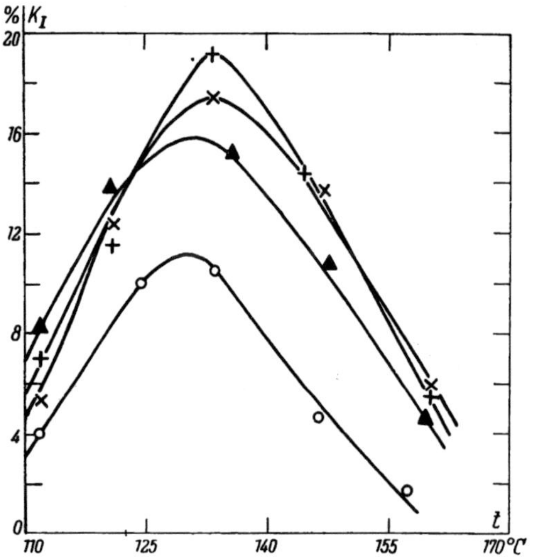

Abb. 13. Abhängigkeit des Koeffizienten K_I für die Umwandlung $Cl_1^+ \rightarrow Cl_1^-$ von der Boilertemperatur

○ ○ ○ E = 11,6 keV ▲ ▲ ▲ E = 22,2 keV
× × × E = 32,2 keV + + + E = 42,4 keV

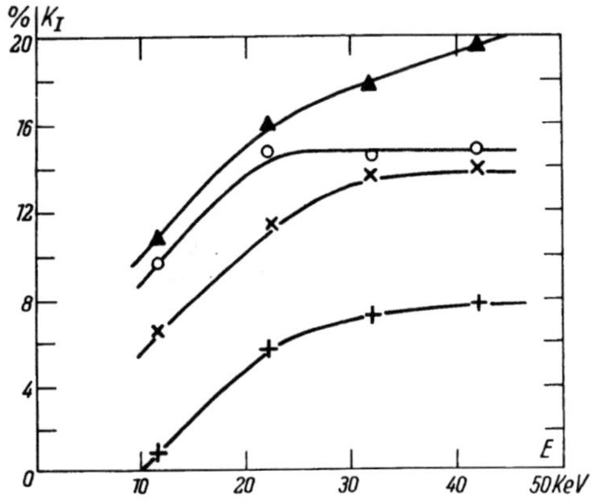

Abb. 14. Abhängigkeit des Koeffizienten K_I für die Umwandlung $Cl_1^+ \rightarrow Cl_1^-$ von der Ionenenergie

× × × t = 118° C ○ ○ ○ t = 125° C
▲ ▲ ▲ t = 135° C + + + t = 157° C

In Abb. 15 sind Strom und Stromdichte der Cl_1^--Ionen mit einer Energie von 32,2 keV in Abhängigkeit vom Durchmesser der variablen Blende aufgetragen. Bei einem nach den Massen nichtgetrennten Strahl positiver Ionen mit einer Stromstärke von 62,5 μA betrug der maximale Cl_1^--Ionenstrom im Faraday-Käfig bei völlig geöffneter Blende 0,85 μA.

Wenn man die vorhin genannten Bedingungen einhält, kann der Cl_1^--Ionenstrom wahrscheinlich noch erheblich erhöht werden.

Abschließend wird in Abb. 16 eine Zusammenstellung der Kurven $K_I = f(E)$ für alle von uns untersuchten Umwandlungen und für die in der Arbeit [7] untersuchten $H_1^+ \rightarrow H_1^-$-Umwandlung gegeben.

Nach unserer Meinung können die in der vorliegenden Arbeit beschriebenen Versuche über die Umwandlung positiver Ionen in negative in einem Quecksilberdampf-Target als Grundlage für die Entwicklung einer Ionenquelle negativ geladener schwerer Ionen für den Tandem-Generator dienen. Zur Erzeugung intensiver He⁻-Strahlen muß eine Ionenquelle entwickelt werden, die einen besonders intensiven Strahl positiver Heliumionen liefert.

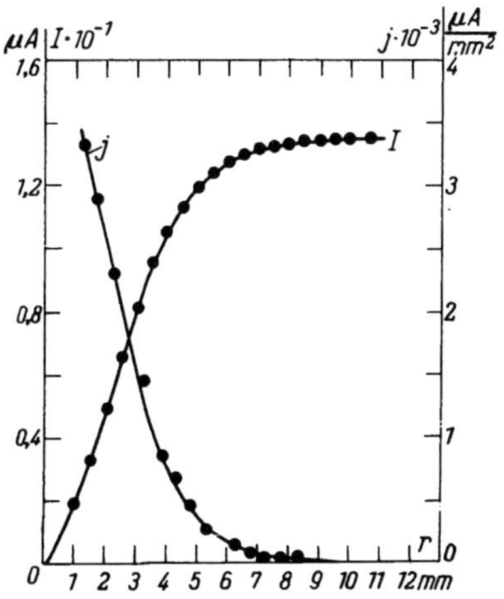

Abb. 15. Strom und Stromdichte von Cl_I^--Ionen einer Energie von 32,2 keV in Abhängigkeit vom Durchmesser der variablen Blende

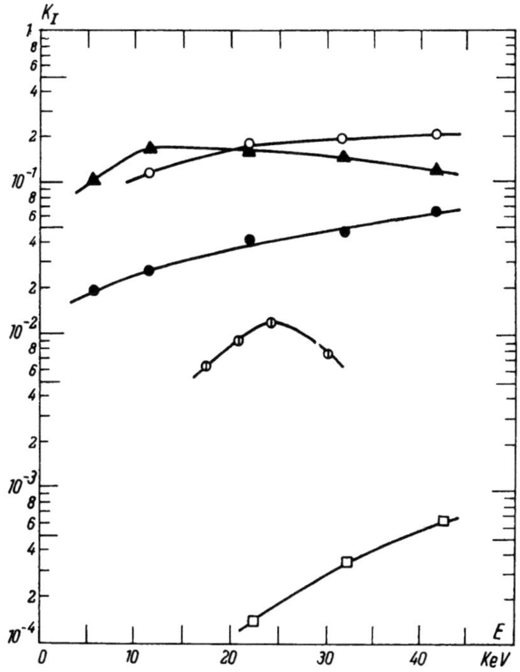

Abb. 16. Zusammenstellung der Kurven $K_I = f(E)$ für alle untersuchten Umwandlungen und für die $H_I^+ \rightarrow H_I^-$ Umwandlung aus der Arbeit [7]

□ □ □ $He^+ \rightarrow He^-$
● ● ● $C_I^+ \rightarrow C_I^-$
○ ○ ○ $Cl_I^+ \rightarrow Cl_I^-$
⊘ ⊘ ⊘ $H_I^+ \rightarrow H_I^-$
▲ ▲ ▲ $O_I^+ \rightarrow O_I^-$

Literatur

[1] VOGEL, J. M., KRUPNIK, L. I. und ANKUDINOW, W. A., JTP **26** (1956) 1208.
[2] PHILLIPS, J. A. and TUCK, I. L., Rev. Sci. Instr. **27** (1956) 97.
[3] WEINMAN, J. A. and CAMERON, J. R., Rev. Sci. Instr. **27** (1956) 288.
[4] WINDHAM, P. M., JOSEPH, P. J., WEINMAN, J. A. and HERB, R. G., Bull. Amer. Phys. Soc. **2** (1957) No. I, II
[5] HOLFIEN, E. and MIDTAL, J., Proc. Phys. Soc. **A 68** (1955) 815.
[6] DUKELSKIJ, W. M., AFROSIMOW, W. W. und FEDORENKO, N. W., JETP **30** (1956) 729.
[7] VOGEL, J. M., KRUPNIK, L. I., KOWAL, A. G. und TIMOFEJEW, A. D., Berichte der Tagung über elektrostatische Generatoren, S. 141.

B. S. Akschanow

Der elektrostatische Generator als Injektor für Beschleuniger

Elektrostatische Generatoren (ESG) finden eine immer breitere Anwendung in den verschiedensten Gebieten der Wissenschaft und Technik. Eines der Anwendungsgebiete der ESG ist die Injektion geladener Teilchen hinreichend großer Energie in Beschleuniger. Die Notwendigkeit einer solchen Injektion (mit hoher Teilchenenergie), z. B. in Linear-Beschleuniger, ergibt sich daraus, daß beim Einschuß geladener Teilchen niedriger Energie in einen Linear-Beschleuniger mit stehender Welle und Driftröhren die Spaltlänge zwischen benachbarten Driftröhren sehr klein sein muß. Die effektive Feldstärke auf der Achse des Beschleunigers fällt in diesem Falle stark ab, und der Anfangsteil des Beschleunigers verliert an Wirksamkeit. Außerdem wird die Länge der ersten Röhren so klein, daß diese nicht mehr ihre wichtigste Aufgabe — die Teilchen von dem durchgreifenden bremsenden Feld abzuschirmen — erfüllen können. Es ist daher notwendig, die Energie der injektierten Teilchen zu erhöhen und die ersten Rohre zu verlängern. Andererseits hängt der Einfangwinkel von der Energie der injektierten Teilchen ab, d. h. von der Anzahl der Teilchen, die während einer Periode der Hochfrequenzschwingung die notwendige Phase besitzen.

Arbeiten unseres Laboratoriums haben gezeigt, daß der Einfangwinkel stark abnimmt bei Verkleinerung der Anfangsenergie der zu injektierenden Teilchen. Daher ist es wünschenswert, die Beschleunigung bei der Energie zu beginnen, die einen genügend großen Einfangwinkel liefert (bei einer Energie von 2 MeV werden etwa 1/7 der injektierten Teilchen beschleunigt).

Der ESG kann jedoch nicht in allen Fällen als Injektor benutzt werden. Müssen verhältnismäßig starke Ströme injektiert werden (größer als 20 bis 30 mA), verwendet man besser zur Injektion leistungsstärkere Hochspannungsanlagen mit kleineren Spannungen.

Der elektrostatische Injektor-Generator zeichnet sich durch folgende Eigenschaften aus:

1. Er wird in den meisten Fällen horizontal angeordnet. Diese vorteilhafte Aufstellung spart Raum, vermeidet mächtige Hebemechanismen und benötigt keine speziellen Einrichtungen zur Strahlablenkung. Außerdem ist es sehr viel bequemer, den ESG in dieser Lage zu montieren, die Inbetriebnahme vorzubereiten und an ihm zu arbeiten. Andererseits bringt eine horizontale Lage des ESG auch einige Schwierigkeiten mit sich, z. B. wird es dadurch erforderlich, ein Dielektrikum von ausreichender elektrischer und mechanischer Festigkeit für die Isoliersäule zu finden sowie ein mechanisch festes, horizontal gelagertes Beschleu-

nigungsrohr anzufertigen, das ähnlich einem Konsolbalken nur an einem Ende befestigt ist. Diese Schwierigkeiten können überwunden werden, wenn man als Material für die Isoliersäule Preßholz-Plastik (DSP) oder das besser geeignete Glastextolyt verwendet und die Beschleunigungsrohre aus geklebten Porzellanringen anfertigt.

2. Da Linear-Beschleuniger im Impulsbetrieb arbeiten, d. h. die Teilchen nur in bestimmten Zeitabständen durch kurze Impulse vom Hochfrequenz-Generator beschleunigt werden, reicht es aus, Teilchenimpulse der gleichen Dauer des Hochfrequenzimpulses in den Linear-Beschleuniger zu injektieren.

Die Erhöhung der Ionenquellen-Stromstärke eines üblichen ESG von einigen 10 oder 100 μA auf einige mA kommt einem Kurzschluß gleich und die Generatorspannung bricht bis auf Null zusammen. Der Impulsbetrieb einer Ionenquelle ermöglicht es jedoch, verhältnismäßig hohe Stromstärken ohne merkbares Absinken der Spannung zu erhalten. Ein im Impulsbetrieb arbeitender ESG kann mit einem elektrischen Stromkreis, bestehend aus einer R-C-Reihenschaltung verglichen werden (die kleine Induktivität des Aggregates vernachlässigten wir, die Ladungsspeicherung kommt also nur durch die Kapazität zustande).

Bekanntlich wird die zeitliche Spannungsänderung eines solchen Stromkreises durch die Gleichung

$$i\,R + U_C = 0$$

beschrieben. Wenn wir die Stromstärke durch die Spannung am Kondensator ausdrücken, erhalten wir die Differentialgleichung

$$\frac{dU_C}{dt} + \frac{U_C}{R} = 0$$

mit der Lösung

$$U_C = U_0\, e^{-t/R \cdot C}\,.$$

U_0 bedeutet die Spannung des ESG vor der Impulsentladung, t die Dauer des Impulses.

Während des Impulses tritt gewissermaßen ein zusätzlicher „Strahlwiderstand“ R_{Str} auf, den man als parallel zum Spannungsteilerwiderstand R_{Sp} geschaltet betrachten kann. Dieser „Strahlwiderstand“ ist bei großen Impuls-Ionenströmen sehr viel kleiner als R_{Sp}. In unserem Fall beträgt $R_{\mathrm{Sp}} = 2{,}52 \cdot 10^{10}$ Ohm. Wenn man eine Impulsdauer von $t = 400\,\mu$sec und ein „Absinken“ der Spannung von 0,5% (bei einer Kapazität des Kondensators $C = 4 \cdot 10^{-10}$ Farad) annimmt, wird $U_C = 0{,}995 \cdot U_0 = U_0 \cdot e^{-0{,}005}$; daraus folgt

$$\frac{t}{R_{\mathrm{Str}} \cdot C} = 0{,}005\,; \qquad R_{\mathrm{Str}} = \frac{t}{C \cdot 0{,}005} = \frac{4 \cdot 10^{-4}}{4 \cdot 10^{-10} \cdot 5 \cdot 10^{-3}}\,\Omega = 2 \cdot 10^{8}\,\Omega\,,$$

d. h., der „Strahlwiderstand“ ist etwa zwei Größenordnungen kleiner als der Widerstand des Spannungsteilers, der deshalb vernachlässigt werden kann.

Wenn die Spannung $U_C = 2{,}5 \cdot 10^6$ V beträgt, wird die maximal zulässige Stromstärke, bei der ein „Absinken“ der Spannung von 0,5% auftritt (ohne Berücksichtigung der Raumladung und der damit verbundenen Strahlstreuung), gleich

$$I = \frac{U_0}{R_{\mathrm{Str}}} = \frac{2{,}5 \cdot 10^6}{2 \cdot 10^8}\ \mathrm{mA} = 12{,}5\ \mathrm{mA}\,.$$

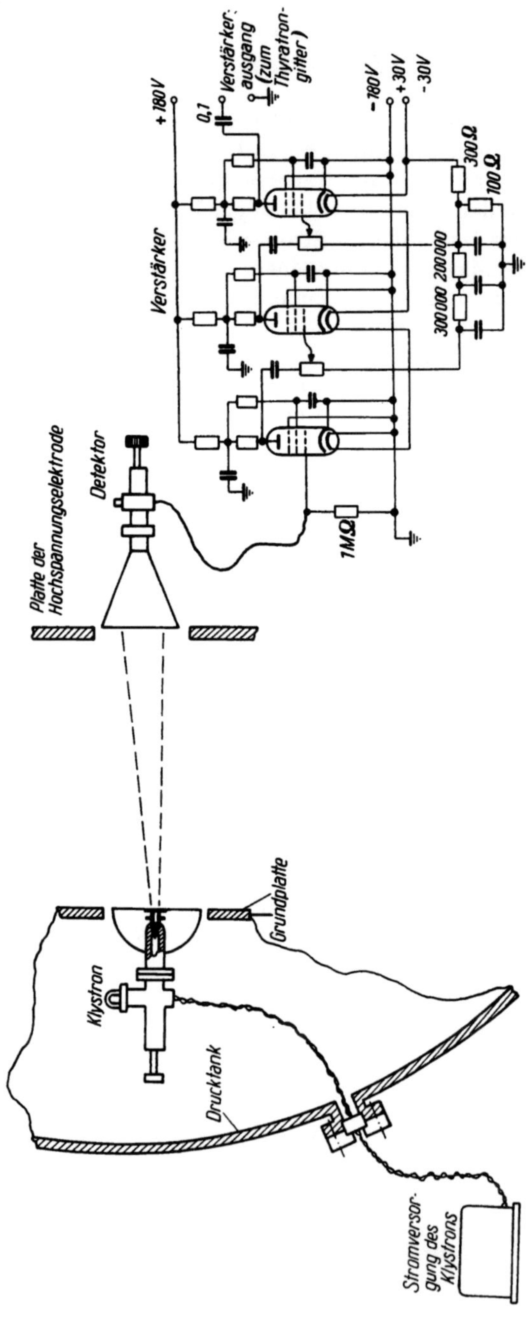

Abb. 1. Eine Schaltung zur Impulssteuerung von Ionenquellen unter Verwendung von Zentimeterwellen

Aus den betrachteten elementaren Beziehungen ersieht man, daß die Erzeugung großer Impulsstromstärken bei nicht merklichem „Absinken“ der Spannung mit einer Vergrößerung der Kapazität des Aggregates und gleichzeitiger Verkürzung der Impulsdauer verbunden ist. Eine Erniedrigung der Spannung am ESG während der Impulsdauer kann völlig vermieden werden, wenn man die in unserem Laboratorium entwickelten Methoden zur Kompensierung dieses „Absinkens“ der Spannung anwendet.

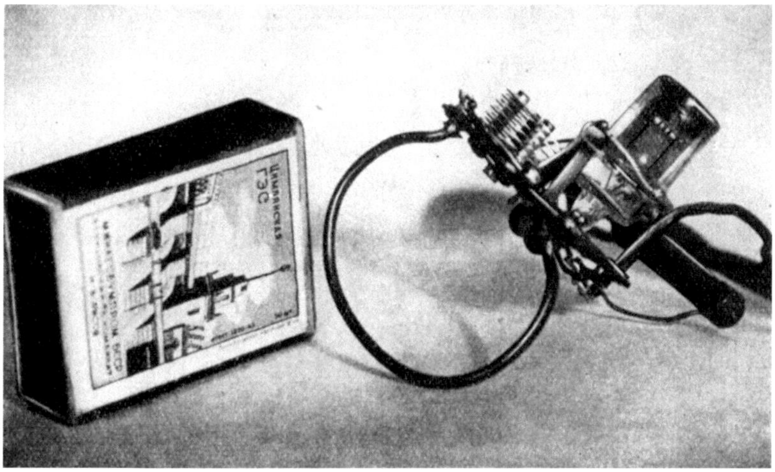

Abb. 2. Eine Schaltung zur Impulssteuerung, die zum Auslösen der Ionenquelle vom Hochfrequenz-Generator des Beschleunigers ausgestrahlte Hochfrequenzimpulse benutzt

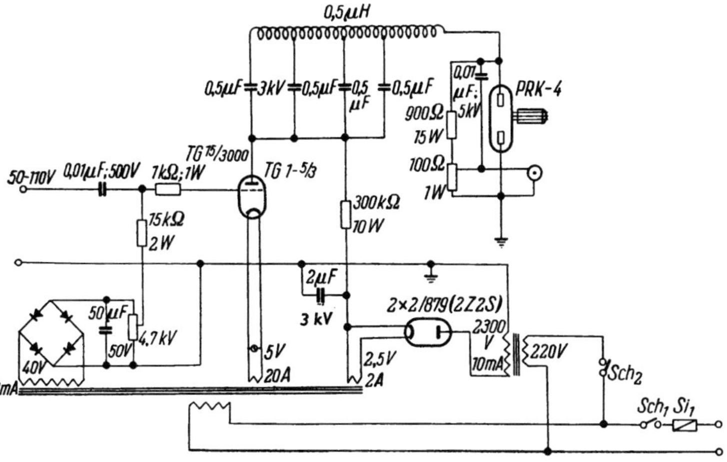

Abb. 3. Eine Schaltung zur Impulssteuerung durch einen Photogeber mit Quarzlampe als Lichtquelle

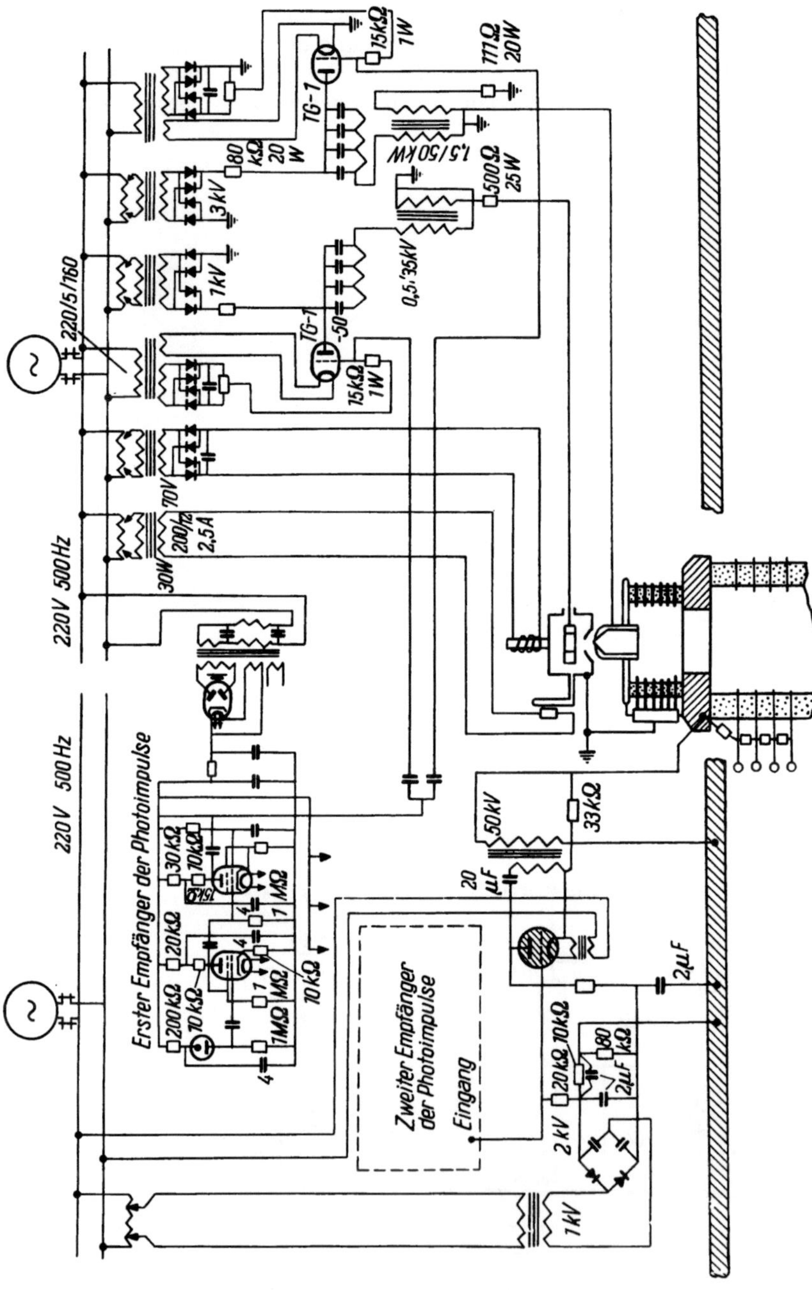

Abb. 4. Schaltung der Stromversorgung und Steuerung der Ionenquelle

Bei der ersten Methode wird die sogenannte Kapazitätskontrolle (Methode der Stabilisierung des ESG) zur Kompensation der Spannungserniedrigung verwendet. Die zweite Methode besteht darin, daß gleichzeitig mit dem Einschalten der Ionenquelle von einem besonderen Impulstransformator ein zusätzlicher Spannungsimpuls auf das Beschleunigungsrohr gegeben wird. Größe und Form dieses Impulses sind so bemessen, daß sich bei der Überlagerung mit der Potentialhaubenspannung eine konstante Spannung am Beschleunigungsrohr einstellt, d. h. im Endeffekt eine konstante Energie der beschleunigten Teilchen. Bei der zweiten Methode ist die Apparatur einfacher und kompakter.

Abb. 5. Stromversorgungs- und Steuergerät der Ionenquelle

Für die Impulssteuerung der Ionenquelle kann man einige im Betrieb erprobte Geräte vorschlagen:

a) eine Schaltung zur Impulssteuerung der Ionenquelle, bei der als Geber eine Impuls-Lichtquelle benutzt wird (Hochspannungsfunkenentladung zwischen Magnesiumkugeln);

b) eine Schaltung, die zur Steuerung Zentimeterwellen benutzt (Abb. 1);

c) eine Schaltung, die zum Auslösen der Ionenquelle den vom Hochfrequenz-Generator des Beschleunigers ausgestrahlten Hochfrequenzimpuls benutzt (Abb. 2);

d) eine Schaltung zur Impulssteuerung durch einen Photogeber mit Quarzlampe als Lichtquelle (Abb. 3).

Am zuverlässigsten und bequemsten im Betrieb sind die beiden letztgenannten Schaltungen.

Zweckmäßigerweise verwendet man im ESG-Injektor eine Ionenquelle mit kalter Katode. Mit dieser verhältnismäßig einfachen Ionenquelle erreicht man am Ausgang des ESG Stromstärken von einigen 10 mA bei günstigem Protonenanteil(60%) im Strahl und kleinem Leistungsaufwand.

Abb. 4 und 5 zeigen Schaltung und Apparatur zur Stromversorgung und Steuerung der Ionenquelle. Die Ionenquelle, montiert auf das Beschleunigungsrohr, ist auf Abb. 6 zu sehen.

Abb. 6. Auf das Beschleunigungsrohr aufmontierte Ionenquelle

Linear-Beschleuniger mit elektrostatischen Generatoren als Injektor arbeiten bei Energieschwankungen der injektierten Teilchen von 0,1 bis 0,5% noch zuverlässig. Damit entfällt die Notwendigkeit, Einrichtungen für noch bessere Spannungsstabilisierung des ESG anzuwenden.

Eine ausreichende Energiekonstanz ($\pm$0,1%) erhält man mit einer Stabilisierungsschaltung, die als Geber ein Kompensations-Rotor-Voltmeter und als Steuerelement ein Spitze (Korona-Triode) benutzt.

Elektrostatische Generatoren mit mehreren breiten Bändern liefern im Dauerbetrieb Ströme von 1 bis 3 mA. In der Arbeit von Trump und van de Graaff (J. Appl. Phys. 8 (1937) 602) wird z. B. ein derartiger Generator beschrieben, der bei Dauerbetrieb der Ionenquelle bis zu 3 mA Stromstärke abgibt. Der Generator besitzt sechs parallel laufende Bänder von je 915 mm Breite. Eine Anlage dieser Art ist umfangreich und teuer.

Da sich bei einem impulsbetriebenen elektrostatischen Injektor-Generator die Ladung an der Hochspannungselektrode bis zum Einsetzen des Ionenimpulses allmählich aufspeichert, können ausreichend große Ionenströme durchaus mit üblichen schmalen Bändern auch ohne Umladung erreicht werden.

Der Wegfall der Umladung vereinfacht die Konstruktion in großem Maße und erleichtert die Bedienung des ESG. So erübrigen sich in diesem Falle die Gradienten-Stäbe am herablaufenden Teil des Bandes, und die Bandabnutzung wird verringert.

Abb. 7 und 8 zeigen zwei horizontale elektrostatische Injektor-Generatoren, die in unserem Laboratorium gebaut wurden und seit 1948 in Betrieb sind.

Der eine Generator dient als Injektor für einen 20 MeV-Protonen-Linear-Beschleuniger und verfügt über eine Injektionsenergie von 2 MeV und einen Ionenstrom von 3 mA (bei 500 μsec Impulsdauer). Der andere, ein universeller ESG mit einer Energie von 2,5 MeV, liefert einen Ionenstrom von 25 mA bei 250 μsec Impulsdauer und bei der gleichen Energie im Dauerbetrieb einen Ionenstrom von 200 μA. Der Übergang von einer Betriebsweise zur anderen wird ferngesteuert.

Abb. 7. Elektrostatischer Injektor-Generator für einen Protonen-Linear-Beschleuniger von 20 MeV

Beide Generatoren arbeiten in komprimiertem Stickstoff bei 9 atm Druck. In langjährigem Betrieb bewiesen diese Generatoren ihre Zuverlässigkeit und lange Lebensdauer.

Abb. 8. Universeller elektrostatischer Injektor-Generator

Ein schwacher Punkt der ESG ist bekanntlich das sich abnutzende Band. Wie bereits ausgeführt, laufen die Bänder in ESG-Injektoren unter günstigeren Bedingungen und besitzen eine längere Lebensdauer. Die Bänder in unseren ESG konnten z. B. mehr als 3000 Betriebsstunden benutzt werden.

Man braucht keine Befürchtungen bezüglich des „creep“[1]) bei der horizontalen Konstruktion der ESG zu haben, da festgestellt worden ist, daß das „creep“ außerordentlich gering ist und bisher keine Unannehmlichkeiten aufgetreten sind.

Aus vorstehenden Betrachtungen geht hervor, daß es zweckmäßig ist, als Injektoren für Beschleuniger ESG einzusetzen, wenn Ströme von 20 bis 25 mA benötigt werden. Die Besonderheiten beim Impulsbetrieb elektrostatischer Generatoren vereinfachen ihre Konstruktion und verbessern ihre Betriebsdaten. Die Verwendung von Hochspannungsanlagen anderer Typen zur Teilcheninjektion, z. B. von Kaskaden-Impulstransformatoren oder von verschiedenen Vervielfacherschaltungen ist erfahrungsgemäß mit weitaus größeren Schwierigkeiten verbunden und nur dann angebracht, wenn der Beschleuniger bei niederer Injektionsenergie (größenordnungsmäßig 400 bis 700 keV) arbeitet.

---

[1]) Mit „creep“ ist eine Durchbiegung oder Senkung der Säule gemeint (Anm. d. dtsch. Red.).

L. I. Piwowar, W. M. Tubajew

Untersuchung der elektrischen Festigkeit einiger komprimierter Gase und Gasgemische mit Hilfe des elektrostatischen Generators

Allgemeines

Es besteht heute großes Interesse für elektrostatische Generatoren sehr hoher Spannungen, sowohl vom Standpunkt der Teilchenbeschleunigung für genaue kernphysikalische Untersuchungen her, als auch im Hinblick auf eine breite Anwendung in den verschiedensten Gebieten der Wissenschaft und Technik. Es ist daher sehr wichtig, alle Faktoren zu untersuchen, die Spannung und Stromstärke der elektrostatischen Generatoren begrenzen. Die Spannungsbegrenzung in modernen elektrostatischen Generatoren wird in erster Linie durch die elektrische Festigkeit der Beschleunigungsrohre und der zur Isolation dienenden komprimierten Gase bedingt. Die weitere Entwicklung elektrostatischer Generatoren muß auf eine Spannungserhöhung und Vergrößerung der Stromstärke sowie eine größtmögliche Kompaktheit gerichtet sein. Eine erfolgreiche Lösung dieser Aufgaben kann nur durch systematische Untersuchungen der elektrischen Festigkeit des Vakuums und der komprimierten Gase sowie der Oberflächenfestigkeit von Dielektrika im Vakuum und in komprimierten Gasen bei hohen Spannungen gefunden werden. Dem Studium dieser Fragen war noch bis vor kurzem nur eine kleine Zahl von Untersuchungen gewidmet. Erst in letzter Zeit wurden Arbeiten über die elektrische Festigkeit einiger komprimierter Gase (N_2, CO_2, Luft) in homogenen Gleichspannungsfeldern von 900 bis 1000 kV veröffentlicht [1, 2].

Die Mehrzahl der in der Literatur beschriebenen Konstruktionen elektrostatischer Generatoren verwendet als isolierende Gasatmosphäre Stickstoff [3, 4], in einzelnen Fällen ein Gemisch aus Freon und Stickstoff [5, 6] oder Schwefelhexafluorid (elektronegatives Gas) und Stickstoff [7], ein Gemisch aus Stickstoff und Kohlensäure [8] oder reine Kohlensäure [9].

Eine Gegenüberstellung der Durchschlagsspannung in komprimierten Gasen für verschiedene Konstruktionen elektrostatischer Generatoren zeigt, daß die maximalen Durchschlagsgradienten bei den erreichten Potentialdifferenzen stark schwankten. Dieser Umstand weist darauf hin, daß die Durchführung systematischer Untersuchungen über die elektrische Festigkeit komprimierter Gase und Gasgemische notwendig ist im Hinblick auf die Auswahl der günstigsten Gasisolation für elektrostatische Generatoren und andere Hochspannungsaggregate, die in komprimierten Gasen arbeiten.

In der vorliegenden Arbeit berichten wir über einen kompakt gebauten elektrostatischen Generator und beschreiben die an ihm durchgeführten vergleichenden

Untersuchungen der elektrischen Festigkeit einiger wichtiger komprimierter Gase und Gasgemische in schwach inhomogenen elektrischen Feldern. Der zuletzt genannte Umstand ist für die meisten der vorhandenen Konstruktionen elektrostatischer Generatoren charakteristisch.

Beschreibung der Versuchsanlage

Die von uns entwickelte und konstruierte Versuchsanlage besteht aus einem unter Gasdruck arbeitenden, kompakt gebauten elektrostatischen Generator. Er befindet sich in einem für 19 atm Betriebsdruck berechneten, vertikal angeordne-

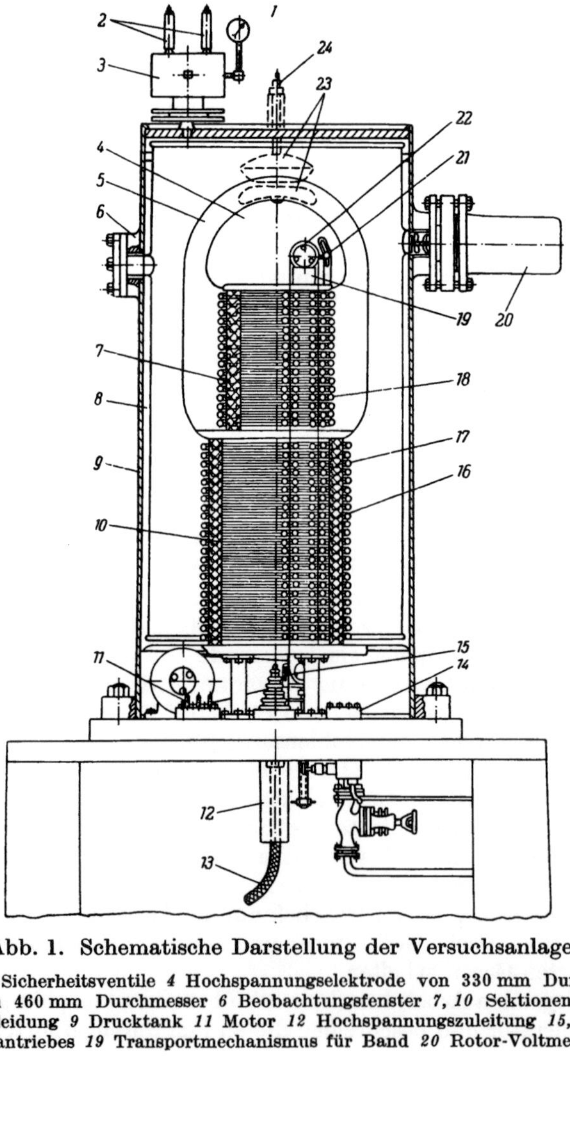

Abb. 1. Schematische Darstellung der Versuchsanlage

1 Manometer *2, 3* Sicherheitsventile *4* Hochspannungselektrode von 330 mm Durchmesser *5* Zwischenelektrode von 460 mm Durchmesser *6* Beobachtungsfenster *7, 10* Sektionen der Isoliersäule *8* Generatorauskleidung *9* Drucktank *11* Motor *12* Hochspannungszuleitung *15, 22* Rollen des Bandantriebes *19* Transportmechanismus für Band *20* Rotor-Voltmeter ten zylindrischen Stahlkessel von 65 cm Durchmesser und 140 cm Länge. Auf der Hochspannungselektrode und am Deckel des Drucktanks können auswechselbare Elektroden zur Untersuchung der elektrischen Festigkeit von Gasen im homogenen Feld angebracht werden. Den allgemeinen Aufbau zeigt Abb. 1.

Die Isoliersäule des Generators besteht aus zwei Abschnitten und hat eine Gesamtlänge von 80 cm. Der untere Teil der Säule besitzt 23 Aluminiumscheiben von 375 cm Durchmesser, der obere 17 Aluminiumscheiben von 300 cm Durchmesser. Diese Scheiben sind aus 1 mm dickem Aluminiumblech hergestellt und am Rande von einem Aluminiumrohr mit 12 mm Durchmesser eingefaßt. Die Isolatoren der Isoliersäule bestehen aus organischem Glas und sind so ineinander geschraubt, daß zwischen den Isolatoren jeweils eine Aluminiumscheibe eingespannt ist. Die zylindrischen Isolatoren von 30 mm Durchmesser haben eine glatte, polierte Oberfläche. Die ineinander geschraubten Isolatoren bilden eine zylindrische Säule. Im unteren Teil des Generators befinden sich vier dieser Säulen, im oberen drei. Diese Konstruktion der Isoliersäule gewährt die notwendige mechanische Festigkeit und einen guten Kontakt zwischen den Metallscheiben und den Isolator-Stirnseiten. Die Generatorspannung ist mit Hilfe von Widerstandsketten, die benachbarte Scheiben miteinander verbinden, gleichmäßig über die Länge der Säule verteilt. Jede dieser Ketten besteht aus 10 Widerständen der Type KLW von 100 MΩ, so daß der Gesamtwiderstand jeder Kette gleich 1000 MΩ beträgt. Die Widerstandsketten befinden sich in einer besonderen Säule von 80 cm Länge, die nach ihrem Zusammenbau in die Isoliersäule des Generators eingesetzt wird. Der elektrische Kontakt zwischen den Widerstandsketten und den Äquipotentialscheiben wird durch flache Federn hergestellt. Die elektrische Feldverteilung des Bandes erfolgt mit zylindrischen Duraluminiumstäben von 12 mm Durchmesser. Diese an die Äquipotentialscheiben angeschraubten Stäbe können um 6 bis 8 mm in ihrer Lage verändert werden.

Die in Form einer Halbkugel von 330 mm Durchmesser ausgeführte Hochspannungselektrode besitzt an der Befestigungsstelle der Isoliersäule einen Krümmungsradius von 100 mm.

Wir fertigten zwei gleiche Elektroden an, eine aus Aluminium und eine aus Kupfer. Im oberen Teil der Kupferelektrode, im Zentrum der Halbkugel, wurde eine Öffnung ausgespart, die für die Befestigung einer Rogowskij-Elektrode bestimmt war. Bei Verwendung dieser Elektrode zur Untersuchung von Durchschlägen in schwach inhomogenen Feldern wurde in diese Öffnung ein Einsatz geschraubt, der eine glatte Oberfläche der Elektrode gewährleistete.

Da die Literaturangaben bezüglich Aufgabe und Wirkungsweise von elektrostatischen Zwischenelektroden sehr widerspruchsvoll sind, hatten wir die Möglichkeit vorgesehen, eine Zwischenelektrode anzubringen. Diese aus Aluminium hergestellte Zwischenelektrode besaß einen Durchmesser von 460 mm und stellte den Übergang einer Halbkugel in einen Zylinder dar. An der Befestigungsstelle mit der Isoliersäule betrug der Krümmungsradius 160 mm.

Der aus Stahlrohr hergestellte Drucktank des Generators wurde zur Abschirmung von Unebenheiten innerhalb des Tanks mit einer polierten zylindrischen Aluminiumauskleidung von 630 mm Durchmesser versehen. Das 125 mm breite, aus vier Schichten gummierten Perkals angefertigte Band bewegt sich mit einer Geschwindigkeit von 15 m/sec. Die Ladung wird mit Sprühkämmen auf das Band übertragen.

Bei der Prüfung einer Vielzahl von Schaltungen zur Aufladung des Bandes wählten wir diejenige Schaltung aus, die den größten Kurzschlußstrom bei gleichzeitiger Spannungsstabilität von einigen Zehntel Prozent erreichte. Abb. 2 zeigt diese Aufladungsschaltung.

Der untere Kamm befindet sich an der Innenseite des Bandes und dient dazu, Oberflächenladungen mit entgegengesetztem Vorzeichen abzunehmen, die infolge der Bandreibung an der Welle und „parasitärer" Entladungen im Gasvolumen zwischen Welle und Band entstehen. Dadurch ist die Spannung des Generators gut stabilisiert. Die Aufladung des Bandes geschieht mit einem an der Außenseite des Bandes oberhalb der Welle angebrachten Kamm.

Die mechanische Spannung des Bandes wird von Hand mittels zweier Stäbe reguliert, die durch den Boden des Drucktanks hindurchgehen. Diese Stäbe sind über Gelenke mit dem Lagerbock der unteren Bandrolle verbunden. Beobachtungsfenster im Tankboden ermöglichen die visuelle Betrachtung des Bandes und gestatten, die Thermometer abzulesen.

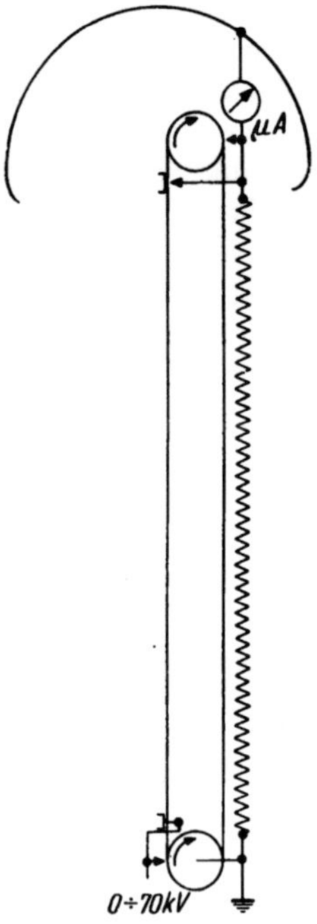

Abb. 2. Schematische Darstellung der Aufladung des Generators

Meßmethode

Alle Experimente mit dem elektrostatischen Generator wurden bei positiver Polarität der Potentialhaube durchgeführt. Die Messung der Generatorspannung erfolgte mit einem im Seitenstutzen des Drucktanks angebrachten Kompensations-Rotor-Voltmeter. Die Generatorplatte des Rotor-Voltmeters ist bezüglich der Öffnung in der Auskleidung aus Aluminium so versenkt, daß sie nur die Hochspannungselektrode des Generators „sieht".

Vor jeder Messung erfolgte eine Eichung des Rotor-Voltmeters. Dazu wurde mit einer Gleichrichteranlage ein hohes Potential an die Hochspannungselektrode oder an die Zwischenelektrode angelegt. Die Spannung wurde auf 1,5% genau mit einem Hochspannungs-Voltmeter gemessen. Bekanntlich können die Anzeigewerte eines Rotor-Voltmeters durch Korona-Entladungsströme stark verfälscht werden; zur Kontrolle der angezeigten Werte wurde deshalb ein Mikroamperemeter zwischen den isolierten, an der Kopfplatte des Generators angebrachten oberen Abnahmekamm und der Hochspannungselektrode geschaltet (Abb. 2). Dieses Mikroamperemeter registriert Entladungsströme der Hochspannungselektrode, wodurch zweifelhafte Ergebnisse ausgeschieden werden können. Zur Ermittlung der Genauigkeit, mit der die Generatorspannung durch das Rotor-Voltmeter bestimmt wird, haben wir die Anzeigewerte des Rotor-Voltmeters mit der Stromstärke im Spannungsteiler verglichen. Diese Vergleiche erfolgten bei verschiedenen Gasdrücken im Tank im Spannungsbereich von 200 kV bis zur Durchschlagsspannung. Es zeigte sich, daß der Anzeigeunterschied zwischen Rotor-

Voltmeter und Säulenstrom für Kohlensäure, Wasserstoff, Kohlensäure-Schwefelhexafluorid-Gemisch und Kohlensäure-Stickstoff-Gemisch nicht größer als $\pm 2\%$ war und für technischen Stickstoff nicht größer als $\pm 6\%$.

Außer diesen vergleichenden Messungen prüften wir die Richtigkeit der vom Rotor-Voltmeter angezeigten Werte im gesamten untersuchten Spannungsbereich, indem wir Abschirmgitter direkt vor dem Rotor-Voltmeter anbrachten. Das Rotor-Voltmeter zeigte bei unseren Versuchsbedingungen keine falschen Werte an, da seine Meßwerte mit und ohne Abschirmgitter innerhalb von 1,5 bis 2% übereinstimmten.

Die Hochspannungs- und Zwischenelektrode sowie die Generatorauskleidung wurden gut poliert. Vor jedem Versuch reinigten wir Hochspannungselektrode und Generatorauskleidung mit Äther. Die Zuführung der zu prüfenden Gase in den Tank erfolgte über eine Trockenbatterie, die Aluminiumgel und einige Wattefilter enthielt.

Vor der Gasfüllung wurde der Generator 15 bis 20 Std. lang unter Vakuum von 0,5 mm Hg getrocknet. In den meisten Fällen ergab das Trocknen des Gases und des Generators eine relative Feuchtigkeit von 0,2 bis 0,5% bei einem Gasdruck im Tank von 10 bis 15 ata. Um den Einfluß der Restfeuchtigkeit auf die elektrische Festigkeit der Gase festzustellen, wurde im Drucktank eine von Kühlsole durchströmte Kühlschlange aus Kupfer angebracht. Die Dampfspannung des Wasserdampfes im Drucktank entsprach auf diese Weise genau der Kühlschlangentemperatur.

Das zu den Versuchen benutzte elektronegative Gas wurde einer gründlichen Reinigung unterzogen. Zu diesem Zweck wurde das Gas bei einer Temperatur von -85 °C ausgefroren und die nichtkondensierten Fraktionen in die Atmosphäre abgegeben. Dieser Prozeß erfolgte zweimal. Danach durchlief die aufgetaute Fraktion eine Reihe von Adsorbern, die das elektronegative Gas von kondensierten Beimischungen säuberten.

Die Messung der Durchschlagsspannung des Gasvolumens geschah so, daß im Spannungsintervall 3 bis 5% unterhalb der Durchschlagsspannung die angelegte Potentialdifferenz in kleinen Stufen erhöht wurde. Das Konduktorpotential wurde durch Feinregulierung der Aufladespannung des Bandes verändert. Der Durchschlag konnte durch die Beobachtungsfenster hindurch und mit Hilfe eines Oszillografen festgestellt werden, der als Kompensationsanzeiger im Meßkreis des Rotor-Voltmeters diente. Zur Mittelwertbildung wurden stets etwa 10 bis 20 Messungen vorgenommen. In der Regel konnte die maximale Durchschlagsspannung nicht gleich erreicht werden, sondern sie stieg nach einigen aufeinanderfolgenden Entladungen allmählich bis auf einen konstanten Wert an. Technischer Stickstoff benötigte die längste Trainierungszeit. In diesen Fällen wurde die endgültige Durchschlagsspannung nach einigen hundert und einige Male sogar erst nach einigen tausend Zündungen der Entladung erreicht, wobei die Endspannung 35 bis 40% über der Anfangsspannung lag. Um die Temperatur im Drucktank bei 20 bis 25 °C zu halten, wurde Wasserkühlung benutzt. Die Temperaturmessung im Tank erfolgte mit einem Innenthermometer.

Bei der Untersuchung des elektrischen Durchschlags zwischen dem Hochspannungskonduktor von 330 mm Durchmesser und der Abschirmelektrode wurde der vorstehende Absatz der unteren Sektion des Generators durch einen Stahlring abgeschirmt. Der Radius der Abrundung dieses Stahlringes betrug 60 mm.

Diskussion der Meßergebnisse

a) Kohlensäure[1])

Abb. 3 stellt die Kurven der Durchschlagsspannung von Kohlensäure in Abhängigkeit vom Druck im Bereich von 1 bis 11 ata dar. Kurve I entspricht dem Durchschlag zwischen der Tankauskleidung und der Zwischenelektrode von 440 mm Durchmesser. Die Zwischenelektrode benutzten wir in diesem Falle als Konduktor, indem wir den oberen Teil des Generators kurzschlossen. Wie aus der Abbildung hervorgeht, wächst die Durchschlagsspannung linear mit der Druckerhöhung und erreicht bei 8 Atmosphären den Wert 1140 kV. Entladungen längs des Bandes verhinderten eine weitere Spannungserhöhung.

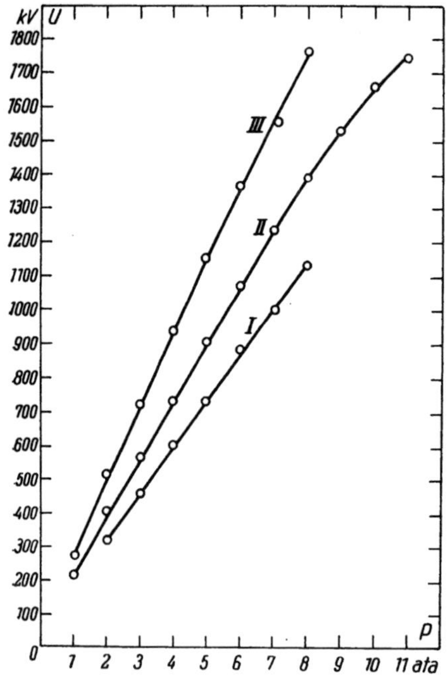

Abb. 3. Abhängigkeit der Durchschlagsspannung vom Druck für Kohlensäure

Kurve II gibt den Verlauf der Durchschlagsspannung zwischen der Hochspannungselektrode von 330 mm Durchmesser und der Tankauskleidung wieder. Die Durchschlagsspannung wächst linear bis 7 ata an und steigt danach weniger als linear. Bei 11 ata erreicht die Durchschlagsspannung den Wert 1750 kV. Eine weitere Erhöhung des Potentials der Hochspannungselektrode bei steigendem Druck war auch in diesem Fall auf Grund der Durchschläge längs des Bandes nicht möglich. In der Regel zerstörten diese Durchschläge das Band, da das Perkal dabei verkohlte.

Die angeführten Ergebnisse stellen aus einigen unabhängigen Messungen gemittelte Werte dar. Die Messungen der Durchschlagsspannung wurden an dem Kupfer- und an dem Aluminiumkonduktor, beide von gleicher Form und gleichen Abmessungen, durchgeführt. Ein Vergleich der mit diesen beiden Konduktoren erhaltenen Durchschlagsspannungen zeigte, daß innerhalb der Fehlergrenzen des Versuches kein Unterschied besteht.

Kurve III zeigt die Durchschlagsspannung von Kohlensäure in Abhängigkeit vom Druck mit Zwischenelektrode von 460 mm Durchmesser. Im Vergleich zu den Messungen mit einem Konduktor wurde hier bei gleichem Druck eine Vergrößerung der Durchschlagsspannung um etwa 25% erreicht. Dies stimmt gut mit der Berechnung überein. Die Durchschlagsspannung bei 8 ata betrug 1760 kV,

---

[1]) Chemische Analysen der von uns benutzten industriellen Kohlensäure zeigten, daß nicht mehr als 0,3% Beimischungen in ihr enthalten sind.

bei weiterer Erhöhung der Spannung traten wieder Durchschläge längs des Bandes auf.

Bei Verwendung von Kohlensäure konnten eine überaus gute Konstanz der Anzeigewerte und eine geringe Streuung der Durchschlagsspannung um den Mittelwert im gesamten untersuchten Druckintervall beobachtet werden.

b) Stickstoff

Abb. 4 zeigt die Durchschlagsspannung von Stickstoff in Abhängigkeit vom Druck im Bereich von 1 bis 12 ata. Kurve I gibt die Durchschlagsspannung von Stickstoff mit 8% Sauerstoffbeimischung in Abhängigkeit vom Druck wieder. Hierbei handelt es sich um den Durchschlag zwischen der Hochspannungselektrode aus Kupfer von 330 mm Durchmesser und der Tankauskleidung. Wie aus der Abbildung zu ersehen ist, wächst die Durchschlagsspannung nur bis 5 ata linear mit dem Druck an, um danach sehr viel langsamer anzusteigen. Dabei spaltet sich die Kurve außerdem noch in zwei Linien auf (in der Abbildung gestrichelt

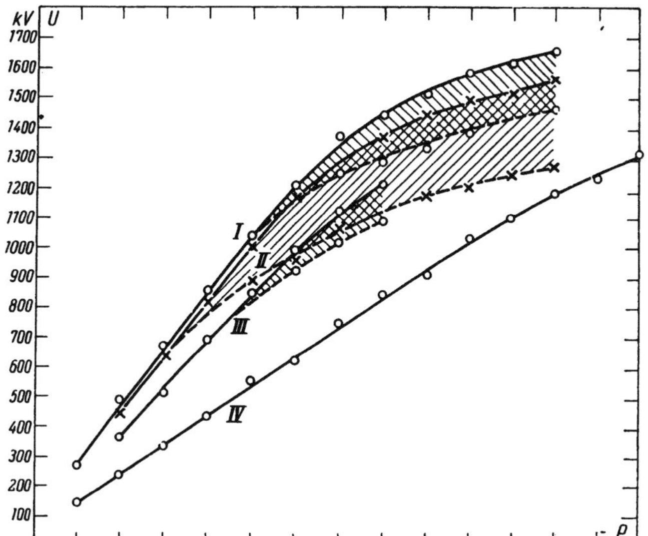

Abb. 4. Durchschlagsspannung in Abhängigkeit vom Druck für Stickstoff und Wasserstoff

gezeichnet) und bildet damit ein Gebiet, in dem der Durchschlag bei einer beliebigen, zwischen der unteren und oberen Grenze dieses Gebietes liegenden Spannung erfolgen kann. Die obere Grenze der Durchschlagsspannung bei einem Druck von 12 ata beträgt 1700 kV. Sprühentladungen längs des Bandes verhinderten eine weitere Erhöhung der Spannung bei zunehmendem Druck.

Kurve II zeigt die Durchschlagsspannung des Stickstoffs mit 0,03% Sauerstoffbeimischung in Abhängigkeit vom Druck. Diese Kurve wurde unter den gleichen geometrischen Bedingungen und mit den gleichen Elektroden wie Kurve I aufgenommen. Wie man sieht, streuen die Werte der Durchschlagsspannung um den Mittelwert bei reinem Stickstoff mehr als bei technischem.

Kurve III entspricht dem Durchschlag zwischen dem Konduktor von 460 mm Durchmesser und der Tankauskleidung in Stickstoff mit 8% Sauerstoffbeimischung. Anomalien der Entladung in technischem Stickstoff traten in allen betrachteten Fällen in ungefähr gleichem Druckbereich auf (in Abb 4 gestrichelt gezeichnete Bereiche). Diese Anomalien wurden bei allen Versuchen festgestellt und konnten deshalb nicht als zufällige Erscheinungen angesehen werden. Indirekte Hinweise auf die Streuung der Durchschlagsspannung sind in der Arbeit von FORTESCUE und GALL [6] zu finden. Auch FELICI weist auf eine gewisse Instabilität der Sprühspannung bei reinem Stickstoff in inhomogenen Feldern und großen Sprühentladungsstrecken hin [10]. Aus diesem Grunde ist als mögliche Ursache für die Anomalie der Entladung in Stickstoff die Existenz großer lokalisierter Inhomogenitäten des elektrischen Feldes anzusehen, die sich bei erhöhtem Druck auswirken.

Die Durchschlagsspannung in Abhängigkeit vom Stickstoffdruck wurde von verschiedenen Autoren untersucht, z. B. von B. S. AKSCHANOW mit Hilfe eines elektrostatischen Generators. Den Unterschied zwischen seinen und unseren Ergebnissen kann man durch die unterschiedliche „Trainierung" sowie möglicherweise auch durch die unterschiedlich großen Gaszwischenräume erklären.

Genau wie im Fall der Kohlensäure führten wir die Durchschlagsspannungs-Messungen des technischen Stickstoffs mit dem Kupfer- und dem Aluminiumkonduktor durch. Zum Unterschied von den Messungen mit Kohlensäure wurde festgestellt, daß die maximale Durchschlagsspannung für die Aluminiumelektrode im Druckbereich oberhalb 7 bis 8 ata ein wenig kleiner ist als für die Kupferelektrode. Dieser Unterschied folgt daraus, daß die maximale Durchschlagsspannung im technischen Stickstoff in der Regel erst nach einer großen Anzahl von Entladungen erreicht wurde, die auf der Aluminiumoberfläche Krater hinterließen. Diese Krater sind Zentren lokaler erhöhter Potentialgradienten. Dies führt offensichtlich zu einer gewissen Verringerung der Durchschlagsspannung. Kraterbildung fand auch am Kupferkonduktor statt. Diese Krater waren weniger ausgeprägt als auf dem Aluminiumkonduktor.

Wir untersuchten den Einfluß der Restfeuchtigkeit auf die elektrischen Eigenschaften technischen Stickstoffs. Zu diesem Zweck wurde 8 bis 10 Std. flüssiger Stickstoff durch eine Kühlschlange geleitet, die durch den Tankboden führte. Auf diese Weise erreichten wir eine sehr kleine Dampfspannung der Wasserdämpfe im Tank. Die hierbei erhaltenen Kurven der Durchschlagsspannung in Abhängigkeit vom Stickstoffdruck mit 8% Sauerstoffbeimischung fallen praktisch mit Kurve I in Abb. 4 zusammen. Das weist darauf hin, daß eine relative Feuchtigkeit des Stickstoffs bis zu 0,5% noch keinen merklichen Einfluß auf seine elektrischen Eigenschaften besitzt.

c) Wasserstoff

N. J. FELICI weist in einer kürzlich erschienenen Mitteilung [10] auf die Vorteile komprimierten Wasserstoffs als Isolationsmedium für elektrostatische Generatoren mit festem Rotor hin. Die hauptsächlichsten Vorteile bestehen in dem verhältnismäßig hohen Wirkungsgrad und der großen Oberflächendichte der übertragbaren Ladung bei relativ großer elektrischer Festigkeit in inhomogenen Feldern mit großen Gaszwischenräumen. N. J. Felici benutzte komprimierten Wasserstoff als Isolationsmittel in Maschinen mit festem Rotor für Spannungen bis 250 kV. Im Hinblick auf die eben dargelegten Besonderheiten des Wasserstoffs bestand großes Interesse, die Möglichkeit der Verwendung komprimierten Wasserstoffs als Isolator für elektrostatische Band-Generatoren zu untersuchen. Wir prüften deshalb die elektrische Festigkeit reinen Wasserstoffs (99,9%) im Druckbereich bis 14 ata.

In Abb. 4 stellt die Kurve IV die Durchschlagsspannung für Wasserstoff in Abhängigkeit vom Druck im Bereich von 1 bis 14 ata dar. Die Kurve entspricht dem Durchschlag zwischen dem Hochspannungskonduktor von 330 mm Durchmesser aus Kupfer und der Tankauskleidung. Wie man der Kurve entnehmen kann, wächst die Durchschlagsspannung nahezu bis 11 ata linear an, bei weiterer Erhöhung ist der Anstieg etwas geringer. Bei 14 ata beträgt die Durchschlagsspannung 1375 kV. Entladungen längs des Bandes begrenzten eine weitere Spannungserhöhung.

Gleichzeitig mit den soeben aufgezählten Messungen führten wir an Hand der Leistungsänderung eine Abschätzung der aerodynamischen Verluste bei der Bewegung des Bandes in Wasserstoff durch. Wie sich herausstellte, betragen die Verluste bei 14 ata nur wenige Prozent der elektrischen Leistung des Generators. Neben den kleinen aerodynamischen Verlusten erwies sich auch die Aufsprühspannung um etwa 2 bis 3 mal kleiner als in Stickstoff oder Kohlensäure.

In dem von uns untersuchten Druckgebiet liegen die Durchschlagsfeldstärken für Wasserstoff unter denen für Stickstoff oder Kohlensäure. Allerdings gestattet das Verhalten der Aufsprühspannung in Abhängigkeit vom Wasserstoffdruck die Schlußfolgerung, daß bei Drücken der Größenordnung 15 bis 20 ata die elektrische Festigkeit von Wasserstoff der von Stickstoff nicht nachsteht.

In den Fällen, wo Wirkungsgrad und große Dichte der zu übertragenden Ladung von großer Bedeutung sind, erweist sich komprimierter Wasserstoff auch zur Isolation in elektrostatischen Band-Generatoren als zweckmäßig.

d) Gasgemische von technischem Stickstoff und Kohlensäure

Eine Gegenüberstellung der Durchschlagsspannung in Stickstoff und Kohlensäure zeigt, daß technischer Stickstoff im Druckbereich von 7 bis 8 ata höhere elektrische Festigkeit besitzt als Kohlensäure. Im Druckbereich oberhalb 7 bis 8 ata allerdings liegt die elektrische Festigkeit der Kohlensäure höher. Aus diesem Grunde schien es uns interessant, Gemische von technischem Stickstoff und Kohlensäure bei höheren Drücken auf ihre elektrische Festigkeit hin zu untersuchen. Zu diesem Zweck führten wir elektrische Festigkeitsmessungen von Gasgemischen durch, die technischen Stickstoff mit 8% Sauerstoff und reine Kohlensäure enthielten. Die untersuchten Gemische enthielten 9, 18, 30 und 50 Volumenprozent Kohlensäure.

Abb. 5 zeigt die zugehörigen Meßergebnisse der Durchschlagsspannung in Abhängigkeit vom Druck für den Durchschlag zwischen dem Konduktor von 330 mm Durchmesser und der Tankauskleidung. Die Kurven veranschaulichen die Abhängigkeit der Durchschlagsspannung vom Druck für 18 und 50% Kohlensäure enthaltende Gasgemische. Zum Vergleich ist in Abb. 5 die gleiche Abhängigkeit für reine Kohlensäure und technischen Stickstoff ebenfalls angegeben.

Wie man aus Abb. 5 ersieht, gleichen die Durchschlagsspannungen der Gasgemische von 6 bis 7 ata etwa denen des Stickstoffs. Oberhalb 7 ata liegt die elektrische Festigkeit der Gasgemische jedoch höher als die elektrische Festigkeit jeder einzelnen Gaskomponente. Eine Vergrößerung des Kohlensäure-Anteils von

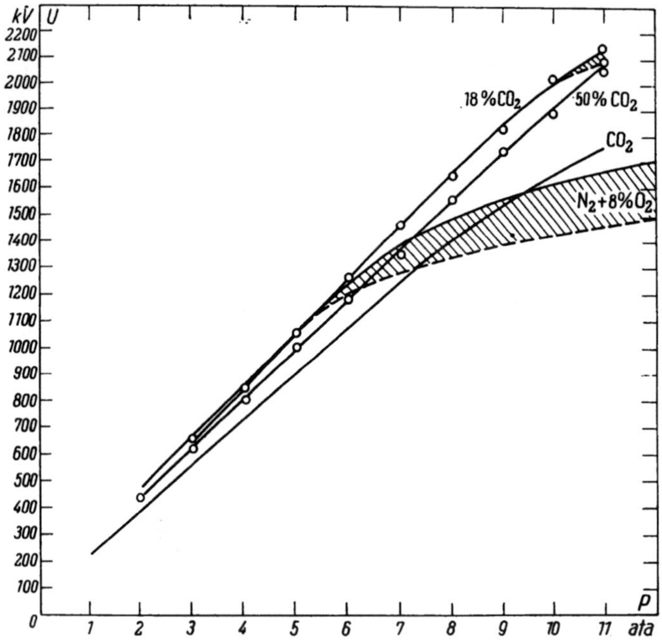

Abb. 5. Die Durchschlagsspannung in Stickstoff-Kohlensäure-Gasgemischen in Abhängigkeit vom Druck

9 auf 50% bewirkt im gesamten untersuchten Druckgebiet nur eine kleine Änderung der elektrischen Festigkeit. Eine gewisse Streuung der Durchschlagsspannung ergab sich bei den 9 und 18% Kohlensäure enthaltenden Gasgemischen, wobei die Streuung des 9%igen Gasgemisches im Druckbereich oberhalb 7 ata lag, die des 18%igen Gemisches oberhalb 10 ata (in der Abbildung gestrichelt gezeichneter Bereich).

e) Gasgemische von Kohlensäure und Schwefelhexafluorid

Die beim Betrieb einiger elektrostatischer Generatoren gesammelten Erfahrungen [7], [12] zeigen, daß die Zugabe kleiner Mengen elektrisch negativer Gase zu Stickstoff oder Luft die Durchschlagsspannung merklich vergrößert. Als Beispiel kann man den unlängst beschriebenen, von Hochberg und Mitarbeitern [7] gebauten elektrostatischen Generator anführen. Durch die Hinzufügung von 3,5% Schwefelhexafluorid zum Stickstoff gelang es diesen Autoren, die elektrische

Festigkeit der Konstruktion bedeutend zu erhöhen. Zur richtigen Auswahl der Gaskomponenten und der Gasmischung ist es sowohl vom ökonomischen als auch vom technischen Standpunkt aus sehr wichtig, den Einfluß der Beimischungen, z. B. von Schwefelhexafluorid, zu einigen praktisch wichtigen Gasen zu untersuchen. Deshalb prüften wir erstmalig die elektrische Festigkeit von Gasgemischen

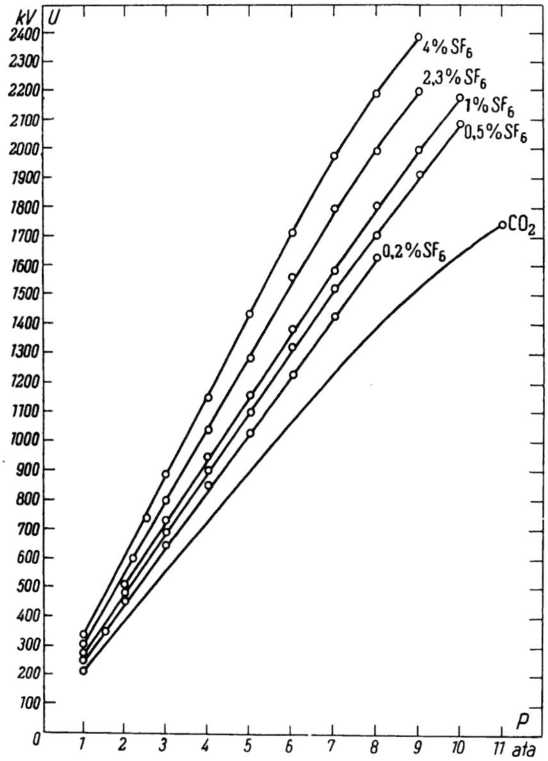

Abb. 6. Durchschlagsspannung in Gasgemischen aus Kohlensäure und Schwefelhexafluorid in Abhängigkeit vom Druck

aus Kohlensäure und Schwefelhexafluorid in Abhängigkeit vom Schwefelhexafluorid-Anteil des Gemisches und führten auch einige Messungen an Gasgemischen aus Stickstoff und Schwefelhexafluorid im Druckbereich von 1 bis 10 ata durch.

Die Durchschlagsspannung von Gasgemischen aus Kohlensäure und Schwefelhexafluorid in Abhängigkeit vom Druck bei verschiedenen Volumenanteilen des Schwefelhexafluorids gibt Abb. 6 wieder.

Der prozentuale Anteil von Schwefelhexafluorid wurde durch Wiegen des Schwefelhexafluorid-Gasbehälters vor und nach dem Einlassen des Schwefelhexafluorids in den Drucktank des Generators bestimmt. Die Kurven entsprechen dem Durchschlag zwischen der Hochspannungselektrode von 330 mm Durchmesser und der Tankauskleidung.

Wie aus den Kurven hervorgeht, tritt schon bei sehr geringen Beimischungen von Schwefelhexafluorid eine starke Erhöhung der Durchschlagsspannung des Gasgemisches im Vergleich zur reinen Kohlensäure ein. Im gesamten untersuchten Druckbereich bleibt der nahezu lineare Verlauf der Durchschlagsspannung in Abhängigkeit vom Druck erhalten.

Abb. 7 zeigt die Durchschlagsspannung von Gasgemischen in Abhängigkeit vom Schwefelhexafluorid-Gehalt der Kohlensäure bei verschiedenen Drücken. Charakteristisch für diese Kurven ist das starke Anwachsen der Durchschlagsspannung

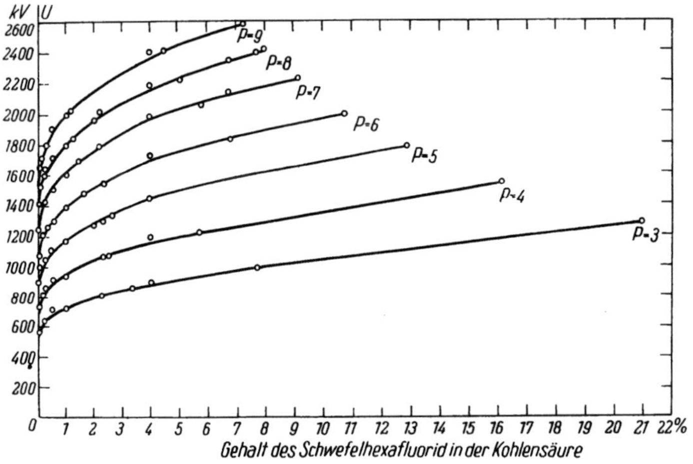

Abb. 7. Durchschlagsspannung in Gasgemischen aus Kohlensäure und Schwefelhexafluorid in Abhängigkeit vom Gehalt des Schwefelhexafluorids

mit der Erhöhung des Schwefelhexafluorid-Gehaltes bei geringen Beimischungen zur Kohlensäure. Bei weiterer Erhöhung des Schwefelhexafluorid-Anteils wächst die Durchschlagsspannung langsamer an. Dieses wird in Abb. 8 verdeutlicht, in welcher bei verschiedenen Drücken die relative Vergrößerung der Durchschlagsspannung von Gasgemischen im Vergleich zur reinen Kohlensäure in Abhängigkeit vom Schwefelhexafluorid-Anteil im Gemisch aufgetragen ist. Besonders fällt die schnelle Abnahme der Steigung dieser Kurven bei Erhöhung des Schwefelhexafluorid-Anteils auf, wobei für höhere Drücke wiederum die Steigung stärker abnimmt. Es gibt Hinweise auf eine gewisse chemische Unbeständigkeit des Schwefelhexafluorids in Korona- und Sprühentladungen [12]. Deshalb weisen die Untersuchungen über die Eigenschaften von Gasgemischen aus Kohlensäure und Schwefelhexafluorid vom ökonomischen und technischen Standpunkt aus auf die Zweckmäßigkeit der Verwendung komprimierter Gasgemische mit nur kleinem Anteil von Schwefelhexafluorid hin.

Zum Schluß bemerken wir noch, daß die größte Durchschlagsspannung von 2580 kV mit einem Gemisch aus Kohlensäure und 7,3% Schwefelhexafluorid bei einem Druck von 9 ata erreicht wurde.

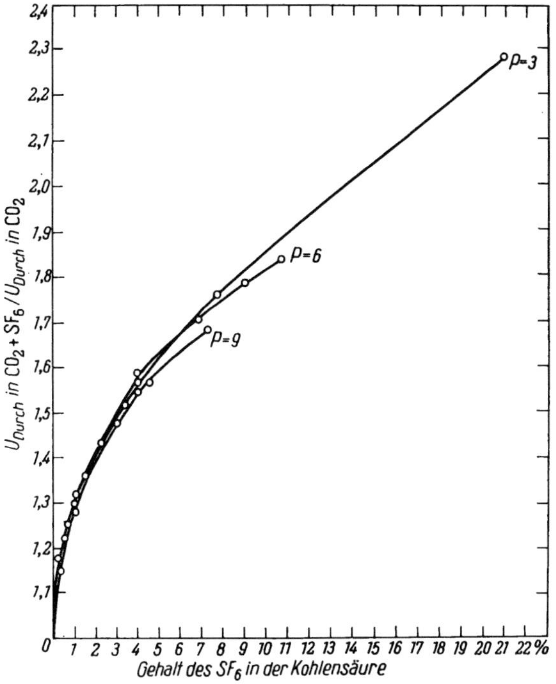

Abb. 8. Die relative Erhöhung der elektrischen Festigkeit in Gasgemischen von Kohlensäure und Schwefelhexafluorid in Abhängigkeit vom Schwefelhexafluorid-Anteil

Dieser Spannung entspricht eine mittlere Feldstärke längs der Säule von etwa 3200 kV/m. Sprühentladungen längs des Bandes begrenzten eine weitere Spannungserhöhung des Generators. Es muß darauf hingewiesen werden, daß diese Sprühdurchschläge bei einigen Bändern schon bei einer Spannung von etwa 2000 kV auftraten Die in der vorliegenden Arbeit erreichten maximalen elektrischen Feldstärken liegen bedeutend über denen, die an den besten modernen elektrostatischen Generatoren erzielt wurden.

f) Gasgemische von technischem Stickstoff und Schwefelhexafluorid

Abb. 9 zeigt die Abhängigkeit der Durchschlagsspannung vom Druck eines Gemisches von technischem Gas ($N_2 + 8\%\ O_2$) bei verschiedenem Gehalt an Schwefelhexafluorid. Die Kurven entsprechen dem Durchschlag zwischen der Hochspannungselektrode von 330 mm Durchmesser und der Tankauskleidung. Wie aus der Abbildung zu ersehen ist, vergrößert die Zugabe einer nur kleinen Menge Schwefelhexafluorid zum Stickstoff (0,25; 0,9; 1,7 Volumenprozent) die Durchschlagsspannung sehr stark und beseitigt außerdem die Streuung der Durchschlagsspannung. Eine starke Abweichung vom linearen Verlauf im Druckbereich oberhalb 6 ata ist jedoch auch für diese Kurven charakteristisch. Die Gegenüberstellung der Durchschlagsspannungen von Gemischen aus Stickstoff und Schwefelhexafluorid einerseits und Kohlensäure mit Schwefelhexafluorid andererseits zeigt bei höherem Druck den Vorteil der Gemische aus Kohlensäure und Schwefelhexafluorid.

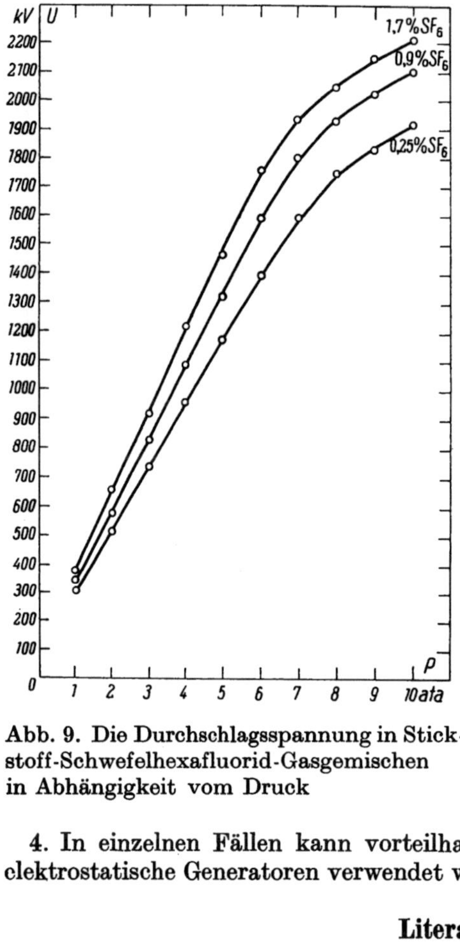

Abb. 9. Die Durchschlagsspannung in Stickstoff-Schwefelhexafluorid-Gasgemischen in Abhängigkeit vom Druck

Diese Vorteile treten bei Erhöhung des Druckes immer stärker hervor, da die Abweichung von der linearen Abhängigkeit der Durchschlagsspannung in Kohlensäure-Schwefelhexafluorid-Gasgemischen auch bei den größten von uns untersuchten Drücken klein waren.

Zusammenfassung

1. Als günstigste Gasisolation für elektrostatische Generatoren kann das Stickstoff-Schwefelhexafluorid-Gasgemisch bei einem Druck bis zu 8 ata angesehen werden; bei höheren Drükken das Gasgemisch Kohlensäure-Schwefelhexafluorid. Eine Zugabe von 2 bis 10 Volumenprozent Schwefelhexafluorid reicht völlig aus.

2. Stickstoff und Kohlensäure besitzen in den Gasgemischen bei Drücken oberhalb 7 bis 8 ata eine größere elektrische Festigkeit als jede einzelne Komponente. Der CO_2-Gehalt im Gemisch soll nicht kleiner als 20 bis 25% sein.

3. Es ist unzweckmäßig, Stickstoff als Isolation für elektrostatische Generatoren zu verwenden.

4. In einzelnen Fällen kann vorteilhaft reiner Wasserstoff als Isolation für elektrostatische Generatoren verwendet werden.

Literatur

[1] TRUMP, J. G., SAFFORD, F. J. und CLOUD, R. W., A.I.E.E. Trans. **60** (1941) 132.
[2] TRUMP, J. G., CLOUD, R. W., MANN, T. G. und HANSON, E. P., Electr. Eng. **69** (1950) 961.
[3] JENNINGS, B., SWARTZ, C. und ROSSY, H. H., Rev. Sci. Instr. **15** (1944) 64.
[4] BUECHNER, W. W., VAN DE GRAAFF, R. J., SPERDUTO, A., MCINTOSH, L. R. and BURRILL, E. A., Rev. Sci. Instr. **18** (1947) 754.
[5] TURNER, C., CORC, B., BALLAM, J. and GORDON, H., Phys. Rev. **73** (1948) 534.
[6] FORTESCUE, R. L. und GALL P. D., Proc. Instr. El. Eng., part I, **96** (1949).
[7] GORLOW, G. W., HOCHBERG, B. M., MOROSOW, W. M. und OTROSCHENKO, G. A., Dokl. Akad. Nauk UdSSR **102** (1957) 237.
[8] ROGERS, E. J. und TURNER, C. R., Rev. Sci. Instr. **24** (1953) 805.
[9] LAMPFER, R. W. und ROBINSON, G. P., Nucleonics **10**, Nr. 10 (1952) 28.
[10] NOEL-J. FELICI, Comptes Rendues **237** (1953) 979.
[11] PARKINSON, D. B., HERB, R. G., BERNET, E. J. and MCKIPPEN, J. L., Phys. Rev. **53** (1938) 642.
[12] SCHUMB, W. C., TRUMP, J. G. und PRIEST, G. L., Ind. and Engin. Chem. **41** (1949) 1348.

B. S. Nowikowskij

Spannungsstabilisierung eines Direkt-Beschleunigers für große Ströme

Zur Lösung einer Vielzahl moderner physikalischer Aufgaben benötigt man Beschleuniger mit einmaligem Beschleunigungszyklus, die Teilchenstrahlen von nicht sehr hoher Energie (bis 2,5 MeV), dafür aber großer Intensität liefern können. Der Bau eines derartigen Beschleunigers mit einem Betriebsstrom in der Größenordnung von 10 mA ist heute eine aktuelle Aufgabe, unabhängig davon, nach welchem Prinzip dieser Beschleuniger arbeiten wird, entweder als elektrostatischer Generator oder als Spannungsvervielfacher. Die Spannungsstabilisierung dieser Generatoren kann nicht in der üblichen Weise wie bei Generatoren geringer Stromstärke durchgeführt werden. Eine Spannungsstabilisierung mittels Elektronenkanone oder steuerbarer Spitzenentladung dürfte sich bei hohen Strahlintensitäten kaum bewähren.

Eine zuverlässige Spannungsstabilisierung fordert, daß der Stabilisierungsstrom etwa 10% des Gesamtstromes beträgt, d. h. 1 mA für einen Beschleuniger mit 10 mA Ausgangsstrom. Demzufolge werden einige Kilowatt der vom Generator erzeugten Leistung für die Stabilisierung verbraucht. Hinzu kommen noch weitere Nachteile, die bei Benutzung eines Elektronenstrahls oder einer intensiven steuerbaren Spitzenentladung auftreten.

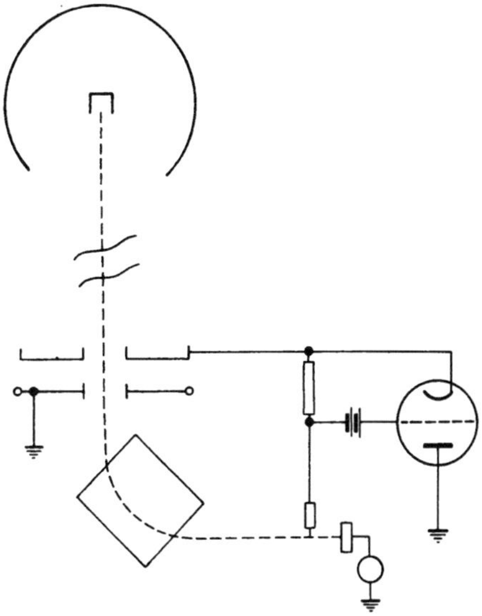

Abb. 1. Schema der Stabilisierungsschaltung für Beschleuniger mit einer steuerbaren Bremsspannung

Die Kondensatormethode eignet sich im vorliegenden Fall ebenfalls nicht zur Spannungsstabilisierung, da das System mit „liner" bei kleinem Innenwiderstand, wie das für Generatoren hoher Stromstärke zutrifft, weder die langsamen noch die schnellen Spannungsschwankungen des Generators kompensieren kann.

Für Beschleuniger mit hohem Ausgangsstrom, deren Spannung in einer Vervielfacherschaltung erzeugt wird, sind diese Stabilisierungsmethoden ungeeignet, da die Vervielfacherschaltungen nur in geringem Maße auf eine Belastungsänderung reagieren.

In unserem Laboratorium wurde ein neues System zur Spannungsstabilisierung für Beschleuniger mit hohem Ausgangsstrom vorgeschlagen und seine prinzipielle Arbeitsweise geprüft. Es kann sowohl für elektrostatische als auch für Kaskaden-Beschleuniger angewandt werden.

Die Wirkungsweise der in Abb. 1 dargestellten Schaltung wird im Folgenden beschrieben.

Der erdseitige Teil der Hochspannungsanlage (in unserem Fall eine Spannungsvervielfacherschaltung) wird nicht wie üblich direkt geerdet, sondern über eine Hochspannungstriode (in unserer Anlage die Type GMI-30). Das Gitter dieser Hochspannungstriode wird durch die obere Platte der Spaltblende gesteuert. (Wenn man eine Brückenschaltung verwendet, kann man zur Erhöhung der Genauigkeit der Stabilisierung die Triode mit Hilfe beider Platten der Spaltblende steuern. Wie haben uns jedoch nur auf die wesentlichen Merkmale dieser neuen Methode beschränkt.) Damit entsteht ein Kondensatorsystem Beschleuniger-Erde. Schaltet man den Beschleuniger ein (den Teilchenstrahl), so beginnt die Aufladung des Kondensators Beschleuniger-Erde, und zwischen erdseitigem Teil des Generators und Erde entsteht eine Potentialdifferenz, die sich bis zu einem von der Gitterspannung der Triode abhängigen Wert vergrößert. Die zwischen erdseitigem Teil des Generators und Erde abfallende Spannung bremst die Teilchen, wie nennen sie deshalb U_{Brems}.

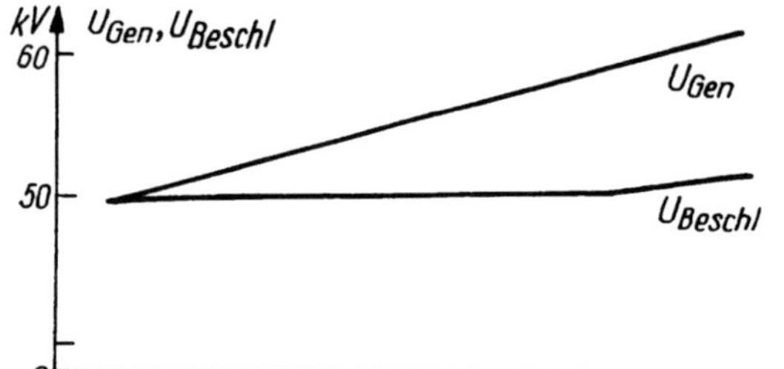

Abb. 2. Abhängigkeit von U_{Brems} und U_{Beschl} von U_{Gen}

Sorgt man dafür, daß mit Erhöhung der Generatorspannung proportional U_{Brems} anwächst und umgekehrt, so erhält man am Target einen energiestabilisierten Strahl beschleunigter Teilchen. Zu diesem Zweck lenkten wir den Strahl durch einen Magnetanalysator so auf das Target, daß einige Teilchen auf die obere Hälfte der Schlitzblende fielen und die Vorspannung der Triode regulierten. Wenn sich die Generatorspannung um einen bestimmten Betrag vermindert, erhöht sich der Teilchenstrom zur oberen Platte der Blende und durch die Triode fließt solange Strom, bis sich U_{Brems} um den gleichen Betrag verkleinert hat. Bei Spannungserhöhung verläuft dieser Prozeß in umgekehrter Richtung. Somit bleibt die Energie der auf das Target auftreffenden Teilchen praktisch konstant, besonders bei gut fokussiertem Strahl und großer Verstärkung der Triode.

Die Erprobung der Schaltung erfolgte an einem kleinen Beschleuniger und ergab folgende Resultate (Abb. 2). In einem bestimmten Bereich beeinflußt eine Generatorspannungsänderung die resultierende beschleunigende Spannung überhaupt nicht. Die Schaltung kompensiert langsame und schnelle Spannungsänderungen gleich gut; je größer die Strahlstromstärke ist, um so schneller setzt die Stabilisierung ein.

Bei Stabilisierung durch Spitzenentladung oder mit einer Elektronenkanone erfolgt die Wiederherstellung einer zu niedrigen Generatorspannung langsamer als bei einer plötzlich erhöhten Spannung, weil das Stabilisierungssystem auf eine Spannungserniedrigung des Beschleunigers nur mit einer Verringerung des Elektronenkanonenstromes (oder Korona) reagieren kann. Dieser Strom ist nicht sehr groß (15 bis 20 μA). Außerdem beträgt die Kapazität der Hochspannungselektrode des Generators bezüglich Erde einige hundert Picofarad. Die Wiederherstellzeit bei plötzlichen Spannungserniedrigungen um einige Kilovolt beläuft sich deshalb auf etwa 0,1 sec. Dieses System ist deshalb bei häufigen Spannungserniedrigungen, das trifft in der Mehrzahl aller Fälle zu, für die Stabilisierung unzulänglich.

Da eine Verringerung von U_{Brems} in überaus kurzer Zeit erfolgt, spricht bei dem hier beschriebenen Verfahren das Stabilisierungssystem besonders schnell an, wenn die Beschleunigungsspannung erhöht werden muß.

Die Bremsspannung U_{Brems} stabilisiert nicht nur die Energie des Teilchenstroms, sondern verhindert gleichzeitig, daß Sekundärelektronen in das Beschleunigungsrohr gelangen.

Bei der angegebenen Methode der Spannungsstabilisierung kann man (an Stelle der Hochspannungstriode) auch eine Elektronen- oder noch besser eine Ionenkanone einsetzen. U_{Brems} kann man in diesem Fall durch den Strom der Elektronen- oder Ionenkanone steuern. Der Wirkungsbereich der Schaltung wird damit bedeutend erweitert.

A. N. Serbinow

Hochfrequenz-Ionenquellen für elektrostatische Generatoren

Der größte Vorteil von Hochfrequenz-Ionenquellen besteht in der Erzeugung von Ionenstrahlen mit hohem Anteil atomarer Ionen, wobei nur geringe Leistung der Entladungskammer der Ionenquelle zugeführt werden muß. Dieser Vorteil führt zu ihrer häufigen Verwendung. Bis zu 1 mA Ionenstrom besitzen Hochfrequenz-Ionenquellen keinerlei Konkurrenz.

In den Jahren 1953 bis 1955 führten wir Untersuchungen an Hochfrequenz-Ionenquellen durch. Sie sollten uns Aufschluß geben über die günstigste Bauweise im Hinblick auf die Verwendung in den Beschleunigern des Laboratoriums, u. a. in einem elektrostatischen Generator.

Zunächst wurde die Wasserstoff-Ringentladung in einem quer gerichteten Magnetfeld und die prozentuale Zusammensetzung des Ionenstrahls im Frequenzbereich von 10 bis 50 MHz bei Anfangsdrücken in der Entladungskammer von 1 bis $4 \cdot 10^{-2}$ mm Hg untersucht. Danach wurden die Eigenschaften des Absaugsystems ermittelt. Nachstehend berichten wir über die wichtigsten Ergebnisse dieser Arbeiten, die bei Konstruktion und Bau von Hochfrequenz-Ionenquellen für elektrostatische Generatoren von Nutzen sein können.

Als erstes sollen die Bedingungen der selbständigen Zündung einer Entladung in der Ionenquelle betrachtet werden. Bekanntlich kann die selbständige Zündung einer Ringentladung nur eintreten, wenn vorher ein Prozeß stattgefunden hat, der in der Entladungskammer viele Elektronen erzeugte. Bei uns übernimmt eine lineare Entladung die Funktion dieses Prozesses. Sie entsteht unter dem Einfluß eines hochfrequenten elektrischen Feldes zwischen den Spulenenden eines Schwingkreises.

Wie die Untersuchungen von Gill und Engel [1] und später von Hatch und Williams [2] gezeigt haben, hängt das Entstehen einer linearen Entladung bei niedrigen Drücken stark vom Elektrodenabstand ab sowie davon, in welchem Maße die Elektroden Sekundärelektronen emittieren. Eine Entladung findet dann statt, wenn die Laufzeit einer Elektronengruppe zum Durchfliegen des Zwischenraumes sowie die Erzeugungsdauer der Sekundärelektronen auf der Elektrodenoberfläche ein wenig größer ist als eine Halbperiode, und wenn die Anzahl der Elektronen von Periode zu Periode wächst, bis sie zur Ionisation des Gases ausreicht. Setzt die Sekundärelektronenemission schon vor dem Phasenwechsel des Feldes aus, so können selbst sehr hohe Feldstärken, größenordnungsmäßig 300 V/cm, die Entladungen nicht zünden. Für den Entladungszwischenraum existiert also eine „Grenzfrequenz", unter der die Zündung der Entladung sehr schwierig oder überhaupt nicht eintritt.

Bei der Ionenquelle stellt die Höhe der Entladungskammer diesen Zwischenraum dar und ihre Wände die Elektroden, an denen die Sekundärelektronenemission stattfindet. Bei der Konstruktion der Ionenquelle muß man darauf achten, daß die „Grenzfrequenz" der Entladungskammer unterhalb der Generatorfrequenz liegt. Aus der Abhängigkeit der „Grenzfrequenz" von dem reziproken Abstand zwischen den Elektroden (Abb. 1), die wir der Arbeit von Hatch und Williams entnahmen, kann man die minimale Höhe der Kammer bestimmen.

Die Experimente zeigten, daß dünne Schichten organischer Verschmutzungen auf der Oberfläche von Quarz oder Pirex weniger Sekundärelektronen emittieren als saubere Oberflächen. Eine verschmutzte Entladungskammer erschwert die Zündung der Entladung.

Zusammenfassend halten wir fest, daß die selbständige Zündung der Entladung in der Kammer nur dann einsetzt, wenn die Generatorfrequenz oberhalb der „Grenzfrequenz" der Kammer liegt, und bei sauberer Oberfläche der Seitenwände.

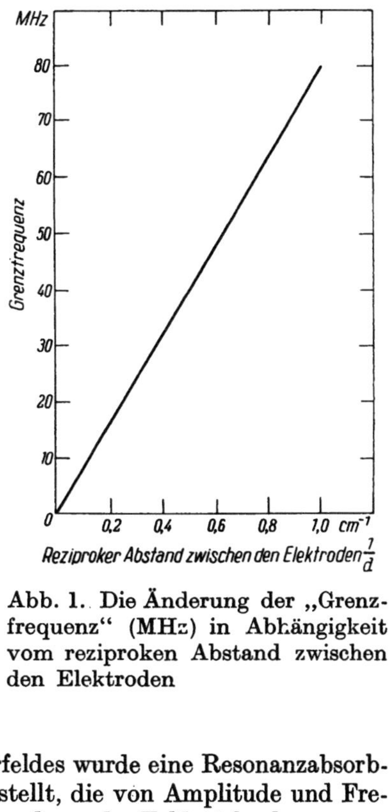

Abb. 1. Die Änderung der „Grenzfrequenz" (MHz) in Abhängigkeit vom reziproken Abstand zwischen den Elektroden

Wenden wir uns nun der Betrachtung der Bedingungen zu, welche die Leistungszufuhr in die Entladungskammer der Ionenquelle bestimmen.

Bei Vorhandensein eines magnetischen Querfeldes wurde eine Resonanzabsorbtion der Leistung durch die Entladung festgestellt, die von Amplitude und Frequenz des Hochfrequenzfeldes, vom Gasdruck und von der Feldstärke des magnetischen Querfeldes abhängt. In der Hauptsache hängt der Resonanzwert des magnetischen Feldes vom Durchmesser der Entladungskammer ab. Für Kammern mit einem Durchmesser von 30 bis 50 mm liegt der Resonanzwert der magnetischen Feldstärke bei einem Wert, bei dem die Zyklotronfrequenz des Elektrons ω_H etwa 2 bis 3 mal größer ist als die Frequenz des Hochfrequenzfeldes ω. Großen Durchmessern entspricht ein großes Frequenzverhältnis. Wegen $\omega_H = e\,H/m$ und $\omega_H/\omega = 2$ bis 3 erhalten wir für den Resonanzwert der magnetischen Feldstärke in Oerstedt

$$H = (0{,}7 \text{ bis } 1{,}1) f \text{ in Oe},$$

wobei die Generatorfrequenz f in MHz einzusetzen ist.

Abb. 2 zeigt die von der Entladung absorbierte Leistung in Abhängigkeit von der Feldstärke des magnetischen Querfeldes bei einer Frequenz von 30 MHz und einem Druck von $1{,}5 \cdot 10^{-2}$ mm Hg mit der Anodenspannung des Hochfrequenz-Generators als Parameter.

Im vorliegenden Fall besteht Proportionalität zwischen Amplitude und Hochfrequenzfeld. Analoge Kurvenscharen erhält man auch bei anderen Frequenzen und Gasdrücken, jedoch setzt das Maximum der Leistungsabsorption immer bei einem bestimmten Verhältnis ein.

Abb. 3 stellt bei gleicher Frequenz die Abhängigkeit der Anodenspannung des Hochfrequenz-Generators von der Magnetfeldstärke dar. Dabei wurde die von der Entladung absorbierte Leistung konstant gehalten.

Wie man aus dieser Abbildung entnehmen kann, wird bei Resonanz die kleinste Amplitude des Hochfrequenzfeldes bei vorgegebener Leistung benötigt. Die von uns erzielten Resonanzwerte des Feldes stimmen mit den Angaben von KOCH und NEUERT [3] überein. Den Vorteil der Ringentladung im magnetischen Querfeld erkennt man aus Abb. 4. Diese Abbildung zeigt die von der Entladung absor-

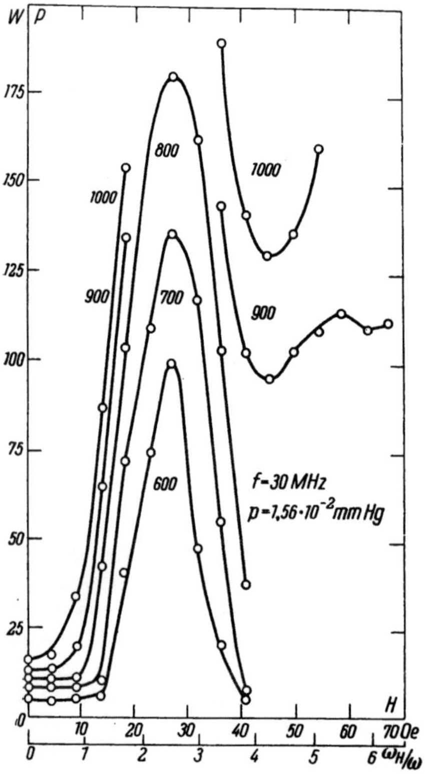

Abb. 2. Leistungsabsorption durch eine Ringentladung in Abhängigkeit von der Feldstärke des magnetischen Querfeldes bei 30 MHz Frequenz und $1{,}5 \cdot 10^{-2}$ mm Hg Anfangsgasdruck. Parameter ist die Anodenspannung des Hochfrequenz-Generators. Die Entladungskammer besitzt einen Durchmesser von 50 mm

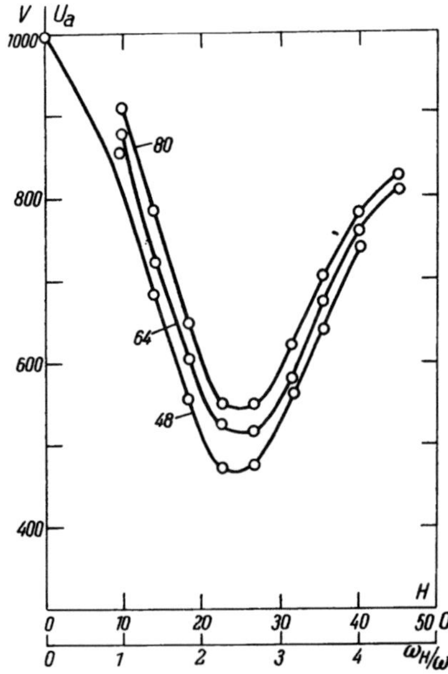

Abb. 3. Anodenspannung des Hochfrequenz-Generators in Abhängigkeit von der Feldstärke des magnetischen Querfeldes bei konstanten Werten (48, 64, 80 W) der von der Entladung absorbierten Leistung, Frequenz 30 MHz

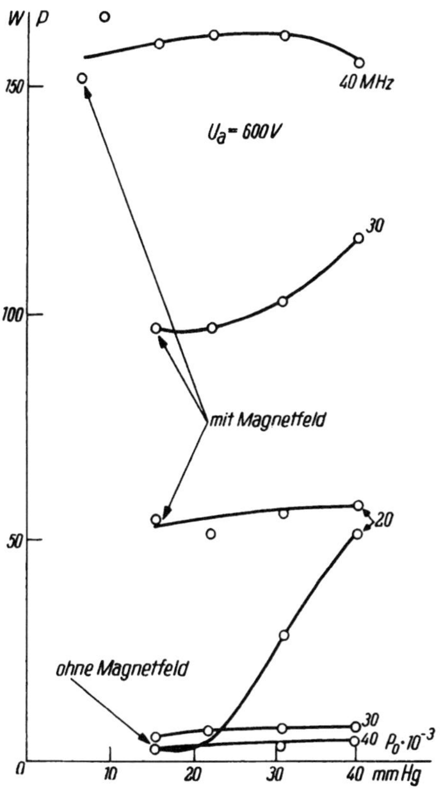

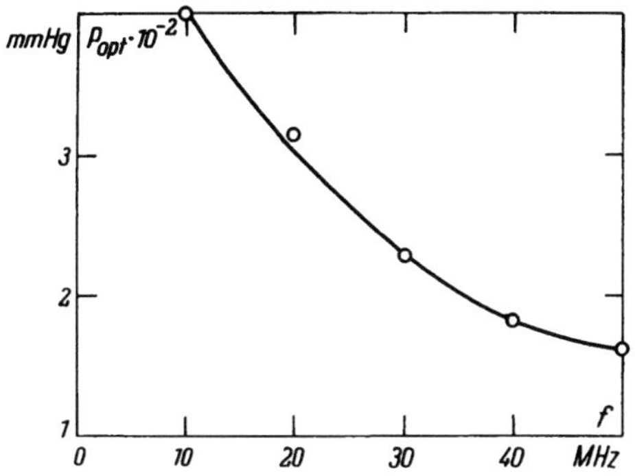

Abb. 5. Optimaler Gasdruck in der Entladungskammer bei Ringentladung in einem magnetischen Querfeld in Abhängigkeit von der Frequenz des Hochfrequenzfeldes, Kammerdurchmesser 50 mm

Abb. 4. Absorption der Leistung durch eine Ringentladung ohne und mit magnetischem Querfeld in Abhängigkeit vom Anfangsdruck in der Entladungskammer bei den Frequenzen 20, 30, 40 MHz und bei einer Anodenspannung des Hochfrequenz-Generators von 600 V

bierte Leistung in Abhängigkeit vom Gasdruck für verschiedene Frequenzen des Hochfrequenz-Generators. In einem Fall wurde die Ringentladung ohne Magnetfeld angeregt, im anderen mit magnetischem Querfeld. Wie man sieht, vergrößert das magnetische Querfeld die von der Entladung absorbierte Leistung und verschiebt den Zündeinsatz der Entladung zu niedrigeren Drücken.

Wenn man für eine beliebige Frequenz, aber für verschiedene Gasdrücke den Kurvenverlauf von Abb. 3 betrachtet, so stellt sich heraus, daß bei konstanter Entladungsleistung die kleinste Spannungsamplitude des Hochfrequenzfeldes dem optimalen Druck bei der gegebenen Frequenz entspricht. Abb. 5 zeigt die Abhängigkeit des optimalen Gasdrucks von der Frequenz. Zum Unterschied von der Ringentladung ohne Magnetfeld verringert sich bei der Ringentladung mit magnetischem Querfeld der optimale Gasdruck in der Entladungskammer mit dem Anwachsen der Frequenz.

Im Fall einer Ringentladung mit magnetischem Querfeld in einer Entladungskammer voigegebener Abmessungen muß man deshalb zur Erhöhung der Leistungsabsorption durch die Entladung die Feldfrequenz und -amplitude erhöhen.

Betrachten wir nun den Einfluß einiger Faktoren auf die Zusammensetzung des Ionenstrahls.

Der Anteil atomarer Ionen im Strahl wird durch die von der Entladung absorbierte spezifische Leistung und durch die Rekombination des atomaren Wasserstoffs an den Wänden der Entladungskammer bestimmt. Bei Vergrößerung der spezifischen Leistung erhöht sich der Anteil, bei Vergrößerung des Rekombinationskoeffizienten des atomaren Wasserstoffs erniedrigt er sich. Eine eingehende Betrachtung der möglichen elementaren Prozesse läßt vermuten, daß wahrscheinlich als hauptsächlichster Entstehungsprozeß der atomaren Ionen in einer Hochfrequenz-Ionenquelle die Dissoziation molekularen Wasserstoffs durch Elektronenstoß mit nachfolgender stufenweiser Ionisation des atomaren Wasserstoffs anzusehen ist.

Mit anderen Worten, die Konzentration des atomaren Wasserstoffs in der Entladungskammer bestimmt den Anteil der atomaren Komponente im Strahl.

Für jede Leistung existiert ein optimaler Gasdruck in der Entladungskammer, bei welchem der Anteil der atomaren Ionen am größten ist. Die Komponenten H_2^+ und H_3^+ sind in diesem Fall etwa gleich. Bei Erhöhung des Druckes steigt der H_3^+-Anteil, bei Erniedrigung der H_2^+-Anteil.

Der Anteil atomarer Ionen im Strahl wächst bei Vergrößerung der spezifischen Leistung, allerdings steigt dabei auch der optimale Gasdruck. Ein derartiges Verhalten der prozentualen Zusammensetzung ermöglicht es, bei der Inbetriebnahme des Beschleunigers den optimalen Gasdruck in der Ionenquelle mit Hilfe massenspektrometrischer Analysen des Strahls festzulegen.

Untersuchungen der Entladungen zeigten, daß ein verhältnismäßig gut homogenes magnetisches Querfeld längs des Magnetfeldes eine Plasmakonzentration in Form eines Stabes von 10 bis 20 mm Durchmesser erzeugt. Die Plasmakonzentration beginnt, nachdem das Magnetfeld den Resonanzwert erreicht hat und bildet sich besonders deutlich vor dem Löschen der Entladung aus. Der Entladungszustand ist dabei äußerst instabil; schon eine geringfügige Änderung der Magnetfeldstärke oder der Amplitude des Hochfrequenzfeldes führt zum Löschen der Entladung.

Im zweiten Teil unserer Arbeit untersuchten wir den Absaugprozeß von Sondensystemen (Abb. 6), die bei Konstruktionen von Hochfrequenz-Ionenquellen breite Anwendung gefunden haben. Das Sondensystem besteht aus Absaugelektrode und isoliertem Zylinder (*a*) oder isolierter Blende (*b*), die die Absaugelektrode vom Plasma der Entladung trennen. Mit einer Sonde wird ein bezüglich der Absaugelektrode positives Potential an das Plasma herangeführt, wodurch die Plasmagrenze von der Oberfläche der Absaugelektrode wegrückt und die in Abb. 6 schematisch angedeutete Form annimmt. Zwischen diesen Oberflächen liegt praktisch die gesamte Absaugspannung. Auf diese Weise entsteht ein ionenoptisches System, welches die Ionen in den Kanal der Absaugelektrode fokussiert.

Es war anzunehmen, daß die fokussierenden Eigenschaften des Systems von seinen Abmessungen abhängen, deren willkürliche Benennungen Abb. 7 wiedergibt. Bei zwei verschiedenen Werten der von der Entladung absorbierten Leistung wurde der Einfluß der Verhältnisse L/d, D/d und l/D auf den Fokussierungsgrad untersucht. Den Fokussierungsgrad definierten wir als das Verhältnis von durch den Kanal hindurchgegangenem Strom I_T zu dem auf seine Wände aufgetroffenen Strom I_K.

Abb. 8 zeigt den Einfluß des Verhältnisses von Kanallänge zu seinem Durchmesser auf den Fokussierungsgrad. Zur besseren Veranschaulichung ist der Ver-

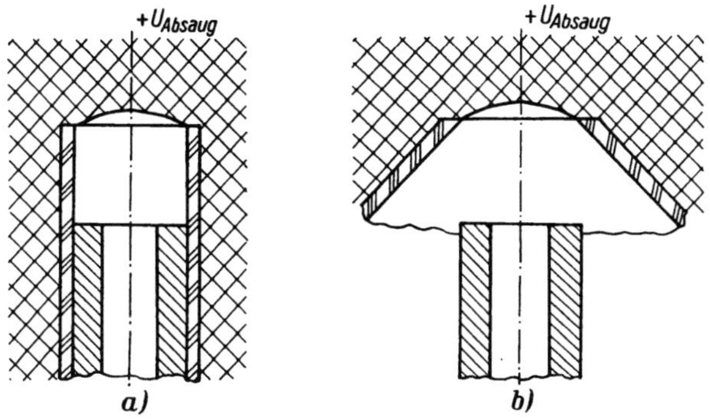

Abb. 6. Schematische Darstellung des Absaug-Sondensystems

a) mit isoliertem Zylinder b) mit isolierter Blende

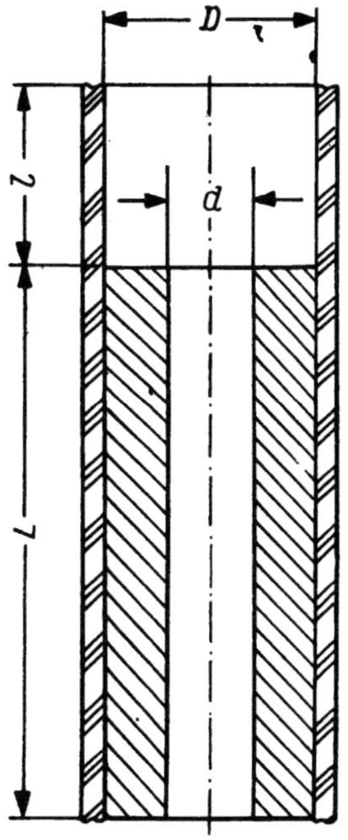

Abb. 7. Die von uns gwählten Bezeichnungen der Abmessungen des Absaug-Sondensystems

lauf des Gasverbrauches W, des Absaugstromes I_{Absaug} und des Targetstromes I_T in dieser Abbildung ebenfalls angegeben.

Aus diesen Kurven folgt, daß bei Verkleinerung der Kanallänge unter 3 bis $4 \cdot d$ der Gasverbrauch verhältnismäßig stark ansteigt. Der Fokussierungsgrad wächst linear mit der Verkleinerung des Verhältnisses L/d. In Bezug auf den Strahldurchgang und die Erzeugung des Druckgefälles ist zweifellos eine Kanallänge von 4 bis 6fachem Kanaldurchmesser als günstigste Proportion anzusehen.

Abb. 9 gibt den Fokussierungsgrad in Abhängigkeit von dem Verhältnis Öffnungsdurchmesser des isolierten Zylinders zur Kanallänge wieder. Die Überhöhung des isolierten Zylinders ist als Parameter angegeben. Der Kurvenverlauf zeigt, daß das Durchmesserverhältnis D/d gleich zwei als optimal gelten kann. Folgender Umstand verdient besondere Betrachtung: mit einer Verkleinerung des D/d-Verhältnisses verringert sich auch die optimale Absaugspannung und die weitere Fokussierung wird erheblich erleichtert.

In Abb. 10 ist der Fokussierungsgrad in Abhängigkeit von der Absaugspannung für verschiedene D/d-Verhältnisse aufgetragen. Wie man sieht, verschiebt sich das Maximum des Fokussierungsgrades bei Vergrößerung von D/d nach höheren Absaugspannungen.

Eine wichtige Größe, die hauptsächlich die Fokussierungseigenschaften des Systems bestimmt, ist das Verhältnis der Überhöhung l des isolierten Zylinders zum Elektrodendurchmesser D. Bei $l = 0{,}5 \cdot D$ beginnt die Fokussierung schon merklich zu werden und bei weiterer Vergrößerung von l verbessert sie sich sehr schnell. Allerdings wird dabei gleichzeitig der Gesamtstrom kleiner und die optimale Absaugspannung größer.

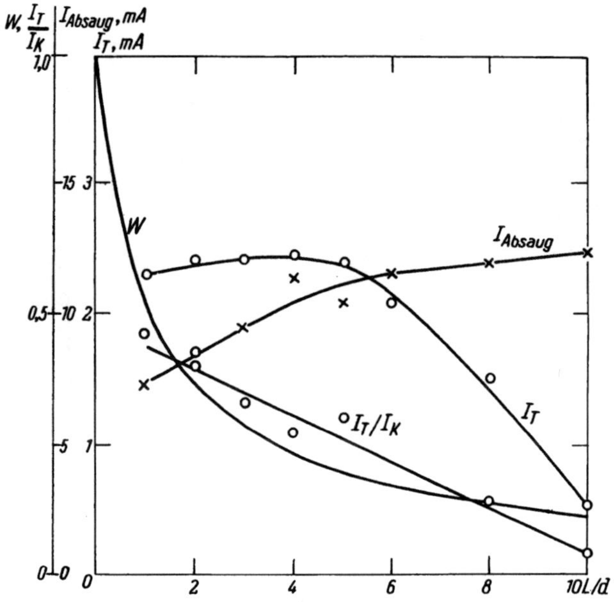

Abb. 8. Einfluß des L/d-Verhältnisses auf den Fokussierungsgrad I_T/I_K

W Gasverbrauch I_{Absaug} Absaugstrom I_T Strom auf das Target

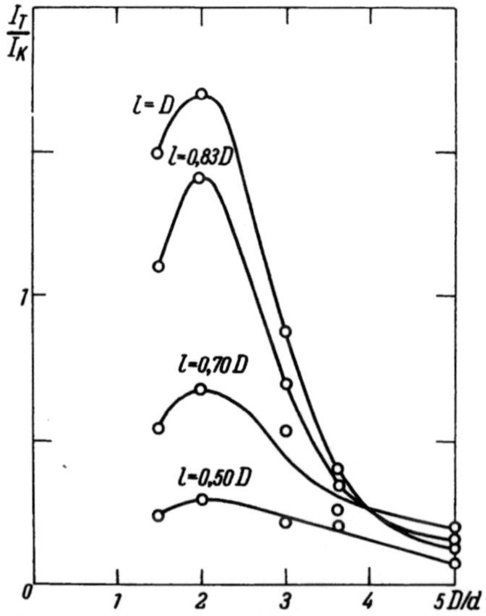

Abb. 9. Fokussierungsgrad in Abhängigkeit vom D/d-Verhältnis bei verschiedenem l

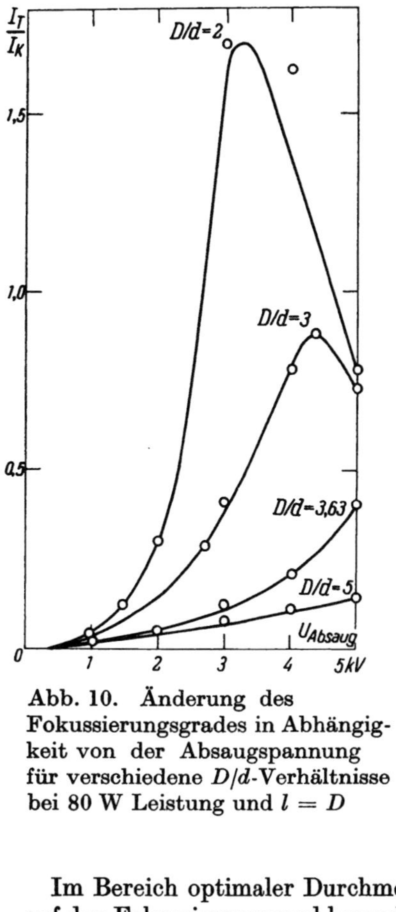

Abb. 10. Änderung des Fokussierungsgrades in Abhängigkeit von der Absaugspannung für verschiedene D/d-Verhältnisse bei 80 W Leistung und $l = D$

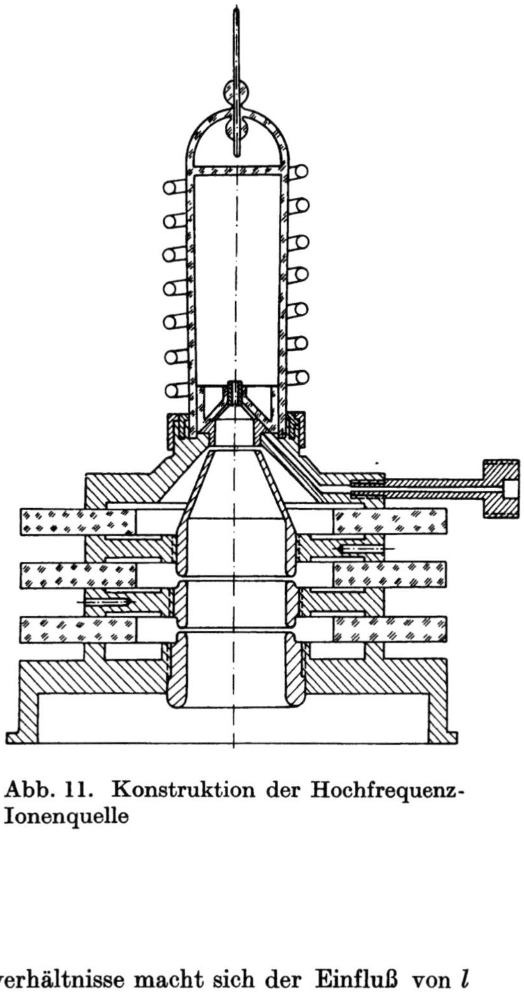

Abb. 11. Konstruktion der Hochfrequenz-Ionenquelle

Im Bereich optimaler Durchmesserverhältnisse macht sich der Einfluß von l auf den Fokussierungsgrad besonders stark bemerkbar. Bei $D/d = 2$ bewirkt eine Änderung von $l = 0{,}5 \cdot D$ auf $l = D$ eine sechsfache Erhöhung des Fokussierungsgrades. Als obere Grenze der Überhöhung ist $l = D$ anzusehen.

Zusammenfassend stellen wir fest, daß in dem untersuchten Beispiel des Absaug-Sondensystems feste Verhältnisse der Abmessungen eingehalten werden müssen: $L/d = 4$ bis 6; $D/d = 2$ und $l/D = 0{,}5$ bis 1.

Es empfiehlt sich, eine Verringerung des Ionenquellen-Gasverbrauchs nur durch Verkleinerung des Absaugelektrodendurchmessers vorzunehmen und dabei die optimalen Verhältnisse aller Abmessungen beizubehalten.

An Hand der erzielten Ergebnisse wurde eine Ionenquelle (Abb. 11) mit kleiner Entladungskammer und optimalen Maßverhältnissen des Absaugsystems konstruiert. Besonderheiten dieser Ionenquelle sind die einfache Konstruktion der Entladungskammer und das leicht auswechselbare Absaugsystem, welches gestattet, die gleiche Ionenquelle bei Stromstärken von 100 μA

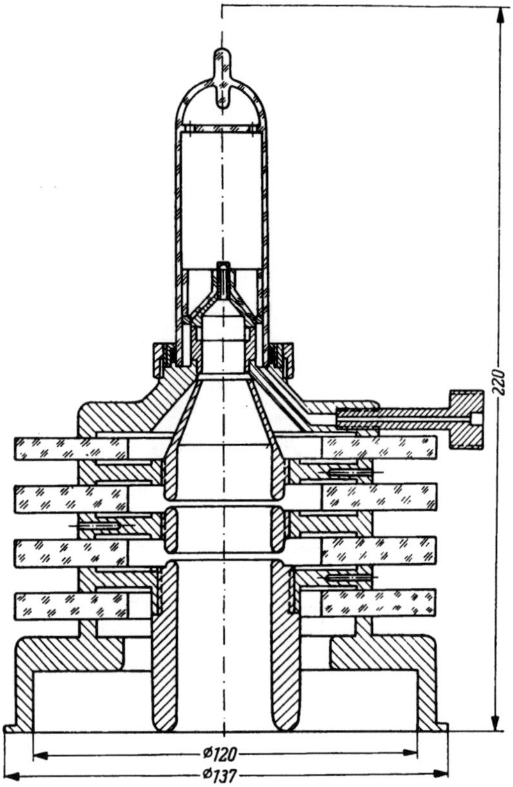

Abb. 12. Eine Konstruktionsvariante der Ionenquelle für den EG-2,5

bis 1 mA zu verwenden. Die Frequenz des Hochfrequenz-Generators darf nicht unterhalb 40 MHz liegen. Wie auch in der Ionenquelle nach der Konstruktion von W. M. Morosow besitzt das Fokussiersystem eine zweipolige Linse; allerdings besteht ein Unterschied darin, daß in der vorliegenden Konstruktion eine starke Linse hinter dem Absaugsystem vorhanden ist. Zur Isolation zwischen den Elektroden des Fokussiersystems wurden Glasscheiben benutzt. Hierdurch konnten die äußeren Abmessungen der Ionenquelle klein gehalten werden. Die besten Ergebnisse, welche mit drei dieser Absaugelektroden erzielt wurden, sind in Tab. 1 zusammengefaßt.

Tabelle 1

Nr. der Absaug-elektrode	Durchmesser der Absaug-elektrode, mm	Kanaldurchmesser, mm	Kanallänge, mm	Überhöhung des isolierten Zylinders über den ⌀ der Elektrode	Ionenstrom, mA	Von der Entladung absorbierte Leistung, W	Gasverbrauch bei Betrieb der Ionenquelle, cm^3/Std.	Absaugspannung, kV	Absaugstrom, mA	Anteil der atomaren Ionen, %
1	2	1	5	0,65—0,70	0,88	130	4	2,1	2,0	80
2	3	1,5	7,5	0,65—0,70	0,95	126	8,5	2,7	4,0	80
3	4	2	10	0,65—0,70	1,35	125	13	2,7	4,8	80

Abb. 12 zeigt eine Konstruktionsvariante der Ionenquelle für einen elektrostatischen Generator, bei welchem sich die Stromversorgung der Ionenquelle auf Hochspannungspotential befindet. Die äußere Ansicht von zwei Ionenquellen für den EG-2,5 und den EG-1 zeigen Abb. 13 und 14.

Als eine Besonderheit dieser Ionenquellen ist die Vergrößerung der Kanallänge der Elektroden bis auf $8 \cdot d$ zu erwähnen. Dies war notwendig, um den Ionenstrom bei etwa 100 W von der Entladung absorbierter Leistung auf 100 bis 200 μA zu erniedrigen. Die Ionenquellen wurden auf 25 atü Druck geprüft.

Abb. 13. Äußere Ansicht der Ionenquelle für den EG-1

Abb. 14. Äußere Ansicht der Ionenquelle für den EG-2,5

Literatur

[1] Gill, E. W. und Engel, A., Proc. Roy. Soc. **197** (1949) 107.
[2] Hatch, A. J. und Williams, H. B., J. Appl. Phys. **25**, Nr. 4 (1954) 417.
[3] Koch, B. und Neuert, H., Zeitschr. Nat. Forsch. B **4a** (1949) 456.

W. Ch. Beljajew, A. K. Walter, K. K. Tschernjawskij, S. P. Zitko

Ein vertikal-horizontaler elektrostatischer Hochspannungs-Generator

Einleitung

Im Verlauf der vergangenen 25 Jahre haben die elektrostatischen Hochspannungs-Generatoren mit Bandantrieb ein weites Anwendungsgebiet gefunden. Sie bestehen aus Hochdrucktank mit darin befindlichem elektrostatischen Generator und Beschleunigungsrohr. Die Bauweise aller in der Literatur veröffentlichten elektrostatischen Hochspannungs-Generatoren ist entweder vertikal oder horizontal.

Die häufiger verbreitete vertikale Anordnung des Generators besitzt den Vorteil, daß das Material für die Isoliersäule nur hinsichtlich der elektrischen Festigkeit hochwertig sein muß. Ein Nachteil besteht darin, daß hohe Hallen und komplizierte Hebevorrichtungen benötigt werden.

Die horizontale Anordnung weist diese Nachteile nicht auf und eignet sich besonders in all den Fällen, bei denen der elektrostatische Generator als Vorinjektor oder Injektor für zyklische und Linear-Beschleuniger benutzt wird. Allerdings erfordert der Aufbau horizontaler Generatoren Isolationsmaterial von hoher elektrischer Festigkeit und außerordentlich guten mechanischen Eigenschaften.

Es gibt heute noch kein Material, das all diesen Anforderungen gerecht wird. Die horizontale Bauweise eines üblichen elektrostatischen Generators, in welchem die Isoliersäule gleichzeitig als Tragbalken dient, begrenzt stark die räumlichen Abmessungen und das Gewicht der Hochspannungselektrode und damit auch die Abmessungen und das Gewicht der Ionenquelle.

In allen z. Z. existierenden elektrostatischen Generatoren befinden sich der Bandantrieb und das Beschleunigungsrohr innerhalb der Isoliersäule. Auf Grund dieser Anordnung besitzen Isoliersäule, Beschleunigungsrohr und Band gleiche Länge. Die Abmessungen des Generators werden allein von dem schwächsten Teil, dem Beschleunigungsrohr, bestimmt.

Bei der Projektierung elektrostatischer Generatoren für 4 bis 5 MeV geht man bei der Wahl der Beschleunigungsrohrlänge im allgemeinen von einer Feldstärke des Rohres von 10 kV/cm aus [1]. Diese empirisch gefundene Regel hat sich in der Praxis bei vielen elektrostatischen Generatoren gut bewährt. In den letzten Jahren wurden in den USA, in England und Frankreich allerdings schon größere Betriebsfeldstärken längs des Beschleunigungsrohres angewandt.

In der UdSSR wurde die höchste elektrische Festigkeit von Beschleunigungsrohren im Laboratorium von Prof. Hochberg erreicht (siehe die Arbeiten [2, 3]).

Tab. 1 gibt für eine Anzahl elektrostatischer Generatoren die Feldstärkewerte längs des Rohres an.

Für die Isolierstützen und die Bandeinrichtungen der elektrostatischen Generatoren mit Drucktank wurden bedeutend höhere Grenzfeldstärken erzielt. Zum Beweis sind in Tab. 2 einige Angaben zusammengestellt.

In der Arbeit von L. I. PIWOWAR und W. M. TUBAJEW [12] wurde gezeigt, daß von der sowjetischen Industrie hergestellte Isolierstützen und Bänder für elektrostatische Generatoren eine mittlere elektrische Feldstärke bis zu 3 MV/m im Spannungsbereich ~ 2 MV gewährleisten. Auf Grund dieser Tatsache können heute Konstruktionen für Generatoren vorgeschlagen werden, bei denen die Abmessungen der tragenden Isoliersäule nur durch die verhältnismäßig gute elektrische Festigkeit bestimmt werden. Wir bringen hier den Vorschlag einer Kon-

Tabelle 1

Die Größe der Feldstärke längs der Beschleunigungsrohre einiger elektrostatischer Generatoren

Bauart des Generators	Generatorspannung, MV	Länge des Beschleunigungsrohres, m	Feldstärke längs des Beschleunigungsrohres, MV/m	Angabe des Aufstellungsortes	Literaturnachweis
Vertikal	2,3	1,524	1,52	USA	[4]
Vertikal	6,0	3,6	1,66	USA	[5]
Vertikal	8,0	5,5	1,5	USA	[5]
Vertikal	5,2	3,76	1,38	Saclay (Frankreich)	[6]
Horizontal	4,0	3,66	1,1	USA	[7]
Vertikal	1,7	1,25	1,36	Moskau	[2]
Vertikal	2,8	3,0	0,93	Moskau	[3]
Vertikal	2,5	2,7	0,926	Kopenhagen	[1]
Vertikal	4,0	4,5	0,89	Kopenhagen	[1]
Vertikal	3,0	2,74	1,09	Harwell (England)	[9]
Vertikal	3,8	2,74	1,38	Aldermaston (England)	[11]
Vertikal	3,8	4,00	0,95	Charkow	[23]

Tabelle 2

Grenzfeldstärken der Isolierstützen und Bandtriebe von elektrostatischen Generatoren in komprimiertem Gas

Bauart des Generators	Generatorspannung ohne Bechleunigungsrohr, MV	Länge der Isoliersäule, m	Feldstärke längs der Isoliersäule, MV/m	Angabe des Aufstellungsortes	Literaturhinweis
Vertikal	2,0	1,0	2,0	USA	[10]
Vertikal	5,0	2,74	1,82	Harwell	[9]
Vertikal	5,5	2,74	2,05	Aldermaston	[11]
Vertikal	2,6	0,8	3,0	Charkow	[12]
Vertikal	4,5	—	—	Budapest	[8]

struktion mit vertikaler Stütze, bei der nicht allzu große vertikale Ausmaße der Gesamtapparatur zustande kommen. Die Beschleunigungsrohre sind waagerecht gelagert. Diese Bauausführung des Generators ist dann angebracht, wenn er als Ioneninjektor verwendet wird. Besonders für Tandem-Generatoren, den von ALVAREZ [13, 14] vorgeschlagenen elektrostatischen Generatoren nach dem Umladungsprinzip, empfiehlt sich diese Bauart. Wir wollen hier anmerken, daß die horizontalen Beschleunigungsrohre bei dieser Konstruktion an beiden Enden auf festen Stützen ruhen. Die auf Grund des Rohreigengewichtes entstehenden Spannungen und Deformationen werden bei dieser Bauweise bedeutend verringert. Außerdem kann der Querschnitt der vertikalen Isoliersäule sehr rationell zur Unterbringung des Bandantriebes ausgenutzt werden, da an dieser Stelle keine Beschleunigungsrohre vorhanden sind. Wir weisen noch darauf hin, daß diese Bauweise des Generators die für die horizontale Variante charakteristischen Beschränkungen bezüglich Gewicht und elektrischer Leistung der in der Hochspannungselektrode untergebrachten Apparatur aufhebt.

Die Hauptteile des von uns vorgeschlagenen Generators (Abb. 1) sind die Isoliersäule mit den Bandeinrichtungen, die Hochspannungselektrode, zwei Beschleunigungsrohre und der Drucktank.

Isoliersäule mit Bandeinrichtung. Der Feldgradient längs der Isoliersäule wurde gemäß den Angaben in Tab. 2 zu 1670 kV/m angenommen, das entspricht bei

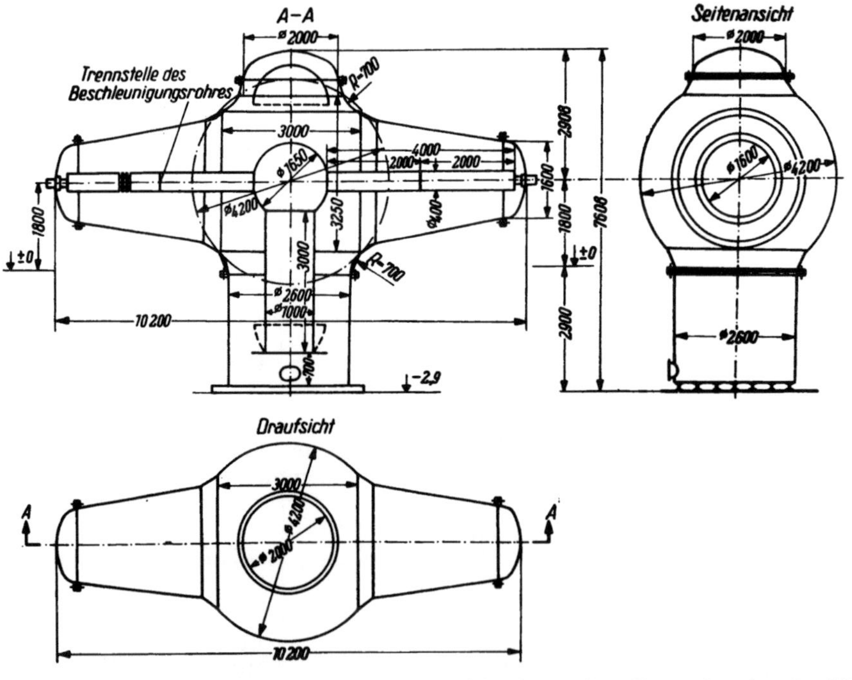

Abb. 1. Aufbau des Generators der vertikal-horizontalen Bauweise für 2,5 MeV (hauptsächliche Daten: Druck im Tank 10 atü, Volumen des Drucktanks 60 m³, Gewicht 12 t, maximaler Feldgradient 100 kV/cm)

5 MV an der Hochspannungselektrode einer Gesamtlänge der Säule von 3 m. Der Durchmesser der Isoliersäule wurde zu 1000 mm gewählt.

Die Hochspannungselektrode. Der Hochspannungskonduktor besitzt die Form einer Hohlkugel von 1650 mm Durchmesser. Beide abnehmbare Kugelhälften gestatten freien Zugang zu allen sich im Konduktor befindlichen Elementen.

Die Beschleunigungsrohre. Die beiden Beschleunigungsrohre von je 4 m Länge (Feldstärke 1,25 MV/m) haben eine gemeinsame Achse. Ein Ende jedes Rohres ist am Drucktank befestigt, das andere in der Hochspannungselektrode, so daß durch Verschieben längs der Achse eine Temperaturkompensation möglich ist. In der Hochspannungselektrode ruht die Stützfläche auf speziellen Stützisolatoren, die durch die gesamte Säule bis zur unteren Plattè des Generators hindurchgehen und mit der Säule elektrisch leitend verbunden sind. Beide Beschleunigungsrohre besitzen einen Spannungsteiler-Widerstand. Die Verbindungsstellen der einzelnen Sektionen sind mit je einem Ring aus Aluminiumrohr verkleidet. Aus diesem Grunde haben die Beschleunigungsrohre das Aussehen von Säulen, deren Durchmesser 400 m beträgt. Die Höhe der Sektionen wurde zu 50 mm angenommen. Die geringe Durchbiegung des Beschleunigungsrohres bei dieser Konstruktion beträgt nur 5% der Durchbiegung, die bei einem üblichen Horizontal-Generator mit gleich langem, einseitig gelagertem Rohr auftritt.

Der Drucktank. Der stählerne Drucktank besteht aus einander zugeordneten Hohlkugeln, einem Zylinder mit flachem Boden und zwei konischen Teilen mit elliptischen Deckeln. Bei den vorgegebenen räumlichen Abmessungen des Generators gewährleistet diese Zusammenstellung ein minimales Gasvolumen im Tank. Für die Montage des Generators, der oberen Halbkugel der Hochspannungselektrode, zum Abnehmen der Beschleunigungsrohre und anderer räumlich großer Teile des Generators ist im oberen Teil des Drucktanks ein elliptischer Deckel angebracht. Im unteren Teil befinden sich eine Luke und alle nötigen Stutzen für den Einlaß und für das Abpumpen des Gases, für die Leitungszuführungen, für Ventilation und Kühlung. Der zylindrische Teil besitzt einen flachen Boden. An der Übergangsstelle von Hohlkugel und Stützzylinder liegt eine Trennstelle des Tanks, die gleichzeitig als Versteifungsring dient. An den Übergangsstellen Hohlkugel-Zylinder-Konus sind ebenfalls Versteifungsringe angebracht.

Die scharfen Kanten an den Stoßzellen der einzelnen Elemente des Drucktanks sind von innen mit gewalzten Auflegestücken aus Blattmetall abgedichtet. Die verwendeten Beobachtungsfenster gewährleisten gute Sichtverhältnisse im gesamten Generator. Der Betriebsgasdruck im Drucktank wurde zu 10 atü gewählt. Entsprechend den Literaturangaben [2, 3, 9] reicht dieser Wert aus. Als Zugang zur Isoliersäule des Generators und zu den Geräten im Hochspannungskonduktor wurde eine Luke im unteren Teil des Drucktanks vorgesehen. Ähnliche Einrichtungen sind in der Literatur [1, 9, 18, 19, 20] erwähnt.

Der Verlauf des elektrischen Feldes

Zur Bestimmung der Feldgradienten im isolierenden Gasvolumen, auf den Oberflächen der Hochspannungselektrode und des Drucktanks wurde ein räumliches Modell des Generators angefertigt und mit Hilfe eines elektrolytischen Trogs (Abb. 2 und 3) untersucht.

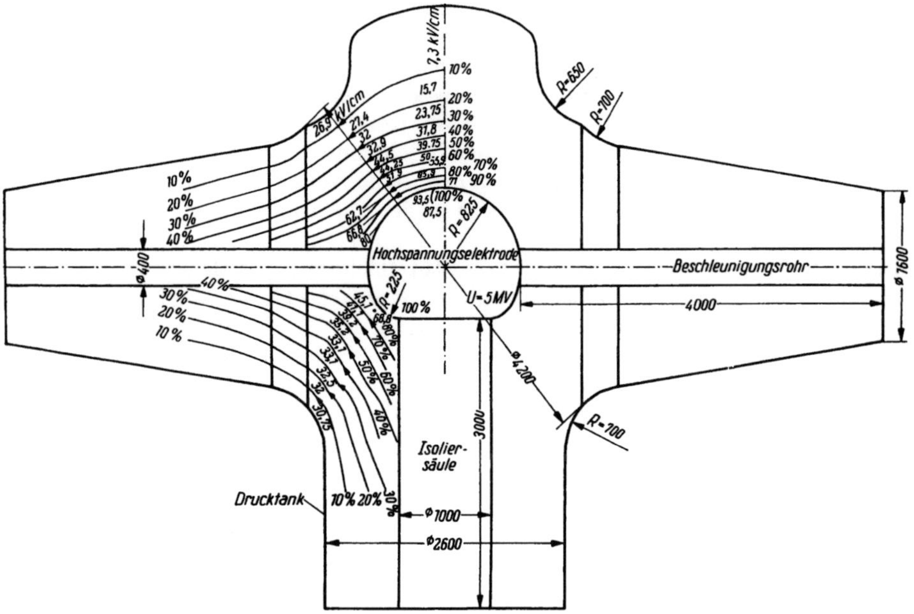

Abb. 2. Verlauf der Spannungsgradienten zwischen den Elektrodenoberflächen des Generators

Abb. 3. Gesamtansicht des elektrolytischen Trogs

Wie man in Abb. 2 erkennt, betragen die maximalen Feldgradienten an der Elektrodenoberfläche 80,0 bis 93,5 kV/cm. Der Feldstärkeverlauf im Gasvolumen des oberen Generatorteiles entspricht etwa dem Feldverlauf zwischen zwei konzentrischen Kugeln. Im Gasvolumen des unteren Teiles des vertikal-horizontalen Generators herrscht zwischen der Hochspannungselektrode und dem Übergang Kugel-Zylinder-Konus ein besonderer Feldstärkeverlauf. Im Gegensatz zu den üblichen horizontalen oder vertikalen Generatoren mit zylindrischem Konduktor und Tank, bei welchen die Feldstärke in der isolierenden Gasfüllung in Richtung auf die Drucktankoberfläche kleiner wird und die kleinste Feldstärke auf der Oberfläche selbt herrscht, kann man bei der vorgeschlagenen Bauweise die Feldgradientverteilung auf der Elektrodenoberfläche und an der Übergangsstelle durch geeignet gewählte Radien des Übergangsteiles so gestalten, daß im überwiegenden Teil der isolierenden Gasmenge die Feldgradienten praktisch konstant sind. Die Feldgradienten ändern sich lediglich in den Grenzen von 30,75 bis 41,1 kV/cm. Wir merken hier noch an, daß die Drucktank-Konfiguration nicht einfach ist, jedoch ergibt die gewählte Zusammenstellung von Kugel, Zylinder und Konus eine gute Feldhomogenität über die Querschnittsebene auf der gesamten Länge des Übergangsteiles. Die berechnete maximale Feldstärke auf der Oberfläche der Hochspannungselektrode beträgt 100 kV/cm.

Abb. 3 zeigt die räumliche Gesamtansicht des elektrolytischen Trogs.

Verringert man den Durchmesser des Hochspannungskonduktors und des hohlkugelförmigen Drucktankteiles, so kann eine bedeutende Volumenverringerung des Tanks erreicht werden. Eine Verkleinerung des Tankvolumens ist schon bei geringfügiger Erhöhung der Feldstärke am Konduktor möglich. Auf Grund des scharfen Potentialabfalls längs der Isoliersäule ändern sich dabei die Feldstärken an der Übergangsstelle nur geringfügig.

Abschließend kann man feststellen, daß die von uns vorgeschlagene Bauart eines vertikal-horizontalen Generators charakteristisch für die Volumenverkleinerung des Drucktanks ist.

Zusammenfassung

Wir berichteten über den Vorschlag eines neuen elektrostatischen Generators vertikal-horizontaler Bauart mit kreuzförmigem Stahl-Drucktank und zwei horizontalen Beschleunigungsrohren. Eines der Rohre dient als Arbeits-Beschleunigungsrohr, das andere zur Spannungsmessung. Es können auch andere Varianten gewählt werden:

1. Generator mit einem Arbeits-Beschleunigungsrohr;
2. Generator mit zwei Arbeits-Beschleunigungsrohren;
3. Generator nach dem Verdopplungsprinzip ALVAREZ' [13, 14].

Die experimentelle Untersuchung des elektrischen Feldes wurde an einem Generatormodell im elektrolytischen Trog vorgenommen. Dabei wurde festgestellt, daß die außergewöhnliche Konfiguration des Generators zu keiner Verschlechterung der elektrischen Festigkeit des Gasraumes im Vergleich zu Generatoren der üblichen Konfiguration führt.

Der von uns vorgeschlagene Generatortyp unterscheidet sich von vertikalen Generatoren dadurch vorteilhaft, daß kein hohes Gebäude und kein Kran großer Tragfähigkeit benötigt werden [6, 21].

Beim Vergleich mit Generatoren der horizontalen Bauart weist dieser Generator den Vorteil auf, daß es hier nicht die einschränkenden Bedingungen gibt, denen die räumlichen Abmessungen, das Gewicht und die elektrische Leistung der im Konduktor untergebrachten Apparaturen auf Grund der Säulenkonstruktion unterworfen sind. Die vertikal angeordnete Beladungseinrichtung des Generators ist kürzer als in üblichen Generatoren.

Literatur

[1] Brostrom, K. J., Fysik Tidsskrift **53** (1955) 225.

[2] Gorlow, G. W., Hochberg, B. M., Morosow, W. M. und Otroschenko, G. A., Dokl. Akad. Nauk UdSSR **102**, Nr. 2 (1955) 237.

[3] Bajew, B. W., Worotnikow, P. E., Hochberg, G. M., Sidorow, N. I., Schuf, A. W. und Jankow, G. B., Dokl. Akad. Nauk UdSSR **101**, Nr. 4 (1955) 637.

[4] Lamphere, R. W. und Robinson, G. P., Nucleonics **10**, 10 (1952) 28.

[5] Shire, E. S., Brit. J. of Appl. Phys., Supplement 2, Static Elektrification **56** (1953).

[6] Winter, S. D., L'onde électrique **344** (1955) 955.

[7] Rogers, E. J. und Turner, C. M., Rev. Sci. Instr. **24** (1953) 805.

[8] Simony, K. I., Nuovo cimento, serie X, Supplements at volume III (1956) 345.

[9] Allen, W. D., Instrument Practice **8**, 10 (1954) 872.

[10] Worobjow, A. A., Überhohe elektrische Spannungen. Staatl. Energie-Verlag, 1955.

[11] Chick, Petrie, Proc. Inst. Electr. Engin. **103** B (1956) 132.

[12] Piwowar, L. I. und Tubajew, W. M., JTP **28** (1958) 1953.

[13] Alvarez, L. W., Rev. Sci. Instr. **22** (1951) 705.

[14] Willard Bennet, Rev. Sci. Instr. **24** (1953) 915

[15] Wichmann, J. L. und Babitzkij, I. F., Berechnung und Konstruktion von Apparaturen für die Erdölverarbeitungsindustrie. Gostoptechisdat, 1953.

[16] Pektemirow, G. A., Projektierung, Aufbau und Betrieb von Erdöl-Werken. Gostoptechisdat 1946.

[17] Pektemirow, G. A., Handbuch für Ingenieure und Techniker der Erdöl-Industrie. Gostoptechnisdat, 1954.

[18] Graggs Meek, High voltage Laboratory Technique.

[19] Swann, C. P., Bull. Amer. Phys. Soc. **24** (1954) 31.

[20] Trump, J. G., Electrical Engineering **70** (1951) 787.

[21] Johstone, Kalbach, Lang, Proc. IRE **40** (1952) 1664.

[22] Millar, B., Brit. J. Appl. Phys. **6** (1955) 13.

[23] Walter, A. K. und Zigikalo, A. A., PTE Pribori i technika eksperimenta **4** (1957) 4.

G. M. Osetinskij

Der Magnetanalysator als Gerät zur Spannungsmessung am elektrostatischen Generator

Die im Laufe von fünf Jahren gesammelten Erfahrungen beim Betrieb des elektrostatischen Generators im Laboratorium für Kernprobleme[1]) des Vereinigten Institutes für Kernforschung bestätigten die Brauchbarkeit des Magnetanalysators als Spannungsmeßgerät.

Die Generatorspannung wird mit einem Magnetanalysator gemessen, der gleichzeitig als Impulsanalysator des Teilchenstroms dient. Als Maß für die Spannung des elektrostatischen Generators wurde der stabilisierte Strom des Analysatormagneten gewählt.

Die gewünschte Spannung wird an Hand der Kurve $U_{\text{keV}} = f(I_{\text{Magn}})$ eingestellt. Diese Kurve wurde unter Zugrundelegung der geeichten Energieskala des elektrostatischen Generators berechnet.

Den Zusammenhang $U_{\text{keV}} = f(I_{\text{Magn}})$ erhält man aus der Bewegungsgleichung eines geladenen Teilchens im Magnetfeld

$$U = \frac{H^2}{K},$$

in der H die magnetische Feldstärke, K die Konstante des Magnetanalysators bedeuten, $K = \frac{\varrho^2 e^2}{2 m c^2}$ (ϱ effektiver Krümmungsradius im Magnetfeld, e, m Ladung und Masse des Teilchens, c Lichtgeschwindigkeit).

Zur Berechnung muß die Abhängigkeit der magnetischen Feldstärke vom Strom durch die Magnetwicklung, d. h. $H = f(I_{\text{Magn}})$ und die Konstante K des Magnetanalysators bekannt sein.

Die Abhängigkeit $H = f(I_{\text{Magn}})$ haben wir im interessierenden Energiebereich mit einem ballistischen Galvanometer gemessen, das mittels der paramagnetischen Kernresonanz geeicht war. Den Magnetstrom änderten wir mit Hilfe von Rheostaten, die in Reihe mit den Magnetspulen des Analysators geschaltet sind. Der Magnetstrom wurde durch Spannungsmessung an einem in Reihe mit dem Magneten geschaltenen Normal-Widerstand von 0,1 Ω bestimmt.

Diese Methode der Strommessung wurde auch bei den weiteren Arbeiten am elektrostatischen Generator beibehalten.

---

[1]) Jetzt Laboratorium für Neutronenphysik (Anm. d. dtsch. Red.).

Den Lichtzeiger des Spannungsmessers richteten wir auf eine in das Bedienungspult eingebaute Spiegelskala. Wurde die Stabilisierung des Magnetstroms eingeschaltet, so diente dieser Lichtzeiger zur Kontrolle der Abweichung des Magnetstroms von dem zu Beginn eingestellten Wert. Bei der Einstellung des Magnetstroms (Stromintervall von 1 bis 5 A) wurde besonders darauf geachtet, daß die Messungen stets am gleichen Kurvenstück der Hysteresiskurve stattfanden.

Die Ergebnisse vieler zu verschiedenen Zeiten bei verschiedenen Magnetströmen durchgeführten Messungen der Funktion $H = f(I_{\text{Magn}})$ zeigten, daß die Reproduktion eines Magnetfeldes vorgegebener Feldstärke mit einem Fehler geringer als 0,1% behaftet ist.

Die Konstante K des Magnetanalysators wurde aus den bekannten Resonanzniveaus der Reaktion $F(p, \gamma)$ bestimmt. Wir nahmen die Anregungskurve dieser Reaktion auf, registrierten die Resonanzniveaus und identifizierten sie mit dem benutzten Spannungsindikator (in unserem Falle dem Magnetstrom). Danach bestimmten wir mit Hilfe der Bewegungsgleichung für Teilchen im Magnetfeld die Größe K aus der Beziehung

$$K = \frac{H^2_{\text{Res}}}{U_{\text{Res}}}.$$

U_{Res} bedeutet die dem Resonanzniveau entsprechende Spannung, H_{Res} die diesem Resonanzniveau entsprechende Feldstärke des Magnetanalysators.

Zur Messung der Anregungskurve benutzten wir ein dickes CaF_2-Target. Es wurde an einem der zu eichenden Kanäle des Magnetspektrometers hinter dem Spalt des Stabilisierungssystems angebracht. Zur Verringerung der Strahlenergiestreuung (0,06%) brachten wir vor dem Target einen Kollimator von 2 mm Durchmesser und 60 mm Länge an. Das Target war aus einem CaF_2-Polykristall angefertigt und besaß die Form einer Scheibe von 16 mm Durchmesser und 2 mm Dicke. Es wurde auf eine bewegliche Unterlage montiert. Um eine Ladungsanhäufung auf der Kristalloberfläche zu verhindern, bedeckten wir das Target mit einem Nickelnetz. Die durch den Spalt einer Bleiabschirmung ausgeblendeten Gamma-Quanten der Reaktion wurden mit Hilfe eines Zählers vom Typ AM-7 registriert. Als Monitor der Reaktion diente der auf das Target auffallende Teilchenstrom.

Die Targetanordnung und das elektrische Schaltbild zeigt Abb. 1.

Abb. 2 gibt typische Kurven der $F(p, \gamma)$-Reaktionsausbeute im Energiebereich von 630 bis 950 keV wieder.

Die entsprechenden differentiellen Kurven dieser Reaktion im gleichen Energiebereich zeigt Abb. 3 in Form von Histogrammen.

Wie man aus der Abbildung erkennt, ist die Bestimmung der Lage der Resonanzniveaus in Magnetstrom-Einheiten mit einer gewissen Unsicherheit verbunden. Es wurde angenommen, daß das Resonanzniveau bei dem Wert des Magnetstroms liegt, dessen Ordinate die Histogrammfläche in zwei gleiche Teile teilt. Nachdem wir auf diese Weise den Magnetstrom I_{Res} für einige Resonanzniveaus bestimmt hatten, berechneten wir die Größen k_1, k_2 und k_3. Der arithmetische Mittelwert dieser Größen kommt dem wahren Wert des Koeffizienten am nächsten.

Die Auswertung der in Abb. 3 dargestellten Histogramme gibt nachstehende Tabelle wieder.

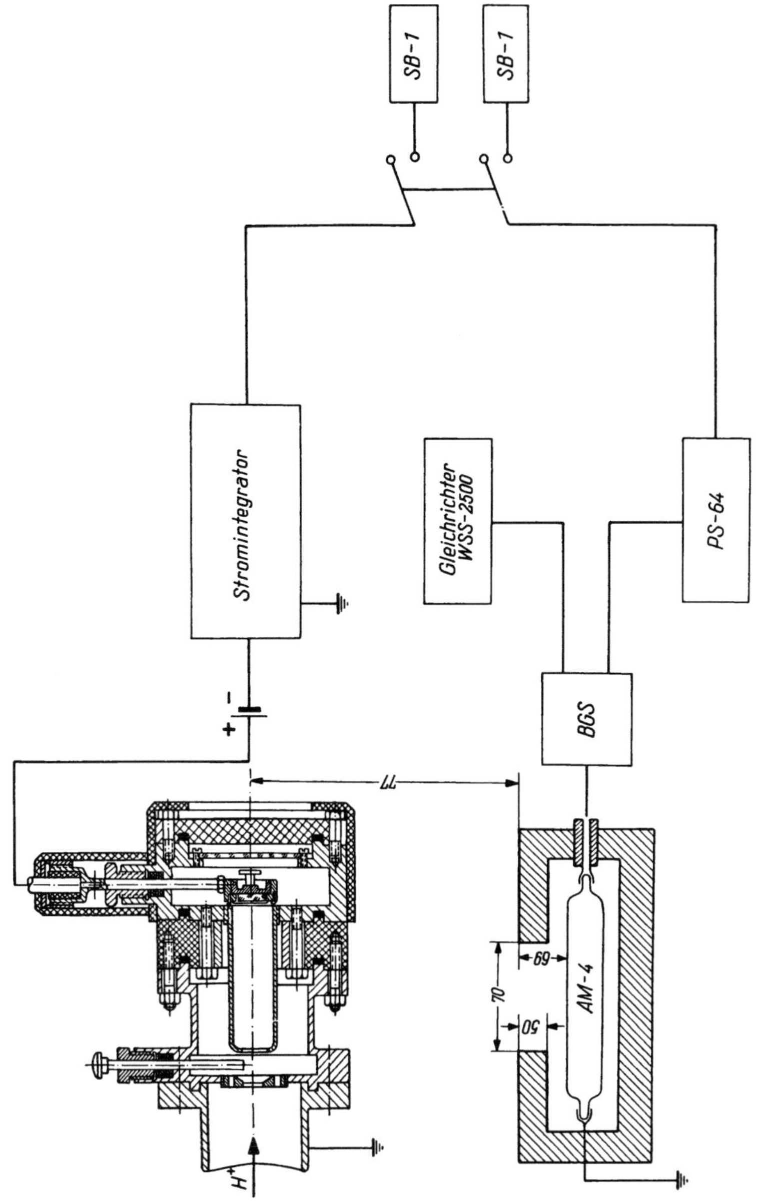

Abb. 1. Targetanordnung des Analysators und zugehörige Schaltung

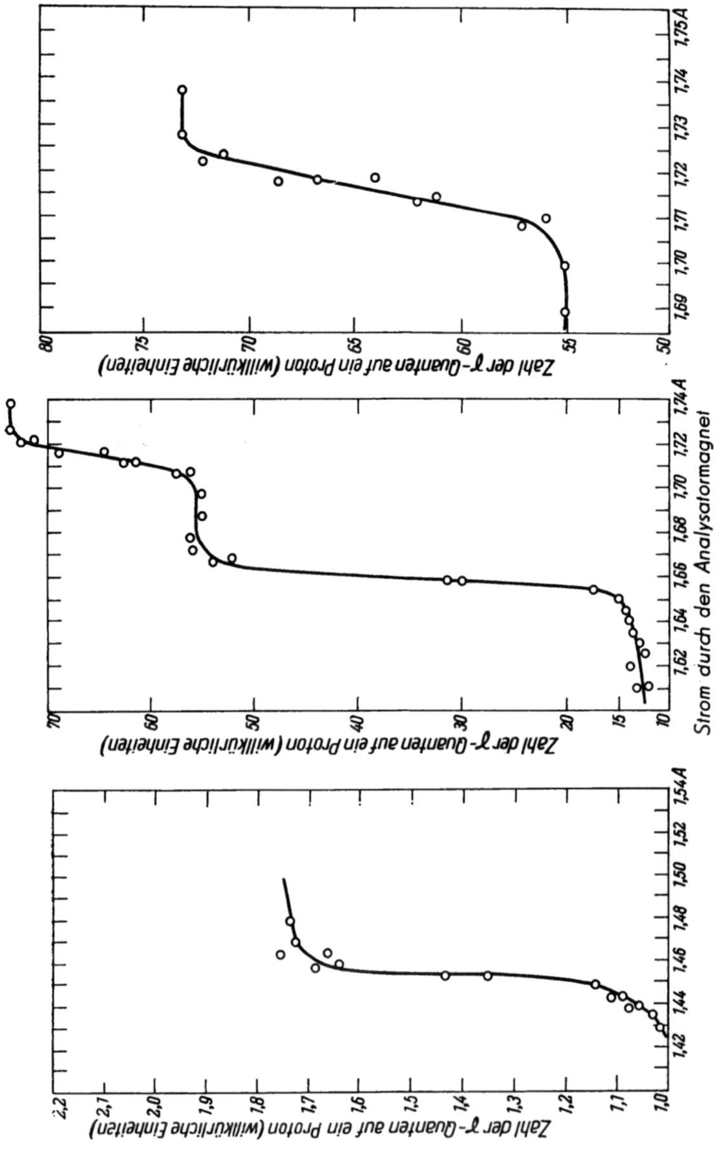

Abb. 2. Typische Kurven der $F(p, \gamma)$-Reaktionsausbeute im Energiebereich 630 bis 950 keV

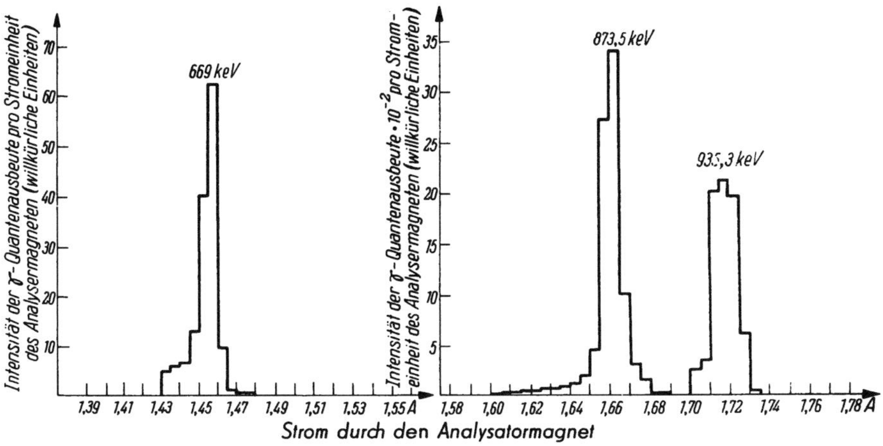

Abb. 3. Differentielle Kurven der $F(p, \gamma)$-Reaktionsausbeute im Energiebereich 630 bis 950 keV

Tabelle 1

Ergebnisse der Auswertung der Angaben von Abb. 3

Zu bestimmendes Maximum	Magnetstrom, A	Resonanzenergie, keV	k_i	$K = \bar{k}_i$
I	1,455	669,0	0,11957	
II	1,662	873,5	0,11893	0,11926
III	1,718	935,3	0,11878	

Der mittlere Fehler der Spannungseichung des Generators kann mit der Beziehung

$$\frac{\Delta U}{U} \cdot 100 = \sqrt{\left(\frac{\Delta k}{k}\right)^2 + 4\left(\frac{\Delta H}{H}\right)^4}, \quad \%$$

bestimmt werden.

Bei der Berechnung von $\Delta H/H$ berücksichtigten wir:

a) den Fehler, der bei wiederholten Einstellungen des Magnetfeldes vorgegebener Feldstärke auftritt;

b) den Fehler, der bei der Magnetfeldmessung infolge der Instabilität des Magnetstromes und instrumenteller Fehler des Galvanometers und der Fluxmeterspule entsteht, sowie den subjektiven Ablesefehler des Experimentators.

Bei der Berechnung von $\Delta k/k$ wurde berücksichtigt, daß

1. die Resonanzniveaus der Reaktion $F(p, \gamma)$ auf der absoluten Spannungsskala mit unterschiedlicher Genauigkeit bestimmt wurden. Nach den Angaben der Arbeiten [1, 2, 3] erfolgte die Bestimmung der Resonanzniveaus 669 und 935 keV mit einer Genauigkeit von $\pm$ 0,5%, des Resonanzniveaus 873,5 keV mit einer Genauigkeit von 0,1%;

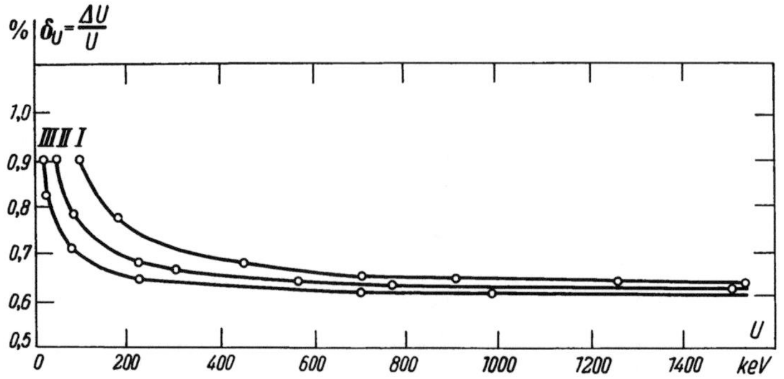

Abb. 4. Berechnungsergebnisse des mittleren Fehlers der Generatorspannungseichung

I für H^+, II für D^+, III für D_2^+

2. H_{Res} mit einem Fehler behaftet ist, der sich zusammensetzt aus dem Fehler der relativen Messungen von $H = f(I_{Magn})$ und dem Fehler, der bei der Angabe von H_{Res} infolge der Unsicherheit bei der Bestimmung der Lage des Resonanzniveaus auf der differentiellen Ausbeutekurve der Reaktion $F(p, \gamma)$ zustande kommt.

Nachdem wir $\Delta H/H$ und $\Delta k/k$ bestimmt hatten, berechneten wir die Abhängigkeit $\Delta U/U = f(I_{Magn})$. Die bekannten Beziehungen $U_{keV} = f(I_{Magn})$ benutzten wir, um $\Delta U/U$ % $= f(U_{keV})$ für die Beschleunigung von Ionen verschiedener Masse zu berechnen.

Die Ergebnisse der Fehlerberechnung gibt Abb. 4 wieder. Wie aus der Abbildung hervorgeht, kann die angegebene Eichung der Spannungsskala des Generators im Energieintervall von 50 bis 1500 keV mit einem mittleren Fehler von 0,9 bis 0,6% ausgeführt werden.

Die erreichte Genauigkeit der Eichung genügt den Anforderungen unserer Experimente. Die Erfahrung zeigte, daß bei Benutzung eines Stabilisierungssystems für den Magnetstrom des Magnetanalysators und eines Stabilisierungssystems für die Spannung des elektrostatischen Generators die zeitliche Konstanz der Spannung garantiert ist. Da die Konstante K von der Geometrie der Kammer des Magnetanalysators abhängt, muß sie im Fall einer Kammerdemontage oder beim Zerlegen des Targetkollimators neu bestimmt werden. Das ist ein Nachteil dieser Methode.

Literatur

[1] Bernett, E. J., Herb, R. G. und Parkinson, D. B., Phys. Rev. **54** (1938) 398.
[2] Bennet, W. E., Bonner, T. W., Manderwille, C. E. and Satt, B. E., Phys. Rev. **70** (1946) 882.
[3] Herb, R. G., Snowdon, S. C. und Sala, O., Phys. Rev. **75** (1949) 246.

G. M. Osetinskij, I. A. Tschepurtschenko

Spannungsstabilisierung eines elektrostatischen Generators

Die Schaltungselemente

Das System der Spannungsstabilisierung des elektrostatischen Generators im Laboratorium für Kernprobleme des Vereinigten Institutes für Kernforschung besteht im wesentlichen aus folgenden Elementen:

1. dem Geber, angeordnet in einem der Kanäle des Magnetanalysators;
2. dem Umwandlungsglied, einem Differentialverstärker;
3. dem Steuerorgan, einer Korona-Triode, in deren Katode eine Hochspannungstetrode vom Typ GKE-100 geschaltet ist.

Die Prinzipschaltung der Stabilisierung zeigt Abb. 1.

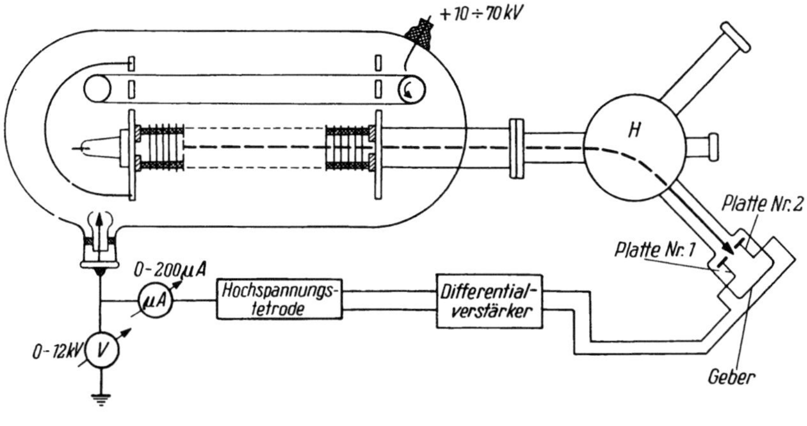

Abb. 1. Prinzipschema der Spannungsstabilisierung des Generators

Aufbau der Schaltungselemente

Der Geber

Das wichtigste Bauelement, der Geber, besteht aus zwei Molybdänplättchen, die durch Quarzstäbe voneinander und gegen Erde isoliert sind. Die Bauweise des Gebers erlaubt eine Veränderung der Spaltbreite sowie eine Bewegung des

Spalts in horizontaler Richtung. Der Spalt befindet sich in einem Gehäuse, das mit dem Kanal der Kammer des Magnetanalysators verbunden ist.

Der Differentialverstärker

Das Schaltbild des Verstärkers zeigt Abb. 2. Der auf die Platten 1 und 2 des Gebers auftreffende Ionenstrahl erzeugt an den Gitterableitwiderständen einen Spannungsabfall, dessen Größe von der Strahlintensität bestimmt wird. Bei gleichen Stromstärken an den Platten 1 und 2 ist der Spannungsunterschied am Verstärkereingang Null. Ändert sich die Generatorspannung, so weicht der durch den Spalt hindurchgehende Ionenstrahl von seiner mittleren Lage ab.

Der Strom auf der einen Platte wird kleiner und auf der anderen größer. Dies ruft einen Potentialunterschied am Ausgangswiderstand des Katodenverstärkers hervor. Wie aus der Schaltung (Abb. 2) zu ersehen ist, wird dieser Potentialunterschied auf die Katode der Tetrode GKE-100 gegeben (das Gitter der Tetrode ist geerdet).

Die Gittervorspannung der Röhren setzt sich zusammen aus dem Spannungsabfall an dem Widerstand $R = 2{,}5\ \mathrm{k}\Omega$ und dem Spannungsabfall an dem jeweils eingeschalteten Paar der Eingangswiderstände, die von den auftreffenden Teilchenströmen der Geberplatten durchflossen werden. Die Bauweise des Verstärkers ermöglicht den Anschluß jedes Widerstandspaares an die Gitter der Eingangsröhren. Das ist notwendig, damit sich bei gleichzeitiger Änderung der Ströme auf beiden Platten des Gebers der Arbeitspunkt der Eingangsröhren nicht verschiebt. Am Eingang beider Kanäle des Differentialverstärkers sind Anschlüsse für ein Mikroamperemeter vorgesehen. Mit diesen Mikroamperemetern kann man den auftreffenden Teilchenstrom an den Geberplatten messen. Die Messungen dienen zur Kontrolle der Strahlfokussierung.

Während des Betriebes werden die Mikroamperemeter geshuntet. Der Verstärker besitzt eine 50fache Verstärkung.

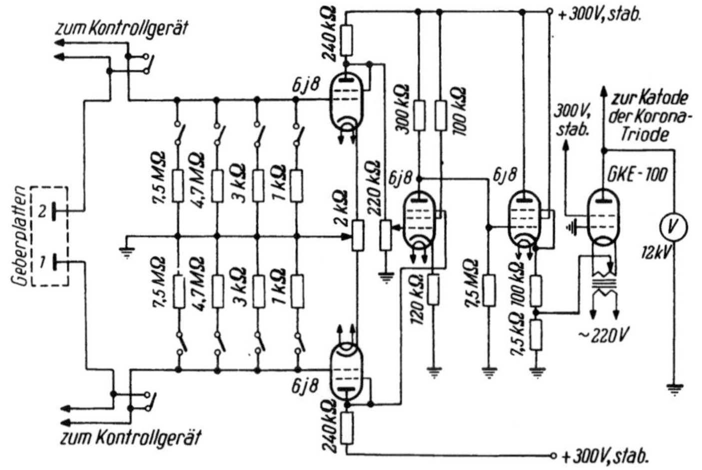

Abb. 2. Schaltbild des Differentialverstärkers

Die Korona-Triode

Die Korona-Triode stellt ein System dar, das aus der Hochspannungselektrode des elektrostatischen Generators (Anode der Triode), den vom Drucktank isolierten Spitzen (Katode der Triode) und dem Drucktank selbst (Gitter der Triode) besteht. Zur Vergrößerung der Steilheit der Korona-Triode verkleinert man den Abstand zwischen Katode und Gitter, indem man die Korona-Nadeln der Spitze mit einer Hohlkugel umgibt, die sich auf Generatortank-Potential befindet. Die Hohlkugel weist vier Öffnungen von je 10 mm Durchmesser auf. Die Korona-Spitzen ragen 0,5 bis 1 mm über die Kugeloberfläche heraus. Die Konstruktion der Korona-Triode ermöglicht die Bewegung der Korona-Spitzen und der Hohlkugel in Richtung zur Hochspannungselektrode. Das gestattet, bei beliebigem Potential der Hochspannungselektrode die notwendige Stromstärke in der Korona-Triode einzustellen.

Wie man aus dem Schaltbild (Abb. 1) erkennt, ist die Anode der Tetrode GKE-100 in Reihe mit der Korona-Spitze geschaltet. Da am Gitter dieser Röhre eine große negative Vorspannung anliegt, erzeugt der Strom der Korona-Triode beim Durchgang durch die Röhre zur Erde einen bestimmten Potentialunterschied zwischen Anode und Katode. Bei Veränderung dieses Potentialunterschiedes tritt eine Stromänderung in der Korona-Triode und damit auch eine Änderung der Generatorspannung ein. Messungen zeigten, daß bei einer negativen Gittervorspannung der Tetrode GKE-100 von −180 V das Potential der Anode bis auf +6 kV anwächst. Bei Änderung des Gitterpotentials in diesem Arbeitspunkt um ±15 V verändert sich die Stromstärke der Korona-Spitze um ±5%. Diese Stromänderung der Korona-Spitze reicht völlig aus, um ein einwandfreies Arbeiten des Spannungsstabilisierungs-Systems zu gewährleisten.

An das Schirmgitter der Tetrode GKE-100 wurde eine stabilisierte Gleichspannung angelegt. Zur bequemen Beobachtung und zur Steuerung des Stabilisierungssystems wurden der Differentialverstärker, die Tetrode GKE-100 und das Mikroamperemeter im Anodenkreis der Tetrode in das Bedienungspult verlegt, das sich 25 m vom elektrostatischen Generator entfernt befindet. Ebenfalls im Pult ist ein elektrostatisches Voltmeter vom Typ S-96 zur Spannungsmessung an der Anode der Tetrode GKE-100 eingebaut. Die Entfernung zwischen Verstärker und Geber hat keinen merklichen Einfluß auf die Arbeitsweise des Stabilisierungssystems, da einschließlich der Kapazität der Zuführungsdrähte die Einschwingzeit des Verstärkers nur $5 \cdot 10^{-4}$ sec beträgt.

Die wichtigsten Elemente des Stabilisierungssystems wurden näherungsweise berechnet. Wir führten dazu einen Koeffizienten K ein, der angibt, in welchem Maße man die Stromstärke der Korona-Spitze ändern muß, damit sich das Hochspannungselektroden-Potential um 1 V ändert. Unter Benutzung der erstmalig von Hochberg u. a.[1]) vorgeschlagenen Methode ergibt sich

$$R_E \cdot g_V = \frac{K}{\Delta i \cdot S} \cdot U_G \cdot \frac{\Delta U_G}{U_G}, \tag{1}$$

wobei R_E den Eingangswiderstand des Verstärkers, g_V dessen Verstärkungsfaktor, $K = \Delta J_{\text{Spitze}} / \Delta U_G$, Δi die Änderung des Ionenstroms an den Geberplatten, S die

---

[1]) B. M. Hochberg, W. M. Morosow, W. G. Browtschenko, Bericht des Instituts für physikalische Probleme der Akad. der Wissensch. der UdSSR.

Steilheit der Korona-Triode, ΔU_G die Spannungsänderung der Hochspannungselektrode, U_G die Spannung der Hochspannungselektrode bedeuten.

Aus der Gleichung erkennt man, daß bei vorgegebenem U_G und bei Spannungsschwankungen der Größe ΔU_G stets Werte R_E, g_V und S gefunden werden können, die ein aus diesen Spannungsschwankungen resultierendes „Fehlersignal" nach Durchlaufen des Differentialverstärkers und der Korona-Triode die Generatorspannung auf ihren Anfangswert zurückführt. Die genaue Einhaltung dieser Bedingungen ermöglichen nur trägheitslose Systeme. Da die Einschwingzeit unseres Systems $\sim 10^{-4}$ sec beträgt, kann Gl. (1) nur als Näherung betrachtet werden. Nachdem wir den Arbeitspunkt der Röhre GKE-100 ausgewählt hatten, wurden die in Gl. (1) eingehenden Größen S und K experimentell bestimmt.

Die Größe der Stromänderung Δi an den Platten des Gebers hängt von den Schwankungen der Generatorspannung und der Spaltbreite ab sowie davon, welcher Teil des beschleunigten Ionenstrahls auf die Spaltplatten auftrifft. Die Spaltbreite wählten wir entsprechend den Fokussierungsmöglichkeiten des Strahls. Bei der Berechnung wurde angenommen, daß 5% des Gesamtstromes auf die Spaltplatten auftreffen. Diese willkürliche Wahl der Fokussierungsbedingungen erfolgte unter der Annahme, daß zur Bildung des notwendigen „Fehlersignals" eine Stromänderung von 5% völlig ausreicht.

Bei vorgegebenem Wert $\Delta U_G/U_G$ wird die Größe Δi wie folgt festgelegt:

1. Bei einer Änderung der Generatorspannung um $\Delta U_G/U_G$ in % stellt man die Strahlabweichung von der Mittellage fest, d. h., man bestimmt die Abhängigkeit $\Delta x = f_1(\Delta U/U)$;

2. Man nimmt die Stromänderung an den Platten gegebener Spaltbreite in Abhängigkeit von der Verschiebung Δx auf, d. h., man bestimmt $\Delta i = f_2(\Delta x)$.

Auf Grund der beiden ermittelten Funktionen wird $\Delta i = f_3(\Delta U/U)$ bei gegebener Spaltbreite bestimmt.

Die Größe $\Delta x = f_1(\Delta U/U)$ wurde anhand der bekannten Beziehung $\Delta x \approx \varrho/2 \cdot \Delta U/U$ gewonnen, wobei ϱ den effektiven Krümmungsradius der Teilchenbahnen im Analysatormagnet bedeutet.

Die Berechnung von $\Delta i = f(\Delta x)$ erfolgte nach der von HOCHBERG u. a. angegebenen Methode. Es wurde dabei angenommen, daß

a) im stabilen Zustand, wenn der Strahl das Spaltzentrum passiert, 5% des gesamten Ionenstroms auf die Spaltplatten auftreffen;

b) die Verteilung der Strahlintensität über die Spaltbreite dem GAUSSschen Gesetz entspricht;

c) die Strahlform am Spalt nahezu rechteckig ist. Diese Annäherung gibt keinen großen Fehler, da bekanntlich der Strahl am Ausgang des Magnetanalysators elliptische Form aufweist. Entsprechend aufgestellte Blenden am Eingang des Gebers beschneiden diese Ellipse zu einer rechteckähnlichen Figur.

Wenn man den Koordinatenursprung in das Spaltzentrum verlegt, erhält man für den durch den Spalt hindurchgehenden Strom den Ausdruck

$$i = \frac{h}{\sqrt{\pi}} \int_{-x}^{+x} e^{-h^2 \xi^2} \, d\xi \,, \tag{2}$$

wobei x die Spaltbreite bedeutet.

Der zur Berechnung des den Spalt durchsetzenden Stroms notwendige Koeffizient h der angeführten Verteilung kann aus der Beziehung

$$\frac{i}{i_0} = \frac{\frac{h}{\sqrt{\pi}} \int\limits_{-x}^{+x} e^{-h^2 \xi^2} d\xi}{\frac{h}{\sqrt{\pi}} \int\limits_{-\infty}^{+\infty} e^{-h^2 \xi^2} d\xi} = 0{,}95 \qquad (3)$$

bestimmt werden. In Gl. (3) bedeutet i_0 die Stromstärke des beschleunigten Ionenstrahls in der Ebene der Geberplatten. Wie man leicht erkennt, stellt der Ausdruck für den durch den Spalt fließenden Strom das Wahrscheinlichkeitsintegral vom Typ $\Phi(x\sqrt{2})$ dar, dessen Werte für verschiedene x einer Tabelle entnommen werden können. Nachdem man aus (2) und (3) den Wert von h bestimmt hat, kann man die Stromänderung Δi an den Spaltplatten für verschiedene $\Delta U/U$ berechnen:

$$\Delta i = i_0 - i = \frac{h}{\sqrt{\pi}} \int\limits_{-(x-a)}^{x+a} e^{-h^2 \xi^2} d\xi - \frac{h}{\sqrt{\pi}} \int\limits_{-x}^{+x} e^{-h^2 \xi^2} d\xi .$$

a stellt die Maximum-Verschiebung der Verteilung bei gegebenem $\Delta U/U$ dar. Die erhaltenen Werte faßt man in einer Tabelle für die Abhängigkeit $\Delta i = f(\Delta U/U)$ bei gegebener Spaltbreite und gegebener Stromstärke des Strahls zusammen. Die Verwendung dieser Daten sowie der Größen S und K gestattet es, den optimalen Wert des durch Gl. (1) bestimmten Produktes $R_E \cdot g_V$ abzuschätzen.

Die experimentelle Bestimmung des Stabilisierungsgrades

Die Berechnung der Elemente des Stabilisierungssystems beruht auf einigen Annahmen, die unter reellen Bedingungen möglicherweise nicht erfüllt sind. Zur direkten Bestimmung von $\Delta U/U$ in % war in 1,5 m Entfernung vom Geber (2,5 m vom Zentrum der Polschuhe) eine Quarzplatte aufgestellt. Beim Einschalten des Stabilisierungssystems wurde die Strahlverschiebung auf dieser Platte beobachtet. Die Abschätzung erfolgte mit der Gleichung

$$\frac{\Delta U}{U} = \frac{2\,\Delta \varrho}{\varrho} < \frac{\Delta x}{L} ,$$

wobei ϱ den Krümmungsradius der Teilchenbahn im Magnetfeld, Δx die Verschiebung des Strahls auf der Quarzplatte, L die Entfernung vom Zentrum der Polschuhe bis zur Quarzplatte bedeuten (die Gleichung ist der Arbeit von Hochberg u. a. entnommen). Aus der Änderung von Δx erhielten wir $\Delta U/U$. Für die beschriebene Schaltung blieb die Größe $\Delta U/U$ stets kleiner als 0,2%.

Zusammenfassung

Das beschriebene Stabilisierungssystem des elektrostatischen Generators war drei Jahre in Betrieb. Die während dieser Zeit gesammelten Erfahrungen geben Anlaß zu nachstehenden Schlußfolgerungen:

1. Das System garantiert eine Spannungsstabilisierung auf 0,1 bis 0,2%.
2. Es ist einfach und zuverlässig im Betrieb.
3. Bei Änderungen der Generatorspannung größer als 1,5 bis 2% ist die Schaltung nicht in der Lage, die Anfangsspannung des Generators wiederherzustellen. In diesem Falle muß die Wiederherstellung der Ausgangsspannung durch eine Veränderung des Band-Aufladestromes erfolgen.

J. M. Vogel, A. M. Markus, W. T. Tolok, J. I. Schwarz

Ionenquellen für elektrostatische Druckgeneratoren

Allgemeine Bemerkungen

An Ionenquellen in Teilchenbeschleunigern mit konstantem elektrischen Feld werden folgende, durch verschiedenartige Experimente bedingte Anforderungen gestellt.

1. Die Ionenquelle muß eine ausreichende Intensität des beschleunigten Strahls am Ausgangs des Beschleunigers liefern.
2. Nach Möglichkeit soll der Ionenstrahl bei Experimenten mit Protonen, Deuteronen und Tritonen einen großen Anteil atomarer Ionen enthalten, bei den Experimenten mit α-Teilchen möglichst viele zweifach geladene Heliumionen.
3. Bei möglichst kleiner Gaszufuhr in die Ionenquelle soll ein hinreichend intensiver Ionenstrahl erzeugt werden.
4. Der Ionenstrahl soll möglichst monochromatisch sein.

Die Ionenquelle eines elektrostatischen Druckgenerators arbeitet jedoch unter solchen Bedingungen, daß noch einige zusätzliche Forderungen an sie gestellt werden müssen, nämlich:

a) lange Lebensdauer,
b) geringe elektrische Leistung der Stromversorgung,
c) einfache Bedienung,
d) räumlich kleine Ionenquelle und kleines Stromversorgungsgerät.

Diesen Forderungen sollen die in Dauerbetrieb arbeitenden Ionenquellen gerecht werden. Für Ionenquellen im Impulsbetrieb kommen noch weitere Forderungen hinzu:

1. die Impulsform soll nach Möglichkeit rechteckig sein;
2. Impulsform und -amplitude sollen von einem Impuls zum anderen konstant bleiben;
3. die Impulsdauer soll konstant sein.

In elektrostatischen Druckgeneratoren wurden bisher drei verschiedene Ionenquellen-Typen verwendet: die Ionenquelle mit Kapillar-Bogenentladung, die Magnet-Ionenquelle mit kalter Katode (nach Keller und Phillips) und die Hochfrequenz-Ionenquelle. Die Ionenquelle mit Kapillar-Bogenentladung hat nur eine kurze Lebensdauer, weil sie mit heißer Katode arbeitet. Ihr Einsatz in geschlossenen Generatoren ist deshalb überaus unbequem. Dieser Nachteil führte dazu, daß diese Ionenquelle seit den 50er Jahren immer mehr außer Gebrauch kam. In neuen Generatoren werden ausschließlich Ionenquellen nach Keller oder

Hochfrequenz-Ionenquellen verwendet. In früher gebauten Generatoren erfolgt ein allmählicher Ersatz der Ionenquellen mit Kapillar-Bogenentladung durch Ionenquellen der zwei zuletzt genannten Typen. Im Folgenden werden wir deshalb auch nur auf die Beschreibung der Konstruktion und Charakteristik der zwei in der heutigen Zeit benutzten Ionenquellen eingehen — der Ionenquelle nach KELLER und der Hochfrequenz-Ionenquelle.

Eine Gegenüberstellung verschiedener Ionenquellen kann nach folgenden Parametern erfolgen:

1. Gesamt-Ionenstrom;
2. Anteil der atomaren Ionen im Strahl;
3. Gasstrom in die Ionenquelle;
4. Ionisationsgrad α des Gases, das durch einen die Ionenquelle vom Beschleunigungsrohr trennenden Kanal oder eine Blende hindurchströmt. Diese Größe kann nach folgender Gleichung berechnet werden:

$$\alpha = \frac{\gamma}{1+\gamma}, \tag{1}$$

wobei

$$\gamma = \frac{M i}{M_H} \tag{2}$$

ist. M_i und M_H bedeuten die in der Zeiteinheit durch den Kanal der Ionenquelle als Ionenstrahl und als Strahl neutralen Gases hindurchgehenden Massen. Sie können nach folgender Beziehung berechnet werden (in mg/Std.):

$$M_i = 1{,}08 \cdot 10^{13} \frac{m}{e} I. \tag{3}$$

In Gl. (3) bedeuten m und e die Ionenmasse und -ladung, I den Ionenstrom in mA.

$$M_H = 2{,}25 \cdot \frac{D^3}{L} P_A \cdot \sqrt{\mu}, \tag{4}$$

wobei mit D und L Kanaldurchmesser und -länge in mm, P_A der Gasdruck in der Ionenquelle in 10^{-2} mm Hg und μ das Molekulargewicht des entsprechenden Gases bezeichnet sind;

5. spezifische Leistung der Stromversorgung

$$\eta = \frac{I}{W} [\mu A/W],$$

wobei I den gesamten Ionenstrom und W die Leistung der Stromversorgungsanlage der Ionenquelle bedeuten;

6. Lebensdauer der Ionenquelle;
7. Energiespektrum des Ionenstrahls.

Die von PENNING und MOUBIS [1] vorgeschlagene und von LORRAIN [2] vervollkommnete Magnet-Ionenquelle mit kalter Katode wurde in einigen Arbeiten KELLERS [3], [4], [5] eingehend untersucht. In der Sowjetunion sind die Ergebnisse ausführlicher Untersuchungen an diesem Ionenquellen-Typ in den Berichten von P. S. MARKIN zusammengefaßt. Die von diesem Autor entwickelte Ionenquelle gilt als Muster für die elektrostatischen Generatoren der vertikalen Bauweise. Im VAN-DE-GRAAFF-Generator des Physikalisch-Technischen Instituts der Akademie der Wissenschaften der Ukrainischen SSR arbeitet eine solche Ionenquelle schon eine Reihe von Jahren sehr gut. In den USA verwendet man diese Ionenquelle in der von BARNETT, STIER und EVANS [9] ausgearbeiteten Konstruktion.

Wir haben einige Untersuchungen an Magnet-Ionenquellen sowohl im Prüfstand als auch im horizontalen elektrostatischen Generator IG-2-410 durchgeführt und in der Arbeit [10] veröffentlicht.

Die Hochfrequenz-Ionenquelle wurde 1946 von TONEMANN [11] vorgeschlagen. Gegenwärtig werden diese Ionenquellen sowohl am Versuchsstand als auch im Betrieb an Beschleunigeranlagen intensiv studiert. In der Literaturzusammenstellung haben wir nur die wichtigsten Arbeiten über diese Ionenquelle angeführt [12] bis [29]. Die Betriebsweise der Hochfrequenz-Ionenquelle in einem elektrostatischen Druckgenerator wurde erstmalig von uns untersucht [21]. Eine Hochfrequenz-Ionenquelle mit quer gerichtetem Magnetfeld, die in einem ESG mit Drucktank montiert ist, untersuchte W. M. MOROSOW [28].

Im Folgenden bringen wir einige Angaben über unsere Versuche (1951 bis 1953) im Physikalisch-Technischen Institut der Akademie der Wissenschaften der Ukrainischen SSR an Magnet-Ionenquellen mit kalter Katode und an Hochfrequenz-Ionenquellen.

Untersuchung an der Magnet-Ionenquelle mit kalter Katode

Beschreibung der Ionenquelle

Abb. 1 zeigt einen Querschnitt der Ionenquelle. Ein Kupferzylinder von 34 mm Innen-, 40 mm Außendurchmesser und 25 mm Höhe stellt die Entladungskammer dar. In ihrer Mitte befindet sich die Anode in der Form eines Hohlzylinders. In den Mittelpunkt dieses Zylinders ist ein Ring eingesetzt. Ring und Zylinder dienen als Anode und stehen unter gleicher Spannung. Die Anode ist an einem Kupferstab befestigt, der gleichzeitig als Zuführung der Anodenspannung dient und durch einen Porzellanisolator vom Ionenquellen-Gehäuse isoliert ist. Um den Isolator gegen verdampfendes Metall zu schützen, ist eine entsprechende Vertiefung am Seitenstutzen vorgesehen. Außerdem wirkt der Zylinder der Anode selbst als guter Schutz des Isolators.

Die Polschuhoberflächen des Elektromagneten dienen als Katoden. Die Abmessungen ihrer Aussparungen sind in der Arbeit KELLERS [4] angegeben. Die Oberfläche der Katoden ist mit Elektron-Metall oder Magnesium bedeckt. Der an die Wand der Entladungskammer angelötete Seitenstutzen enthält die Vakuum-Meßröhre.

An diesem Stutzen ist auch ein Rohr zur Gaszufuhr in die Entladungskammer angelötet. Im zweiten Polschuh befindet sich eine Öffnung von 3 mm Durchmesser, durch die der Ionenstrahl austritt. Die Absaugelektrode besitzt einen Kanal von 30 mm Länge und 3 mm Durchmesser, der für den nötigen Druckabfall zwischen Entladungskammer und Beschleunigungsrohr sorgt. Die der Emissionsöffnung zugewandte Oberfläche der Absaugelektrode weist die Form einer Halbkugel von 12 mm Durchmesser auf. Die Konstruktion der Absaugelektrode gestattet eine Änderung der Spaltbreiten in den erforderlichen Grenzen.

Der Abstand zwischen Fokussierelektrode und Absaugelektrode beträgt 5 mm. Beide werden durch ein kurzes, aus drei Porzellanringen zusammengeklebtes

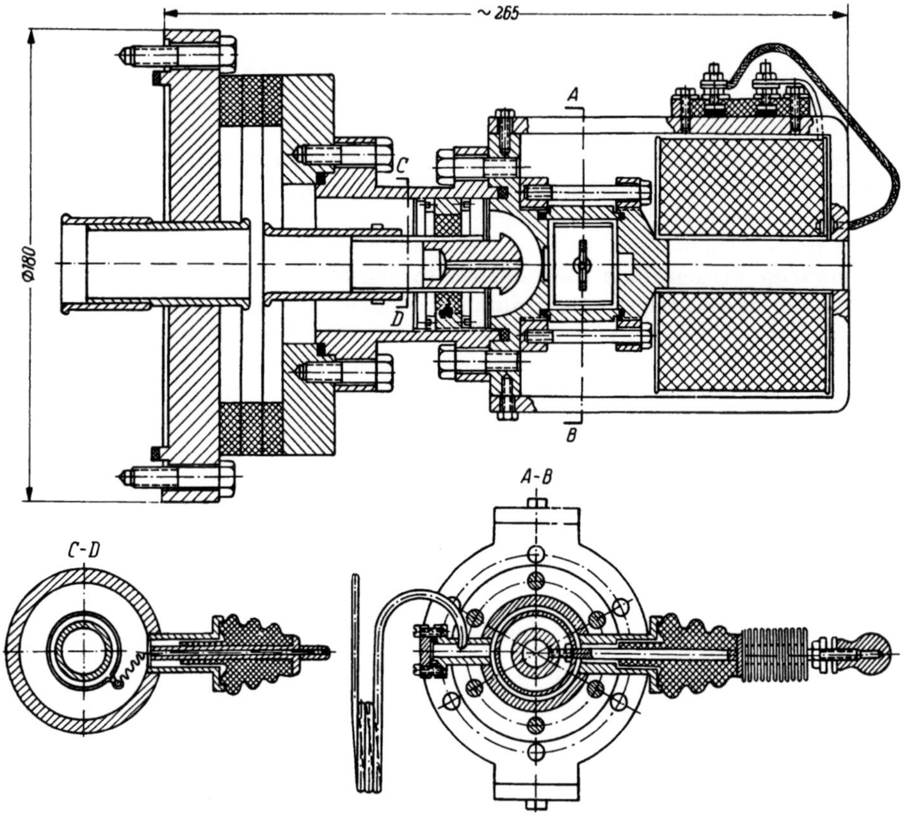

Abb. 1. Aufbau der Ionenquelle

Zwischenrohr voneinander isoliert. Auch die Fokussierelektrode kann zerlegt und die gewünschten Abstände können variiert werden.

Bei der Herstellung aller Elemente der Ionenquelle und beim Zusammenbau wurde dafür gesorgt daß die Genauigkeit der Anordnung längs der Achse möglichst groß war. Besondere Sorgfalt wurde verwendet, die Entladungskammer und den Kanal der Absaugelektrode genau achsengleich zu erhalten. Zur Justierung diente ein 3 mm dicker Prüfstab, der leicht einpassen muß.

Das Magnetfeld wird von einem Elektromagneten erzeugt, dessen Form und Abmessungen aus Abb. 1 hervorgehen. Mit diesem Elektromagneten kann in der Entladungskammer ein Magnetfeld bis 600 Oe erzeugt werden. Die Spule kann auch durch einen Dauermagneten ersetzt werden.

Über ein Palladiumfilter gelangt der Wasserstoff in die Ionenquelle. Das Palladiumfilter befindet sich innerhalb des Stahlbehälters für den Wasserstoff, der unter einem Druck von 6 atm steht. Dieser kleine Behälter enthält soviel Wasserstoff, daß die Ionenquelle bei 10stündigem täglichen Betrieb und 10 cm³/Std. Gasverbrauch 3 Monate lang betrieben werden kann.

Ergebnisse der Experimente

Die im obigen Abschnitt beschriebene Ionenquelle wurde in Voruntersuchungen an einem Meßplatz geprüft, dessen Anlage in dem der Hochfrequenz-Ionenquelle gewidmeten Teil dieser Arbeit erläutert wird.

In Tab. 1 ist der Gesamtionenstrom und der Anteil der Protonen im Ionenstrahl in Abhängigkeit vom Gasdruck in der Ionenquelle und demzufolge auch in Abhängigkeit von der Gaszufuhr angegeben.

Bei diesen Versuchen betrug die Magnetfeldstärke 240 Oe und die Spannung an der Absaugelektrode 5 bis 6 kV.

Die Abhängigkeit des Gesamtionenstroms vom Potential der Fokussierelektrode bei 240 Oe Magnetfeldstärke und 10 cm³/Std. Gaszufuhr gibt Tab. 2 wieder.

Die in den Tabellen 1 und 2 angegebenen Gesamtionenströme wurden nach Beschleunigung des Ionenstrahls auf 40 keV gemessen. Der zur Strommessung benutzte Faraday-Zylinder war in 1 m Entfernung von der Ionenquelle angebracht.

Nachdem die Ionenquelle im Versuchsstand geprüft worden war, untersuchten wir ihre Arbeitsweise im horizontalen elektrostatischen Generator IG-2-400. Das elektrische Schaltschema der Ionenquelle zeigt Abb. 2.

Die Stromversorgung der Ionenquelle erfolgte mit einem Synchrongenerator vom Typ G-24, der bei 3300 U/Min. eine Wechselspannung von 135 bis 150 V mit einer Frequenz von 500 Hz abgab.

Zusammen mit dem Zwischenrohr für die Fokussierelektrode montierten wir die Ionenquelle auf das Beschleunigungsrohr des Generators. Auf Grund ihres geringen Gewichtes hängt sie frei am Beschleunigungsrohr (Abb. 3).

Die zur Ionenquelle gehörende Apparatur ist auf einer Aluminiumplatte montiert und mit drei Schellen an einem vorstehenden Absatz der Säule befestigt (Abb. 4).

Tabelle 1

Der Gesamtionenstrom und der Anteil der Protonen im Ionenstrahl in Abhängigkeit vom Gasdruck

Druck, mm Hg	$4{,}5 \cdot 10^{-3}$	$9 \cdot 10^{-3}$	$1{,}7 \cdot 10^{-2}$	$2{,}3 \cdot 10^{-2}$	$3{,}5 \cdot 10^{-2}$	$5 \cdot 10^{-2}$	$7{,}5 \cdot 10^{-2}$
Gaszufuhr, cm³/Std.	5	10	18	22	42	62	92
Gesamtstrom, µA	65	115	120	82	72	52	40
Protonenanteil, %	14,5	18,6	20,5	24,8	26,6	44	48

Tabelle 2

Der Gesamtionenstrom in Abhängigkeit vom Potential der Fokussierelektrode

Absaugspannung, kV	5,4	5,5	5,5
Fokussierspannung, kV	0	0,4	0,25
Gesamtionenstrom, µA	160	175	180

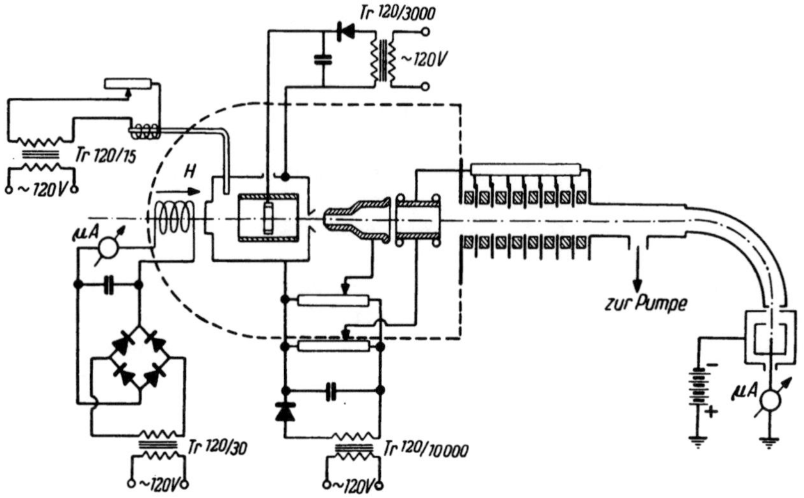

Abb. 2. Schaltschema der Ionenquelle

Abb. 3. Befestigung der Ionenquelle und des Zwischenrohres an dem Beschleunigungsrohr des Generators

Um die Parameter der Ionenquelle zu variieren, muß man drei Elemente regulieren, die Heizung des Palladiumfilters, die Absaug- und die Fokussierspannung. Wir regelten diese Elemente mit kleinen Motoren über Untersetzer und Kapron-Schnurzüge.

Im Zeitraum von drei Monaten war die Ionenquelle insgesamt 300 Std. in Betrieb, wobei keine einzige Demontage nötig war. Bei einer Gaszufuhr von 8 bis 10 cm³/Std. betrug der Gesamtionenstrom am Ausgang des Beschleunigungsrohres 130 bis 140 μA. Die Strahlfokussierung genügte den Anforderungen (3 bis 5 mm Durchmesser des Leuchtflecks auf einem Quarzschirm). Am Ausgang des Magnetanalysators konnte ein Protonenstrom von 5 μA erzielt werden.

Abb. 4. Befestigung der Ionenquellenapparatur

Untersuchungen an der Hochfrequenz-Ionenquelle

Beschreibung der experimentellen Anordnung

Für den Einbau in den elektrostatischen Generator wählten wir die von TONEMANN [14] vorgeschlagene Hochfrequenz-Ionenquelle mit etwas geänderter Konstruktion. Abb. 5 zeigt einen Querschnitt der von uns untersuchten Hochfrequenz-Ionenquelle. Das Gehäuse *1* von 30 mm Durchmesser und 200 mm Länge besteht aus Pyrex- oder Quarz-Glas. An die Anode, einem Wolframdraht *2* von 1 mm Durchmesser, wird die Absaugspannung der Ionenquelle angelegt. Bei einem Pyrex-Gefäß wird der Draht direkt ins Glas gelötet, bei einem Quarz-Gefäß jedoch an ein Molybdänplättchen angeschweißt, das in den Quarz eingelötet ist. Die Einschnürung *3* besitzt einen Durchmesser von 12 mm und eine Länge von 20 mm. Ihre Aufgabe besteht darin, den Strom der an der Anodenoberfläche rekombinierten Wasserstoffmoleküle in die Entladungskammer zu verringern.

Die Katode *4* besteht aus einem Kupferzylinder mit Duraluminiumkappe *5*, in welche ein Kanal gebohrt ist, der für den Druckabfall zwischen dem Entladungsraum und dem Gebiet der Fokussierung und Beschleunigung des Strahls sorgt. Die Duraluminiumkappe der Katode befindet sich im Innern einer gläsernen Schutzhülle *6* von 6 mm Innendurchmesser. Der äußere Durchmesser der Kappe beträgt 5 mm.

Die Katode wird in den unteren Flansch *7* der Ionenquelle geschraubt. Mittels Gummidichtung und Sprengring wird das Gehäuse der Ionenquelle gegen den oberen Flansch abgedichtet. Abb. 6 zeigt dieses Abdichtungsverfahren. Der untere und obere Flansch der Ionenquelle sind miteinander durch einen Federkörper *9* verbunden. Mit Hilfe des Federkörpers und drei Schrauben *10* wird die Länge der Katodenkappe bezüglich der Schutzhülle *6* reguliert. Dieser Abstand besitzt großen Einfluß. Durch den Anschluß *11* im oberen Flansch wird das

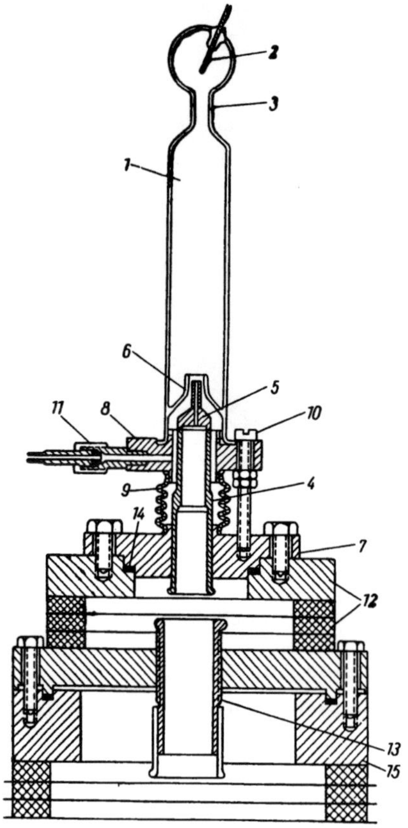

Abb. 5. Aufbau der Hochfrequenz-Ionenquelle

1 Gehäuse
2 Anode
3 Einschnürung
4 Katode
5 Katodenkappe
6 Schutzhülle
7 Flansch der Ionenquelle
8 oberer Flansch
9 Federkörper
10 Regulierschrauben
11 Anschluß
12 Rohr
13 Fokussierelektrode
14 Dichtungen
15 Flansch

Wasserstoffgas in die Ionenquelle eingelassen. Mit ihrem unteren Flansch sitzt die Ionenquelle auf dem Flansch eines kleinen, aus drei Porzellanringen bestehenden Rohres *12*, das zur Halterung der Fokussierelektrode *13* dient. Die Verbindung des gesamten Systems der Ionenquelle mit dem Flansch *15* des Beschleunigungsrohres zeigt Abb. 5 ebenfalls.

Bei Betrieb muß das Ionenquellen-Gehäuse mit einem kleinen Ventilator luftgekühlt werden.

Abb. 7 zeigt den Meßplatz zur Untersuchung der Betriebsweise der Hochfrequenz-Ionenquelle. Mit diesem Versuchsstand konnte der Gesamtionenstrom,der Protonenanteil im Ionenstrahl, die Gaszufuhr in die Ionenquelle und visuell die Strahlfokussierung bestimmt werden.

Das elektrische Schaltschema für die Stromversorgung der Hochfrequenz-Ionenquelle gibt Abb. 8 wieder. Das elektrische Hochfrequenzfeld der aus vier Windungen 6 mm dicken Kupferrohrs bestehenden Spule regt in der Ionenquelle

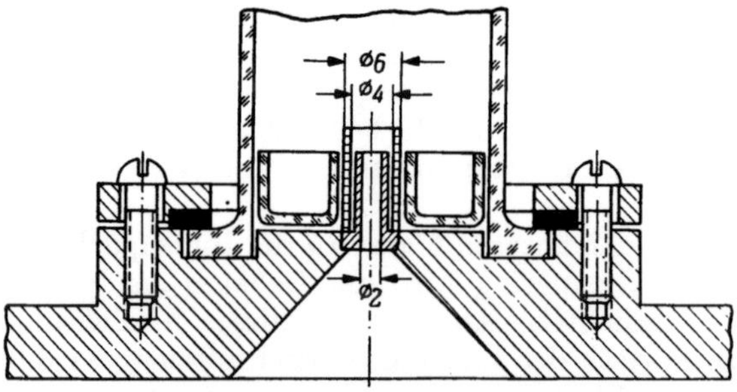

Abb. 6. Abdichtung des Gehäuses der Ionenquelle gegen den oberen Flansch

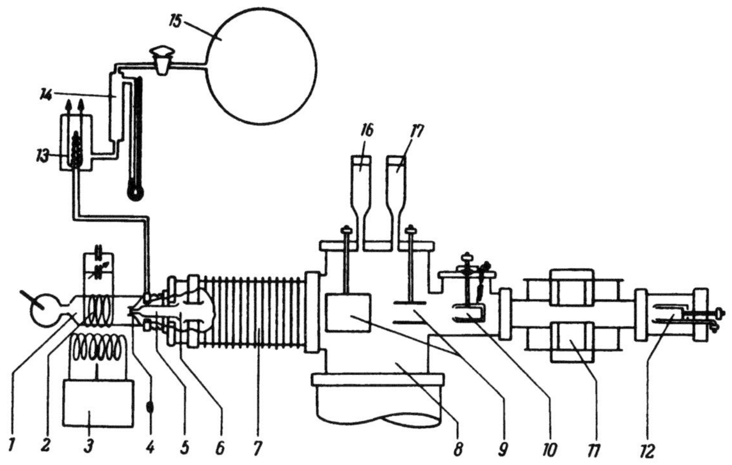

Abb. 7. Schematische Darstellung des Versuchsstandes

1 Hochfrequenz-Ionenquelle
2 Anregungsschwingkreis
3 Hochfrequenz-Generator
4 Schutzhülle
5 Katode mit Kanal
6 Fokussierlinse
7 Beschleunigungsrohr
8 Kammer
9 Korrektor
10, 12 FARADAY-Zylinder
11 Magnetanalysator
13 Palladiumfilter
14 Gerät zur Messung der Wasserstoff-Zufuhr
15 Vorratsbehälter mit Wasserstoff
16 Vakuum-Meßröhre-LT-2
17 Hochvakuum-Meßröhre LM-2

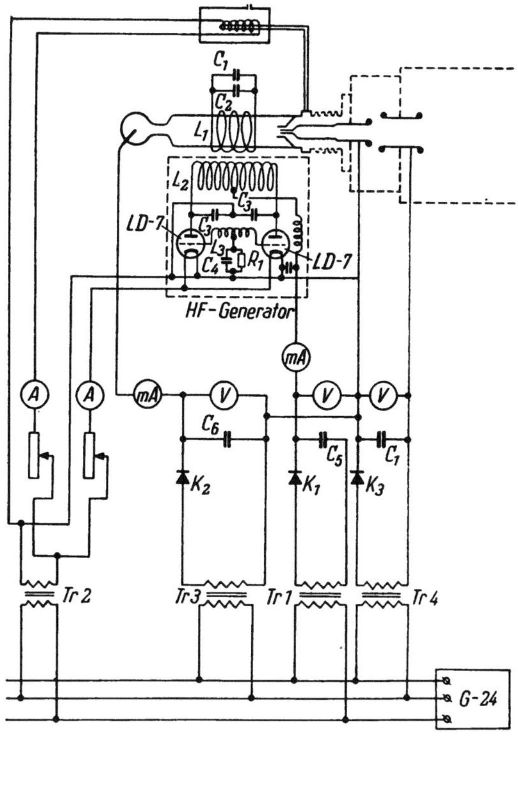

Abb. 8. Schaltschema für die Stromversorgung der Hochfrequenz-Ionenquelle

eine elektrodenlose Entladung an. Die Spule L_1 bildet zusammen mit dem Kondensator C_1 von 30 nF und dem Trimmerkondensator C_2 einen Schwingkreis, der induktiv mit der Schwingkreisspule L_2 (8 Windungen, 6 mm dickes Kupferrohr) des Hochfrequenz-Generators gekoppelt ist.

Nachdem wir einige Hochfrequenz-Generator-Schaltungen geprüft hatten, wählten wir den in Abb. 8 skizzierten Generator aus.

Der selbsterregte Generator ist als Gegentaktschaltung mit zwei metall-keramischen Röhren GI-6-B aufgebaut. Die Wellenlänge des Generators beträgt 15 m, die Schwingkreisleistung 150 bis 170 W. Die Spule L_3 im Gitterkreis besteht aus 5 Windungen Kupferdraht von 3 mm Dicke.

Die Primärwicklungen aller Transformatoren des Stromversorgungsgerätes der Ionenquelle werden von einem 250 W, 500 Hz Drehstrom-Generator G-24 mit rotierendem Magneten gespeist. Der Generator wird durch einen isolierenden Riemen von einem isoliert aufgestellten Motor angetrieben.

In den Abbildungen 9, 10, 11 sind der Versuchsstand, die Hochfrequenz-Ionenquelle und der Hochfrequenz-Generator abgebildet.

Untersuchungsergebnisse an der Hochfrequenz-Ionenquelle im Versuchsstand[1])

Der Ionenstrom wurde mit einem Faraday-Zylinder (Abb. 7) gemessen [10]. Der Ionenstrom einer Hochfrequenz-Ionenquelle hängt ab von:

a) der Stellung des zylindrischen Teils der Katode bezüglich der Schutzhülle *6* (Abb. 5);

b) der Entfernung zwischen Spule L_1 und Katode;

c) dem Druck des Wasserstoffs in der Ionenquelle;

d) dem Durchmesser und der Länge des Katodenkanals;

e) der Größe der Absaug- und Fokussierspannung;

f) der Hochfrequenzleistung in der Spule L_1.

Die Zusammensetzung des Strahls hängt ab von der Hochfrequenzleistung in der Spule L_1, dem Abstand zwischen Spule L_1 und Katode, dem Druck des Wasserstoffs in der Ionenquelle und dem Material der Gehäusewände.

Ein sehr wichtiger, die Größe des Gesamtionenstroms bestimmender Faktor ist die Lage des zylindrischen Teiles der Katode bezüglich der Schutzhülle. Die Schutzhülle, die Stirnfläche der Katode und die Grenze, die das nichtangeregte Plasma vom Bereich der Raumladung trennt, bilden eine Ionenlinse. Diese Ionenlinse fokussiert den Strahl so, daß er in den Katodenkanal gelangt. Optimaler Strahldurchgang durch den Katodenkanal fordert genaue Zentrierung von Katode

---

[1]) Siehe auch die Artikel im Journal für technische Physik (JTP; russ.: Schurnal technitscheskoi fisiki) Bd. XXXI (3) März 1961; R. M. Komarov u. V. I. Petrov: Untersuchung der Hochfrequenzentladung in einer Protonenquelle, Seite 321. V. I. Petrov: Einige Charakteristika der Ionenstrahlen aus der Hochfrequenz-Ionenquelle, Seite 348. V. I. Veskler: Über die Untersuchung nichtstationärer Prozesse bei der Katodenzerstäubung mit Hilfe eines Röhren-Elektrometers mit großer Zeitkonstante, Seite 387. In diesem Journal sind allgemein viele Arbeiten veröffentlicht, die in enger Beziehung zu den in dieser Aufsatzsammlung behandelten Problemen stehen (Anm. d. dtsch. Red.).

Abb. 9. Der Versuchsstand

Abb. 10. Die Hochfrequenz-Ionenquelle

Abb. 11. Der Hochfrequenz-Generator

und Schutzhülle bei einem bestimmten Abstand zwischen Stirnfläche der Katode und Rand der Schutzhülle. Der optimale Wert dieses Abstandes ist ungefähr gleich dem Katodenkanaldurchmesser.

Hierzu muß bemerkt werden, daß der Entladungsstrom sehr große Werte annimmt, wenn die optimalen Bedingungen in der Absaugzone nicht eingehalten werden. Dabei kann es vorkommen, daß sich der Rand der Schutzhülle stark erhitzt; falls die Schutzhülle aus Glas besteht, kann sie abschmelzen und die Ionenquelle wird unbrauchbar. Die Bestimmung der optimalen Absaugbedingungen für die Ionen aus dem Plasma der Hochfrequenz-Entladung ist daher sehr wichtig. Nur wenn diese Bedingungen gefunden sind, gestattet die Konstruktion der Ionenquelle eine Regulierung der Katodenstellung bezüglich der Schutzhülle, ohne daß das Vakuum zerstört wird.

Die genaue Zentrierung von Schutzhülle und Katodenkanal erfolgt in letzter Zeit durch starre Befestigung der Katode, auf die man ein genau passendes Quarzröhrchen stülpt, das die Auflage der Schutzhülle am Gehäuse der Ionenquelle zentriert [17, 25]. Eine starre Befestigung besitzt Vorteile, allerdings erfordert sie außerordentlich sorgfältige Bearbeitung der Oberflächen und genaue Passung aller Öffnungen der Katode, des Quarzröhrchens und der Schutzhülle. Eine Regulierung während des Betriebes kann bei schlechter Passung der Teile zueinander nicht durchgeführt werden.

Abb. 12 zeigt den Gesamtionenstrom in Abhängigkeit von d (d bedeutet Abstand zwischen dem Ende der Spule L_1 und dem Ende der Katode): die untere Kurve entspricht $D = 2$ mm und $L = 22{,}5$ mm, die obere Kurve $D = 3$ mm und $L = 22{,}5$ mm (D und L bedeuten Durchmesser und Länge des Katodenkanals).

Abb. 13 gibt ein typisches Beispiel der Abhängigkeit des Gesamtionenstroms von der Absaugspannung wieder.

Die Abhängigkeit des Gesamtionenstroms und der Zusammensetzung des Strahls vom Druck des Wasserstoffs zeigen die entsprechenden Kurven von Abb. 14.

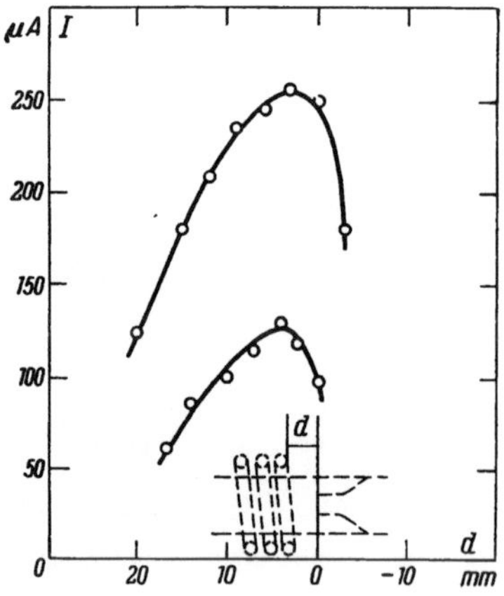

Abb. 12. Gesamtionenstrom in Abhängigkeit vom Abstand zwischen der Spule L_1 und der Katode

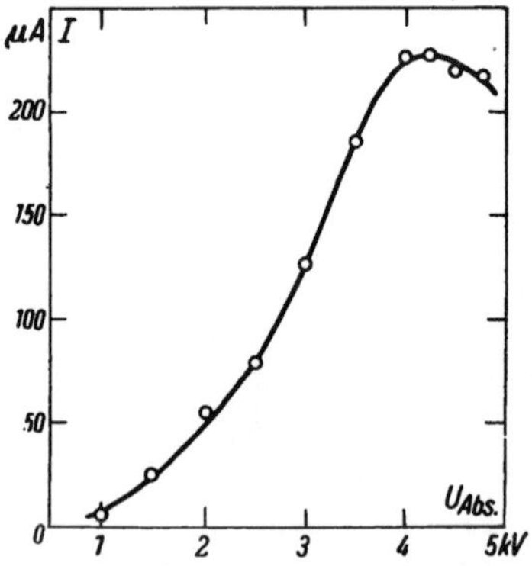

Abb. 13. Gesamtionenstrom in Abhängigkeit von der Absaugspannung

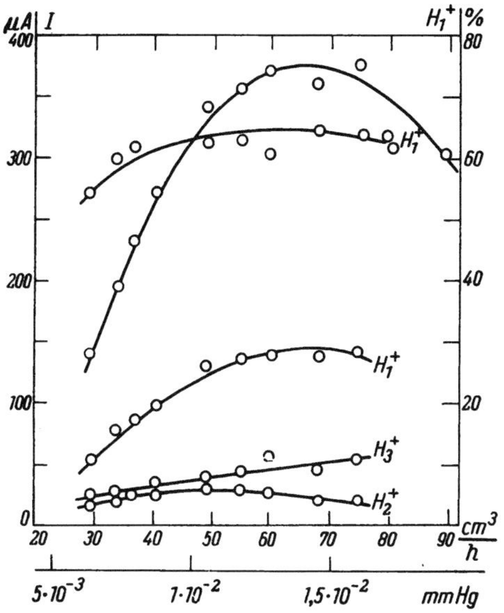

Abb. 14. Gesamtionenstrom und Zusammensetzung des Strahls in Abhängigkeit vom Druck des Wasserstoffs

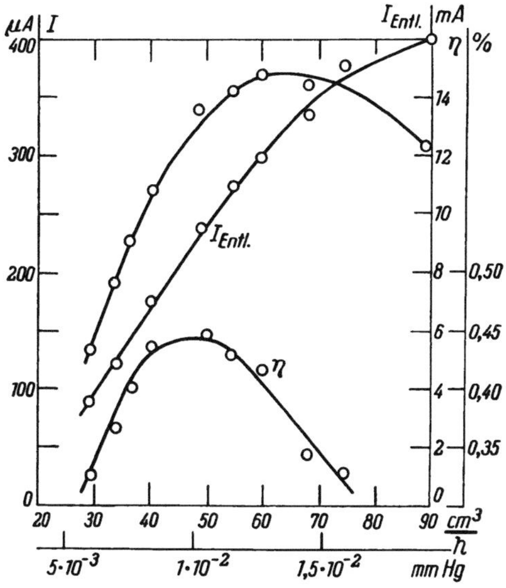

Abb. 15. Gesamtionenstrom, Entladungsstrom und Koeffizient η in Abhängigkeit von der zugeführten Wasserstoffmenge

In Abb. 15 ist der Gesamtionenstrom, der Entladungsstrom und der Koeffizient η in Abhängigkeit von der Wasserstoff-Zufuhr aufgetragen. Diese Kurven wurden bei den Kanalabmessungen $D = 3$ mm und $L = 22{,}5$ mm aufgenommen.

Eine Betrachtung der in Abb. 14 und 15 wiedergegebenen Kurven läßt folgende Schlußfolgerungen zu:

1. Bei Erhöhung der zugeführten Wasserstoffmenge steigt der Entladungsstrom monoton an, der Gesamtionenstrom dagegen durchläuft ein Maximum;

2. In diesem Bereich der zugeführten Gasmenge besitzt die Kurve des H_1^+-ionenstroms ein flaches Maximum, die Kurve des H_2^+-Ionenstroms fällt monoton und die des H_3^+-Ionenstroms wächst monoton.

Die ständige Vergrößerung des Entladungsstroms bei Erhöhung der Wasserstoffmenge kann als Beweis dafür angesehen werden, daß auch die Ionenkonzentration im Plasma der Entladung ansteigt. Der beobachtete Abfall des Gesamtionenstroms ist wahrscheinlich dadurch bedingt, daß bei hohen Gasströmen Umladungsprozesse im Kanal stattfinden. Der Anstieg der Ionenkonzentration im Plasma wird durch zu starke Verminderung der Ionenzahl im Ionenstrahl auf Grund von Umladungen im Kanal überdeckt.

Der Kurvenverlauf wie in Abb. 14 wurde auch bei anderen Kanaldurchmessern beobachtet, dabei ist bei kleineren Kanaldurchmessern das Maximum des Gesamt-Ionenstroms zu kleineren Werten der zugeführten Gasmenge verschoben.

Da wir einen möglichst geringen Gasverbrauch anstrebten, verkleinerten wir den Kanaldurchmesser. Es war also zu erwarten, daß sich aus diesem Grunde sowohl die Wasserstoffzufuhr als auch der Gesamtionenstrom verringern. Wie wir jedoch Tab. 3 entnehmen, verringerte sich die Gaszufuhr bei kleinerem Kanaldurchmesser, aber der Gesamtionenstrom stieg an. Offenbar beeinflußt das elektrische Feld in starkem Maße die Ionenbündelung auf den Kanal hin. Wahrscheinlich war das elektrische Feld im Fall der kleineren Kanaldurchmesser besser angepaßt als bei den Katoden mit großen Kanaldurchmessern.

Tabelle 3

Gaszufuhr beim Betrieb der Ionenquelle in Abhängigkeit vom Durchmesser des Kanals

Nr. der Ionenquelle	Kanaldurchmesser, mm	Maximaler Ionenstrom, μA	Betriebs-Ionenstrom	Protonenanteil im Strahl, %	Gaszufuhr, cm^3/Std.	Minimale Gaszufuhr, cm^3/Std.
13	3	375	220	68	36	29,5
14	3	320	220	65	34	27
18	2,6	600	400	77	32	27
20	2	320	200	55	20	14
21	2	330	250	70	20	13
18	2	490	250	65	20	13
22	2	250	200	70	20	13
23	2	690	330	65	21	13,5

Da die Hochfrequenz-Ionenquellen keine Glühkatoden besitzen, kann man eine große Lebensdauer erwarten. Wenn man alle anderen zufälligen Gründe ausschließt, bleibt die Zerstäubung der Katode der einzige Faktor, der die Betriebsweise der Ionenquelle verschlechtern kann.

Die Katodenzerstäubung ist aus zwei Gründen eine unliebsame Erscheinung: a) die Ablagerung der zerstäubten Teilchen an den Gehäusewänden kann zu einer Vergrößerung des Rekombinationskoeffizienten für atomaren Wasserstoff an den Wänden führen. Das kann die Zahl der atomaren Ionen in der Entladung und im Strahl verringern; b) die Zerstörung der Katodenoberfläche und ihre Verformung kann zur Verschlechterung der Fokussierungsbedingungen in der Absaugzone und zu einem kleineren Ionenstrom führen.

Man muß darauf hinweisen, daß die Geschwindigkeit der Katodenzerstäubung in starkem Maße vom Katodenmaterial und von den Betriebsbedingungen der Ionenquelle abhängt.

Die in unserer Arbeit gesammelten Erfahrungen zeigten, daß an Ionenquellen mit mehr als 70 Betriebsstunden mitunter überhaupt keine Spuren einer Katodenzerstäubung festzustellen waren, während in einigen anderen Fällen intensive Katodenzerstäubung begleitet von einem metallischen Niederschlag an den Wänden der Ionenquelle schon nach wenigen Arbeitsstunden bemerkbar wurde.

Als bestes Katodenmaterial kann eine Legierung von Aluminium und Magnesium, z. B. Elektron angesehen werden. Die sich auf der Oberfläche dieser Legierung bildende Oxydhaut ist äußerst widerstandsfähig gegen Katodenzerstäubung.

Da mit der Geschwindigkeit der die Katode bombardierenden Ionen auch die Geschwindigkeit der Katodenzerstäubung wächst, ist es angebracht, bei kleinstmöglicher Absaugspannung zu arbeiten, selbstverständlich unter der Bedingung, daß der Ionenstrom die nötige Größe besitzt.

Die Geschwindigkeit der Katodenzerstäubung wächst auch bei größeren Ionenmassen. Diesen Umstand gilt es bei den Vorversuchen (Training) zu beachten. Hierbei werden in den ersten Betriebsstunden der Ionenquelle von den Wänden bedeutende Gasmengen abgesondert. In diesem Entladungsstadium befinden sich im Plasma viele schwere Ionen (Stickstoff-, Sauerstoff-, Wasserdampf- und verschiedene Kohlenwasserstoffionen). Das bestätigt eine massenspektroskopische Analyse und das Vorhandensein von Emissions-Bandenspektren im Spektrum der Entladungs-Ausstrahlung. Die Intensität der Spektrallinien der BALMER-Serie von Wasserstoff ist in dieser Betriebsetappe (Training) noch nicht sehr groß, die Entladung weist eine weiß-rosa Färbung auf. Nach einigen Betriebsstunden wird die Farbe der Entladung hellrot, das Bandenspektrum schwächt merklich ab und die Linienintensität der BALMER-Serie steigt an. Eine Massenanalyse ergab 70% H_1^+-Ionen im Ionenstrahl.

Solange der Entgasungsprozeß der Ionenquellenwände durch die Hochfrequenzentladung andauert, soll man keine Absaugspannung anlegen, da der Katodenbeschuß mit schweren Ionen aus den abgesonderten Gasen der Wände zu einer heftigen Katodenzerstäubung führen kann. Sogar noch nach der Entgasung der Ionenquellenwände darf die Absaugspannung nur langsam gesteigert werden, um auch von Katode und Anode der Ionenquelle das Gas zu entfernen.

Nach unseren Erfahrungen findet an den Wänden der Ionenquelle im Bereich der intensiven Hochfrequenzentladung, d. h. im Bereich der Wände innerhalb der Erregerspule, keine Ablagerung zerstäubter Metallteilchen statt. Das Metall setzt sich vielmehr an den Wänden der angrenzenden Bereiche ab. Dort wirkt sich die Metallschicht der Wände weder auf die Größe des Ionenstroms noch auf den Anteil der atomaren Ionen im Strahl aus.

Es konnte festgestellt werden, daß sich mit dem Vergrößern der Schichtdicke des zerstäubten Metalls an den Wänden allmählich auch die Gaszufuhr in die Ionenquelle erhöht und außerdem eine gewisse Instabilität des Stroms auftritt.

Eine Zerstörung der Katodenoberfläche infolge von Katodenzerstäubung wurde an den von uns während vieler Betriebsstunden untersuchten Ionenquellen kaum beobachtet. Nur bei zwei Ionenquellen, die mit großem Entladungsstrom und hoher Absaugspannung betrieben wurden, konnte auf der Katodenoberfläche in der Nähe des Kanaleingangs ein kleiner Krater festgestellt werden. Irgendwelche Einflüsse dieses Kraters auf die Betriebsweise der Ionenquelle wurden nicht bemerkt.

Einige der von uns untersuchten Ionenquellen wurden infolge der Abschmelzung der Schutzhülle unbrauchbar. Ursache der Abschmelzung war eine schlechte Fokussierung in der Absaugzone. Die Abschmelzung der Schutzhülle trat nur bei Ionenquellen mit Pyrexglas-Gehäuse auf. In geschlossenen Generatoren sollte man zur Erzielung langer Lebensdauer der Ionenquellen am besten Quarz-Gehäuse verwenden, bei denen niemals ein Abschmelzen der Schutzhülle beobachtet wurde.

Wir haben keine Energieverteilungs-Messungen im Strahl der Hochfrequenz-Ionenquelle angestellt, da schon TONEMANN [14], NEUERT [16] und GOODWIN [23] derartige Untersuchungen durchführten. Die Ergebnisse ihrer Untersuchungen zeigten, daß die Streuung der Ionenenergie bei 3 bis 5 kV Absaugspannung einige 10 V nicht übersteigt.

Wir untersuchten 40 Hochfrequenz-Ionenquellen im Versuchsstand und führten sehr viele Messungen durch. Aus den Untersuchungsergebnissen geht hervor:

1. Bei stabilen Betriebsbedingungen, die im Verlaufe eines Arbeitstages eingehalten werden können, liefert die Ionenquelle 250 bis 300 μA Ionenstrom bei 20 bis 25 cm³/Std. Wasserstoff-Verbrauch. Bei gleicher Gaszufuhr, aber großem Entladungsstrom und hoher Absaugspannung und noch stabilen Betriebsbedingungen wurden Ionenströme von 600 bis 700 μA erzielt.

2. Nach kurzzeitigem Training erreichten wir Protonenanteile im Strahl von 60 bis 70%.

3. Die obigen Ergebnisse wurden bei einem Leistungsverbrauch von 250 bis 300 W gewonnen.

4. Unsere Resultate beweisen, daß der Einbau von Hochfrequenz-Ionenquellen in elektrostatische Druckgeneratoren möglich und zweckmäßig ist.

Die Untersuchungsergebniss an Hochfrequenz-Ionenquellen in einem elektrostatischen Druckgenerator

Nach der Untersuchung im Versuchsstand wurde die Hochfrequenz-Ionenquelle in einen horizontalen elektrostatischen Druckgenerator vom Typ IG-2-410 eingebaut.

Das elektrische Schaltschema der Stromversorgung für die Ionenquelle zeigt Abb. 16. Von der Schaltung im Versuchsstand unterscheidet sich diese Schaltung

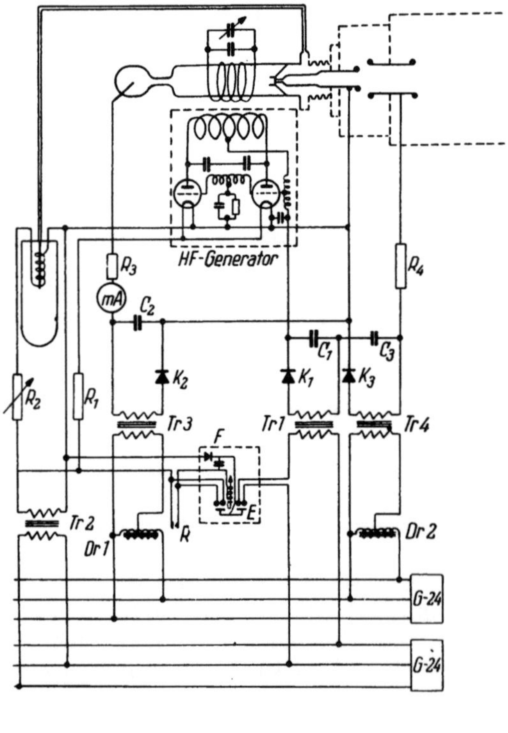

Abb. 16. Schaltschema für die Stromversorgung der Ionenquelle

dadurch, daß hier zwei Generatoren vom Typ G-24 die Stromversorgung der Ionenquelle übernehmen, wodurch die beim Betrieb im Versuchsstand beobachtete Überlastung des einen Generators beseitigt wurde. Außerdem wurde das Relais E hinzugefügt, das nach einem bestimmten Zeitintervall (größenordnungsmäßig 2 Min.) nach dem Einschalten der Heizung der Röhre GI-6B die Anodenspannung des Hochfrequenz-Generators einschaltete.

Die Montage der Ionenquelle und deren Stromversorgungs-Schaltung an der Hochspannungselektrode des Generators IG-2 zeigen die Abbildungen 17, 18, 19. Bei Betrieb der Ionenquelle in der Hochspannungselektrode wird von außen die Regulierung von vier Steuerelementen vorgenommen: die Wasserstoff-Zufuhr in die Ionenquelle, die Resonanzabstimmung des Schwingkreises, die Absaug- und die Fokussierspannung. Alle diese Steuerelemente wurden mit kleinen Motoren über Untersetzergetriebe und Kapron-Schnurzüge reguliert.

Unser Steuersystem erforderte eine ganz bestimmte Reihenfolge beim Einschalten der Ionenquelle.

1. Bevor der Bandmotor eingeschaltet werden kann, muß der Regeltransformator D_1 im Stromkreis der Absaugspannung aus der Nullstellung herausgedreht werden. Dabei öffnet sich der Kontakt p und damit der Spulenstromkreis des Relais E. Wenn jetzt der Bandantrieb eingeschaltet wird, bleibt der Stromkreis der Anodenspannung des Hochfrequenz-Generators geöffnet.

2. Beim Einschalten des Bandantriebes wird die Röhrenheizung und die Heizung des Palladiumfilters eingeschaltet.

3. Nach 2 Min. – in dieser Zeit erreicht die Wasserstoffzufuhr den Wert 20 bis 25 cm³/Std. und die Röhrenkatoden sind erwärmt – wird der Regeltransformator D_1 in Nullstellung gedreht. Dabei schließt sich der Kontakt p und das Relais E schließt gleichtig 2 Kontakte. Mit dem ersten wird die Anodenspannung

Abb. 17. Anordnung der Hochfrequenz-Ionenquelle

Abb. 18. Anordnung des Stromversorgungsgerätes der Hochfrequenz-Ionenquelle am Konduktor des Generators IG-2

Abb. 19. Gesamtansicht der Hochfrequenz-Ionenquelle

eingeschaltet, mit dem zweiten der Kontakt *p* überbrückt, so daß bei der weiteren Regulierung der Absaugspannnung die Anodenspannung eingeschaltet bleibt. Bei üblicher Gaszufuhr zündet die Entladung nicht immer sofort, wenn der Hochfrequenz-Generator eingeschaltet wird. Mittels eines Spiegels im Konduktor und eines periskopischen Linsensystems kann man am Steuerpult das Entladungsleuchten im Kolben der Ionenquelle und das Leuchten eines Neonröhrchens beobachten, das bei Vorhandensein des hochfrequenten Wechselfeldes in der Erregerspule einsetzt. Wenn das Neonröhrchen zündet, ohne daß das Leuchten der Entladung sichtbar ist, wird die Wasserstoff-Zufuhr in die Ionenquelle solange erhöht, bis die Entladung zündet. Danach wird die Gaszufuhr wieder bis zum üblichen Wert gedrosselt.

4. Durch Resonanzabstimmung des Anregungsschwingkreises erzielt man maximale Intensität der Entladung.

5. Danach wird die Absaugspannung angelegt. Durch ein Beobachtungsfenster kontrollieren wir am Milliamperemeter den Entladungsstrom.

6. Die Fokussierspannung wird eingeschaltet.

Diese Operationen dauern etwa 3 bis 5 Min. Dann kann die Spannung an das Beschleunigungsrohr des elektrostatischen Generators angelegt werden.

Zum Einbau in den elektrostatischen Generator wurde eine Ionenquelle ausgewählt, die im Prüfstand außerordentlich sorgfältig untersucht worden war. Tab. 4 gibt die hauptsächlichsten Daten dieser Ionenquelle wieder.

Tabelle 4

Daten der Generator-Ionenquelle

Ionenstrom, μA	Zusammensetzung des Strahls, %				Wasserstoffgaszufuhr, cm^3/Std.
	H_1^+	H_2^+	H_3^+	schwere Ionen	
600	66,5	15,5	15,5	2,5	23

Die Ionenquelle und alle Elemente ihres Stromversorgungs-Systems wurden in Voruntersuchungen in einer Druckkammer auf 16 atm geprüft.

Zur Messung des Gesamtionenstroms des beschleunigten Strahls setzten wir an das Beschleunigungsrohr des Generators ein Ansatzstück mit FARADAY-Zylinder *1* (Abb. 20) von 50 mm Länge und 20 mm Durchmesser an. Der Boden des FARADAY-Zylinders wurde mit Wasser gekühlt. Um die Sekundäremission zu unterdrücken, wurde an den Zylinder *2* von 20 mm Durchmesser und 20 mm Länge eine negative Spannung von 500 V angelegt. Durch die wassergekühlte Blende *3* von 18 mm Durchmesser gelangte der Strahl in den FARADAY-Zylinder. Zur Bestimmung der Strahllage und zum Studium der Strahlfokussierung brachten wir vor dieser Blende ein mit einem Fadenkreuz versehenes Quarzplättchen *4* an, das mit dem Spiegel *9* durch das Beobachtungsfenster *8* betrachtet werden konnte.

Die gemessenen Ionenströme bei verschiedenen Generatorspannungen sind in Tab. 5 wiedergegeben.

Die Abnahme des Ionenstroms bei steigender Generatorspannung beruht auf einer Verschlechterung der Strahlfokussierung. Wenn es bis zu 800 kV Spannung noch gelang, den Strahl zu einem Leuchtfleck von 5 bis 6 mm Durchmesser mit sehr schwachem Lichthof zu fokussieren, so verschlechterte sich bei Spannungen über 1 MV die Fokussierung sehr stark. Der zentrale Leuchtfleck verbreitete sich, seine Intensität nahm ab und die Intensität der Strahlumgebung wuchs an. Um

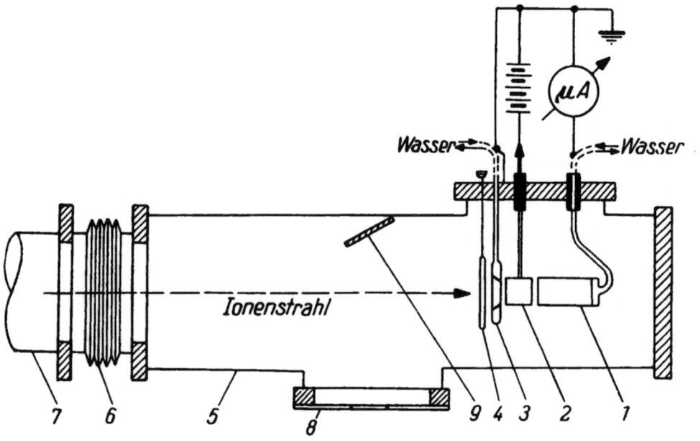

Abb. 20. Schema der Ionenstrommessung

1 Faraday-Zylinder
2 Zylinder
3 Blende
4 Quarzplättchen
5, 7 Wand der Vakuumkammer
8 Beobachtungsfenster
9 Spiegel

Tabelle 5

Der Ionenstrom bei verschiedenen Generatorspannungen

Auflade-strom, μA	Spannungs-teiler-strom, μA	Korona-strom, μA[1])	Ionen-strom, μA	Generator-spannung, kV	Druck im Tank, atm
500	30	40	300	600	4,3
460	33	52	235	700	4,3
480	38	125	200	800	6,0
480	49	130	160	1000	6,0

[1]) Koronastrom: Strom an der Elektrode, die zur Regulierung der Generatorspannung dient.

auch bei hohen Spannungen eine gute Fokussierung zu erhalten, änderten wir die Fokussierlinse gemäß Abb. 21. Für den gesamten Spannungsbereich des Generators konnte damit eine bedeutend bessere Fokussierung erreicht werden.

Bei Spannungen bis 800 kV läßt sich der Strahl leicht auf eine Leuchtfleckgröße von 2 bis 2,5 mm Durchmesser fokussieren. Bei Spannungen in der Größenordnung von 1 MV verschlechterte sich zwar die Fokussierung, blieb aber immer noch hinreichend gut (Durchmesser des zentralen Strahlflecks 5 bis 6 mm).

Zur Bestimmung der Strahlzusammensetzung benutzten wir einen doppelten Magnet-Korrektor. Er hatte die Form von zwei starr miteinander verbundenen Elektromagneten, die um ein Rohr geschwenkt werden konnten, das sich als ein

Teil der Vakuumleitung am Beschleunigungsrohr befand. Im Rohrinneren stellten wir auf Rollen noch zusätzliche Polschuhe auf, deren Drehung durch ihre magnetische Verbindung mit dem äußeren Magnetleiter des Elektromagneten möglich war. Zur Strahlanalyse benutzten wir nur einen der Elektromagneten des Korrektors. Abb. 22 gibt schematisch unsere Anordnung zur Bestimmung der Strahlzusammensetzung wieder.

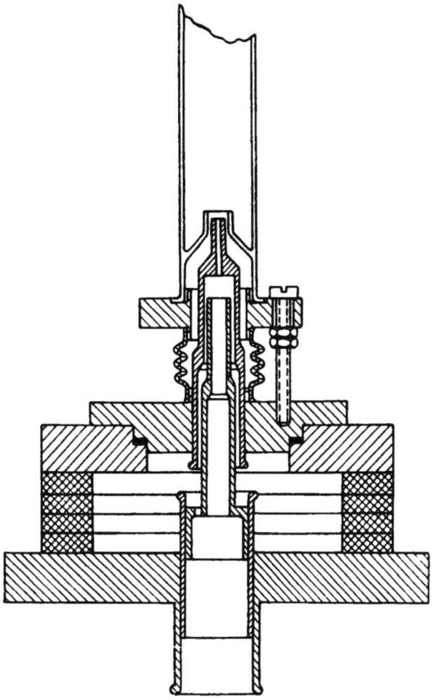

Abb. 21. Aufbau der Fokussierlinse

Der Magnetkorrektor *1* lenkt den Strahl in die Meßkammer *4*. Die Achse des Meßsystems war 10 cm gegen die Richtung des nichtabgelenkten Strahls versetzt. Das Meßsystem war im wesentlichen das gleiche wie es auch zur Messung des Gesamtionenstroms benutzt worden war (Blende *5*, Schutzzylinder *6*, Faraday-Zylinder *7*). Wasserkühlung wurde nicht angewandt, da der Faraday-Zylinder aus Molybdän bestand. Ein Unterschied bestand nur darin, daß zum Schutz des Faraday-Zylinders gegen Sekundärelektronen von den Kammerwänden das gesamte System von einem geerdeten Gehäuse *8* umgeben war. Die Öffnung dieses Gehäuses diente als Blende. Das gesamte Meßsystem ruhte auf einer durch den Boden des Rohres hindurchgehenden Achse. Durch Drehung dieser Achse konnte man das gesamte System zur Seite rücken und die Strahlfokussierung auf dem Schirm *9* beobachten.

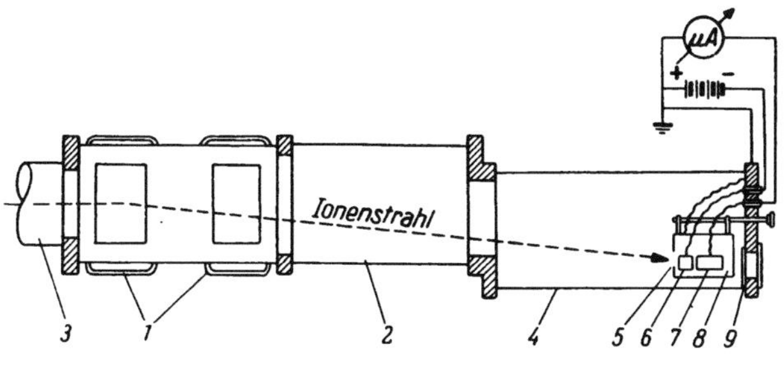

Abb. 22. Schema der Anordnung zur Messung der Strahlzusammensetzung

1 Magnetkorrektor
2, 3 Wand der Vakuumkammer
4 Meßkammer
5 Blende
6 Schutzzylinder
7 Faraday-Zylinder
8 geerdetes Gehäuse
9 Schirm (Quarz)

In Tab. 6 sind typische Ergebnisse der Strahlanalyse mit der beschriebenen Anordnung angegeben.

Tabelle 6

Ergebnisse der Strahlanalyse mit dem Magnetkorrektor

Zusammensetzung des Strahls, μA				Zusammensetzung des Strahls, %				Generatorspannung, kV
H_1^+	H_2^+	H_3^+	schwere Ionen	H_1^+	H_2^+	H_3^+	schwere Ionen	
142,5	35	30,0	5	67,2	16,4	14,1	2,3	700
130,0	35	27,5	2,5	66,7	17,9	14,1	1,3	700

Bei einigen Messungen erreichten wir 150 μA Protonenstrom.

Die Wasserstoff-Zufuhr in die Ionenquelle betrug bei den Messungen 20 bis 25 cm^3/Std. Der Druck am Ausgang des Beschleunigungsrohres bei eingeschalteter Ionenquelle und Spannung am Rohr war 6,5 bis $7{,}5 \cdot 10^{-6}$ mm Hg.

Die Ionenquelle, mit der alle Experimente im elektrostatischen Generator durchgeführt wurden, arbeitete etwa 250 Std. ohne jegliche Verschlechterung der Betriebsdaten.

Durch das Beschleunigungsrohr mit homogenem Feldverlauf gelangte ein hinreichend gut fokussierter Ionenstrahl bis 300 μA Stromstärke, während der Spannungsteilerstrom größenordnungsmäßig 30 μA betrug.

Die Ergebnisse der vorliegenden Arbeit zeigen, daß

1. die Hochfrequenz-Ionenquelle im elektrostatischen Druckgenerator lange Zeit störungsfrei arbeiten kann;

2. die Hochfrequenz-Ionenquelle im elektrostatischen Generator vom Typ IG-2-410, der ein Beschleunigungsrohr mit homogenem Feldverlauf besitzt, bis zu 1 MV Spannung Ionenströme bis 300 μA am Generatorausgang liefert. Der Protonenanteil im Ionenstrahl betrug 65%, d. h., es können Protonenströme bis 200 μA erreicht werden.

Literatur

[1] Penning, F. M. and Moubis, J. H. A., Physica **4** (1937) 1190.
[2] Lorrain, P., Can. J. Res. **25** A (1947) 338.
[3] Keller, R., Helv. Phys. Acta **21** (1948) 170.
[4] Keller, R., Helv. Phys. Acta **22** (1949) 78.
[5] Keller, R., Helv. Phys. Acta **23** (1950) 627.
[6] Markin, P. S., Bericht des PTI AW USSR. Nr. 180 (1950).
[7] Markin, P. S., Bericht des PTI AW USSR. Nr. 100 (1951).
[8] Markin, P. S., Bericht des PTI AW USSR. Nr. 367 (1952).
[9] Barnett, C. F., Stier, P. M. and Evans, G. E., Rev. Sci. Instr. **24** (1953) 394.
[10] Vogel, J. M. und Markus, A. M., Bericht des PTI AW USSR. Nr. 100 (1951).
[11] Tonemann, P. C., Nature **158** (1946) 61.
[12] Rutherlen and Cole, Nature **160** (1947) 545.
[13] Bayly, J. and Ward, A. G., Can. J. Res. **26** (1948) 69.

[14] TONEMANN, P. C., MOFFATT, J., ROAT, D. and SANDERS, J. H., Proc. Phys. Soc. **61** A (1943) 483.
[15] HALL, R. N., Rev. Sci. Instr. **19** (1948) 905.
[16] NEUERT, H., Ztschr. Naturforsch. **4a** (1949) 449.
[17] MOAK, D., REESE, H. and GUUD, W. M., Nucleonics **9** (1951) 18.
[18] VOGEL, J. M., MARKUS, A. M. und SCHWARZ, J. I., Bericht des PTI AW USSR. Nr. 197 (1951).
[19] VOGEL, J. M., TOLOK, W. T. und SCHWARZ, J. I. Bericht des PTI AW USSR. Nr. 247 (1951).
[20] SWINGLE, J. S. and SWANN, C. P., Rev. Sci. Instr. **23** (1952) 636.
[21] VOGEL, J. M. und SCHWARZ, J. I., Bericht des PTI AW USSR. Nr. 371 (1952).
[22] VOGEL, J. M. und KRUPNIK, L. I., MISNIKOV, K. P., Bericht des PTI AW USSR. Nr. 116 (1953).
[23] GOODWIN, L. K., Rev. Sci. Instr. **24** (1953) 635.
[24] TONEMANN, P. C., Progr. Nucl. **3** (1953) 219.
[25] REIFENSCHWEILER, O., Ann. Phys. **14** (1954) 33.
[26] BANNERYEE, A. N., Ind. J. Phys. **27** (1953) 523
[27] EUBANK, H. P., PECK, R. A. and TRUELL, R., Rev. Sci. Instr. **25** (1954) 989.
[28] MOROSOV, W. M., Dokl. Akad. Nauk **61** (1955) 102.
[29] ALLAN, H. R. and SARMA, N. J., Sci. Instr. **33** (1956) 447.

J. M. Vogel, L. I. Krupnik, A. G. Kowal, A. D. Tjmofejew

Ionenquellen negativ geladener Wasserstoffionen für den elektrostatischen Umladungsgenerator (Tandem-Beschleuniger)

Einleitung

Das Prinzip der in der vorliegenden Arbeit beschriebenen Ionenquellen-Modelle für negativ geladene Wasserstoffionen beruht auf der Umwandlung positiver Wasserstoffionen in negative beim Durchgang durch einen Überschall-Quecksilberdampfstrahl (Dampfstrahl-Target). In unserem Laboratorium wurden bereits früher Untersuchungen an Überschall-Quecksilberdampfstrahlen im Vakuum und über die Umwandlung positiver Wasserstoffionen in negative angestellt. Sie ermöglichten die praktische Verwirklichung von Ionenquellen für negative Wasserstoffionen [1, 2]. Bei der Entwicklung dieser Ionenquellen wurde das Hauptaugenmerk auf ihre Bestimmung als Injektor negativ geladener Ionen für den Tandem-Generator gelegt. Das erste Modell eines derartigen Injektors wurde im Jahre 1955 projektiert und fertiggestellt. Die Untersuchung der Eigenschaften dieses Modelles waren gegen Jahresende 1955 im allgemeinen abgeschlossen. Auf Grund dieser Untersuchungen wurde das zweite Injektor-Modell mit einem neuen ionenoptischen System konstruiert und zum Jahresende 1956 aufgebaut und montiert. Die Untersuchungen an diesem Modell waren am 1. Mai 1957 abgeschlossen.

Nachdem wir uns mit der Arbeitsweise der Ionenquelle für negativ geladene Ionen von Weinman und Cameron [3] (Universität Wisconsin) vertraut gemacht hatten, projektierten wir das dritte Modell des Injektors. In einigen seiner Elemente (Ionenquelle der positiven Ionen, Fokussierlinse) kopiert dieses Modell die Ionenquelle von Weinman und Cameron. Wir führten jedoch eine wesentliche Änderung damit ein, daß wir das strömende Gastarget durch ein Dampfstrahl-Target ersetzten. Auf diese Weise umgingen wir die Notwendigkeit, die Ionenquelle mit einer großen Pumpe auspumpen zu müssen.

Das erste Injektor-Modell

Beschreibung der Anlage

Abb. 1 zeigt die Anlage des ersten Injektor-Modelles für negativ geladene Wasserstoffionen. Der Strahl positiver Wasserstoffionen wird mit einer Ionenkanone erzeugt, die aus der Ionenquelle *1* (Abb. 1 zeigt eine Ionenquelle mit kalter Katode nach Keller), der Ionenlinse *2* und dem Beschleunigungsrohr *3*

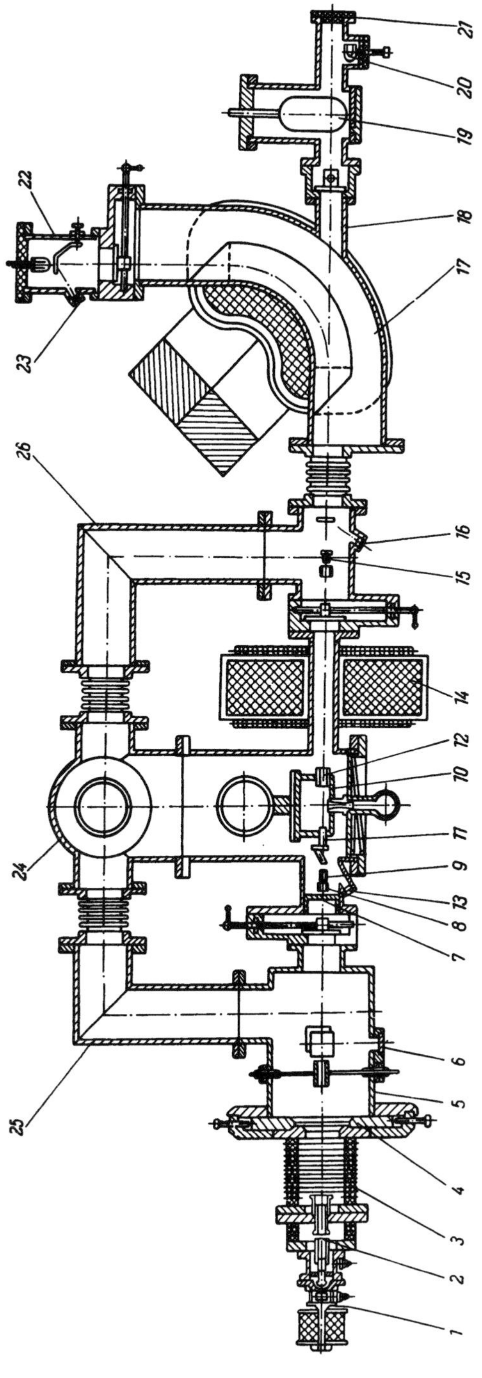

Abb. 1. Anlage des Injektors negativ geladener Ionen (erstes Modell)

besteht. Die Ionenkanone ist auf einem flachen Schliff *4* befestigt, der es gestattet, den Ionenstrahl in zwei zueinander senkrechten Richtungen zu bewegen. Danach gelangt der Ionenstrahl in die Kammer des elektrostatischen Korrektors *5*.

In dieser Kammer befinden sich zwei gekreuzt angebrachte Ablenksysteme, die den Ionenstrahl ebenfalls in zwei zueinander senkrechten Richtungen ablenken können. In der Korrektorkammer befindet sich ein Beobachtungsfenster *6*, durch welches man den Ionenstrahl auf Grund des von ihm im Restgas angeregten Leuchtens beobachten kann.

Bevor der Strahl in das Dampfstrahl-Target eintritt, durchläuft er die Blende *7* von 9 mm Durchmesser; die Stromstärke des Strahls wird mit einem magnetisch gesteuerten Faraday-Zylinder *9* gemessen. Um die Sekundärelektronenemission am Faraday-Zylinder und an den Blenden zu unterdrücken, liegt an dem Zylinder *8* ein negatives Potential (—300 V) an. Der Strahl tritt in die Kammer des Überschallstrahls *10* durch den Eingangskanal *11* von 9 mm Durchmesser und 30 mm Länge ein und verläßt sie durch den Kanal *12* von 16 mm Durchmesser und 40 mm Länge. Unmittelbar vor dem Eingangskanal der Überschallkammer kann man den Strahldurchmesser mit einer beweglichen Quarzplatte durch das Beobachtungsfenster *13* abschätzen. Die Entfernung der Achse des Eingangs- und Ausgangskanals von dem Ende der Laval-Düse beträgt 6 mm. In der Arbeit [2] ist die Kammer des Dampfstrahl-Targets (Abb. 2 und 3) eingehend beschrieben.

Der Ionenstrahl durchsetzt den Überschall-Quecksilberdampfstrahl und erleidet dabei eine Streuung. Die Magnetlinse *14* bündelt diesen gestreuten Strahl. Nach Passieren des Überschallstrahles und der Magnetlinse kann die Intensität des Ionenstrahls im Faraday-Zylinder *15* gemessen werden. Durch das Beobachtungsfenster *16* kann man die Fokussierung des Strahls vor seinem Eintritt in den Magnetanalysator *17* beobachten. Der Radius der mittleren Teilchentrajektorien im Magnetanalysator beträgt 20 cm und der Ablenkwinkel 90°. Der Magnetanalysator trennt den im Überschall-Quecksilberdampfstrahl erzeugten negativen Ionenstrahl von dem positiven Wasserstoffionenstrahl und dem Quecksilberatomstrahl, der aus dem Kanal *12* der Überschallstrahl-Kammer heraustritt.

Die geradeaus fliegenden Quecksilberatome gelangen durch den Stutzen *18* und werden an den Wänden der mit flüssiger Luft gefüllten Kühlfalle *19* kondensiert. Mit dem Faraday-Zylinder *20* wird die Intensität des nichtabgelenkten Strahls gemessen. Den Strahldurchmesser an dieser Stelle kann man durch Beobachtung einer Quarzplatte am Fenster *21* abschätzen.

Mit dem Faraday-Zylinder *22* wird die Intensität des Strahls negativer Wasserstoffionen gemessen. Der Strahldurchmesser am Eingang in den Faraday-Zylinder kann auf der Quarzplatte durch das Fenster *23* beobachtet werden. Um die Verteilung des Teilchenstromes und die Stromdichte über den Querschnitt des negativen Ionenstrahls untersuchen zu können, befindet sich vor dem Faraday-Zylinder eine von außen zu bedienende Irisblende (in Abb. 1 nicht gezeigt). Der Durchmesser dieser Blende kann zwischen 3 und 22 mm verändert werden.

Der Injektor wird von einem Pump-Aggregat, bestehend aus Pumpen der Typen MM-1000, MM-40 und WN-461, über den unmittelbar an der Pumpe MM-1000 angebrachten Stutzen 24 abgepumpt. Zur Erhöhung der Absauggeschwindigkeit am Korrektor, dem Beschleunigungsrohr und an der Magnetanalysatorkammer sind diese Volumina durch Pumprohre *25* und *26* mit dem Stutzen *24* verbunden.

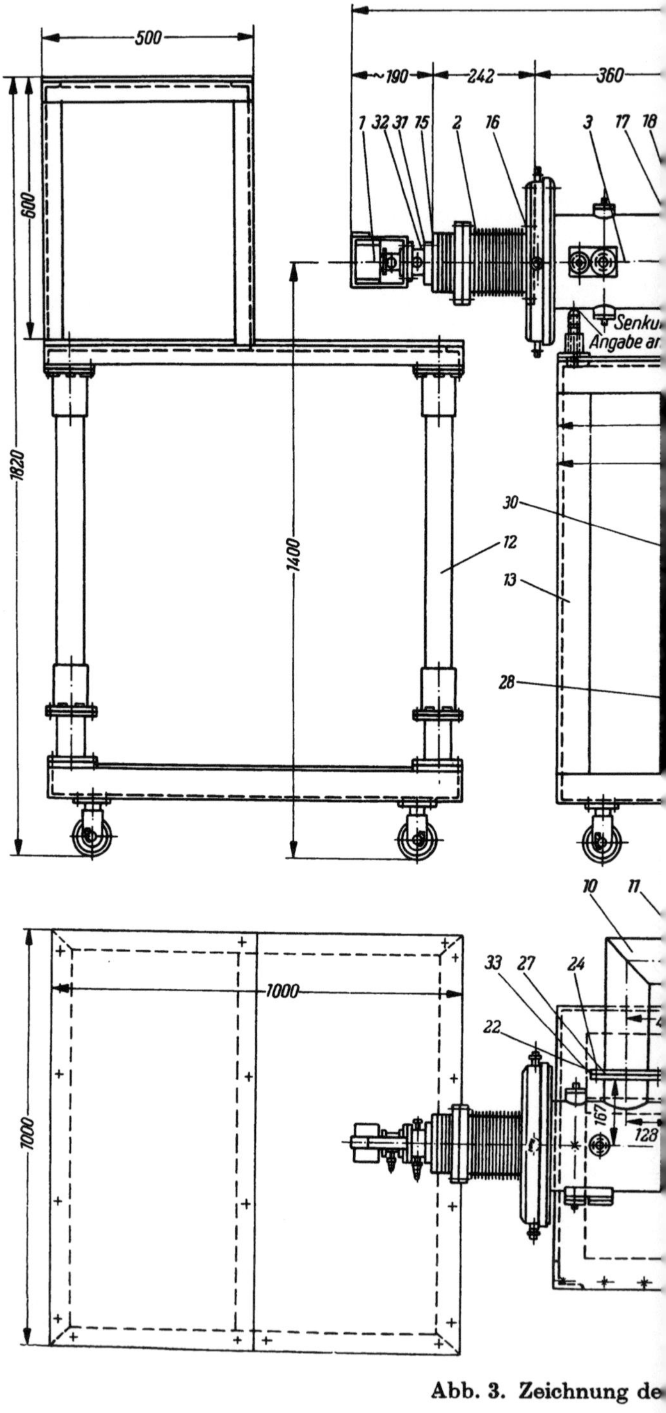

Abb. 3. Zeichnung de

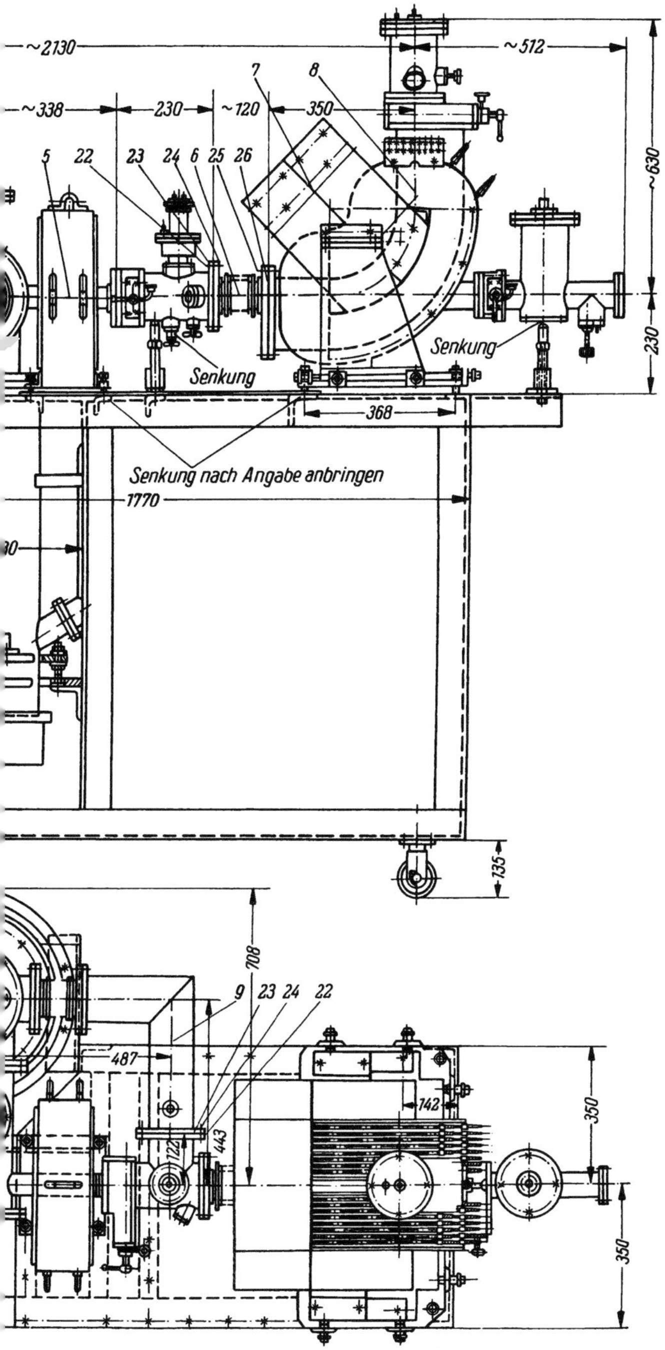

egativ geladener Ionen

Abb. 2. Gesamtansicht der Anlage

Der Injektor ist zusammen mit dem Pumpsystem auf einem aus Winkeleisen zusammengeschweißten Gestell montiert. Eine Zeichnung der Ionenquelle gibt Abb. 3 wieder. Aus ihr gehen die Abmessungen der Anlage hervor. Abb. 2 zeigt die Gesamtansicht der Anlage.

Das Stromversorgungsgerät der Ionenquelle negativ geladener Ionen steht auf einem besonderen Tisch, der durch vier Isolytzylinder 12 (siehe Abb. 3) von der Erde isoliert ist.

Untersuchungen der Eigenschaften des ersten Injektor-Modells

Das Spektrum der negativen Ionen

Die Versuche am ersten Injektor-Modell negativer Ionen wurden mit drei verschiedenen Ionenquellen in der Ionenkanone durchgeführt: mit Magnet-Ionenquellen kalter Katode nach Keller [4] und Evans, Barnett und Stier [5] (Querschnitte dieser Ionenquellen zeigen die Abb. 4 und 5) und mit einer Hochfrequenz-Ionenquelle nach Reifenschweiler [6] (Abb. 6). Zur Umwandlung der positiven Ionen in negative wurde außer dem Quecksilberdampf-Target noch ein Öldampf-Target benutzt. Die Untersuchungen mit dem Öldampf-Target sind in der Arbeit [7] beschrieben. Diese Quellen liefern unterschiedliche relative Anteile von H_1^+-, H_2^+- und H_3^+-Ionen im Ionenstrahl. Quellen mit kalter Katode ergeben den Strahl mit größtem H_2^+-Ionenanteil; so liefert z. B. die Ionenquelle nach Keller einen Strahl mit 90% H_2^+-Ionen. Im Ionenstrahl der Hochfrequenz-Ionenquelle überwiegt im allgemeinen der Protonenanteil (60 bis 70% H_1^+).

Bei dem von uns beschriebenen Injektor tritt in das Dampfstrahl-Target ein Strahl positiver Wasserstoffionen ein, der nicht nach Massen zerlegt ist. Infolge-

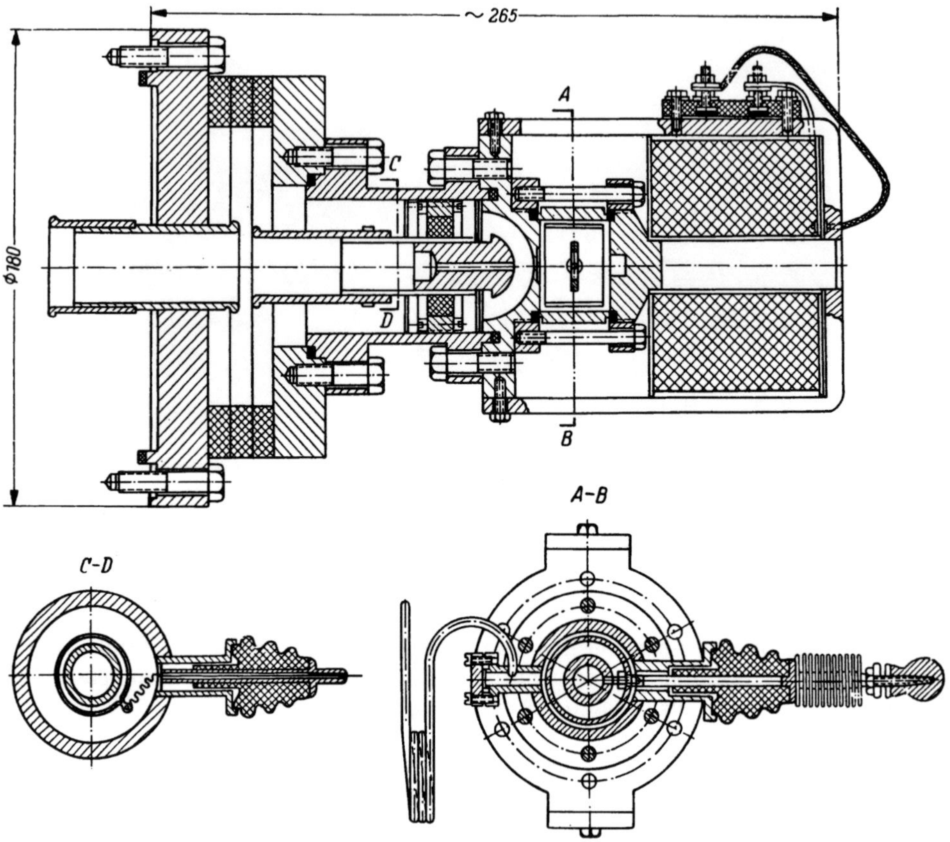

Abb. 4. Magnet-Ionenquelle mit kalter Katode nach Keller

dessen können die molekularen Wasserstoffionen H_2^+ und H_3^+ in atomare Teilchen dissoziieren, von denen ein Teil durch Elektroneneinfang in negative Wasserstoffionen umgewandelt wird. Wie aus den Erhaltungssätzen für Energie und Impuls folgt, haben diese negativen Wasserstoffionen nur die Hälfte oder ein Drittel der Energie der negativen Wasserstoffionen, die bei der Umwandlung $H_1^+ \rightarrow H_1^-$ entstehen.

Abb. 7 zeigt das Spektrum der negativen Wasserstoffionen, das mit dem Magnetanalysator des Injektors beim Durchgang des positiven Ionenstrahls aus der Ionenquelle nach Keller durch das Dampfstrahl-Target aufgenommen wurde. Wie aus dieser Abbildung hervorgeht, weist das Spektrum drei Höcker auf. Die Magnetfeldstärken in den Maxima dieser Höcker entsprechen der Beziehung $H_1^2 : H_2^2 : H_3^2 = 1 : 1/2 : 1/3$, d. h., Teilchen mit gleichem e^2/m erfüllen die Beziehung $E_1 : E_2 : E_3 = 1/3 : 1/2 : 1$. Der Höcker, der von der Umwandlung der $H_2^+ \rightarrow H_1^-$-Ionen der Energie $E/2$ herrührt, ist bedeutend größer als die Höcker der Energien E und $E/3$. Das war zu erwarten, da der Ionenstrahl der Ionenquelle nach Keller hauptsächlich aus H_2^+-Ionen besteht.

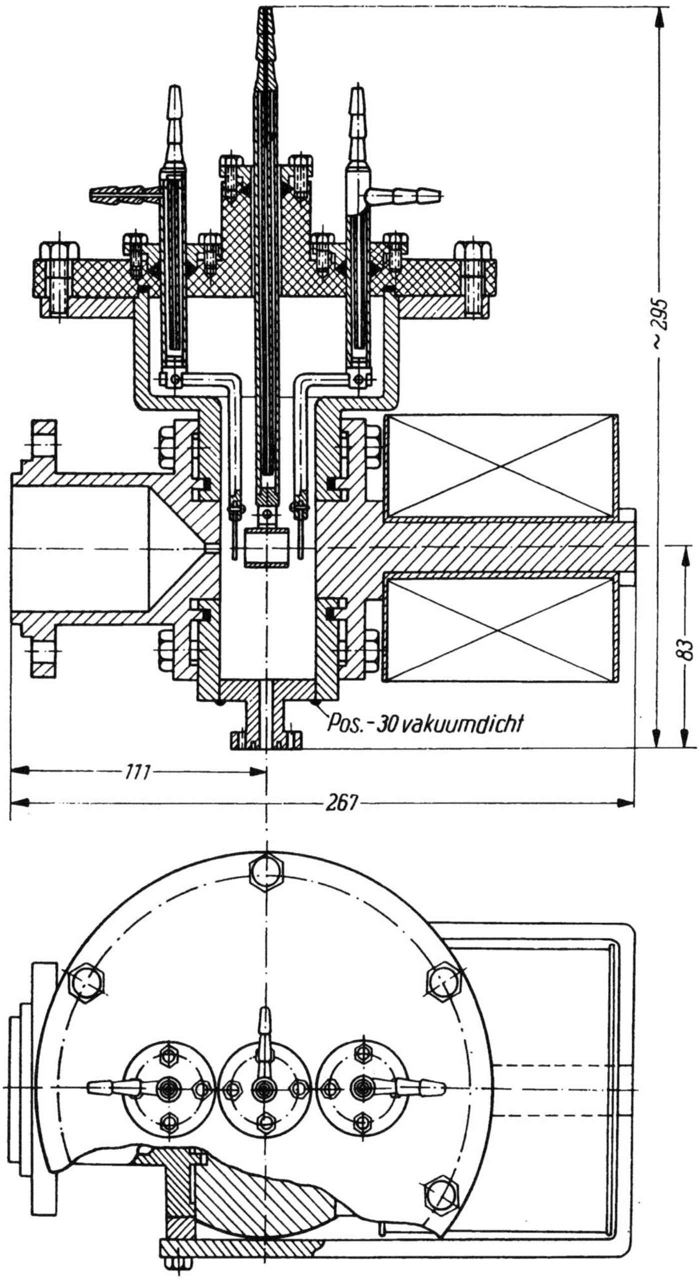

Abb. 5. Magnet-Ionenquelle nach Evans, Stier und Barnett

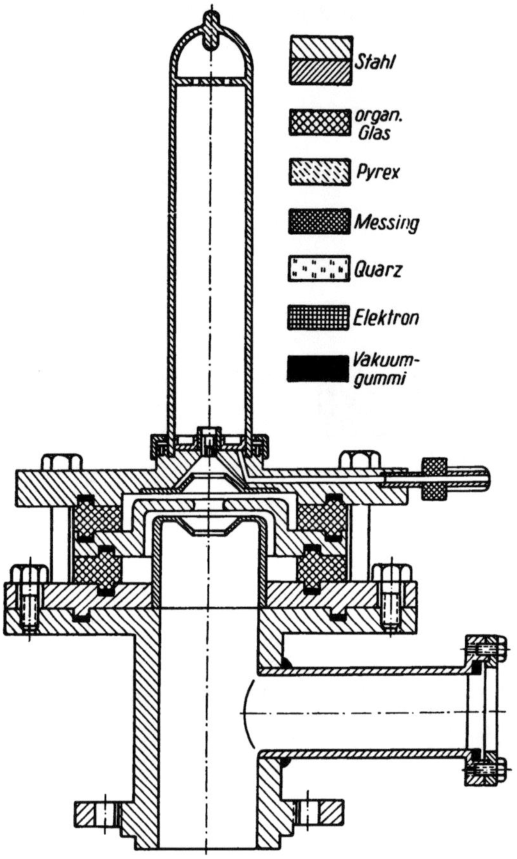

Abb. 6. Hochfrequenz-Ionenquelle nach REIFENSCHWEILER

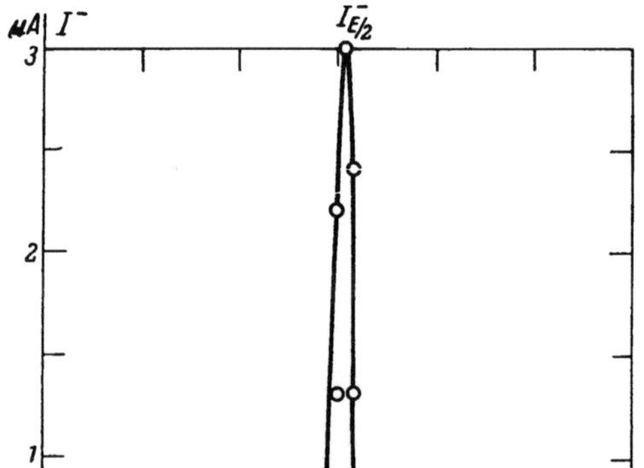

Abb. 7. Spektrum der negativen Wasserstoffionen, das mit dem Magnet-Analysator des Injektors beim Durchgang des positiven Ionenstrahls aus der Ionenquelle nach KELLER durch das Dampfstrahl-Target aufgenommen wurde

Abb. 8. Spektrum negativer Wasserstoffionen, das beim Durchgang des Strahls positiver Ionen durch einen Dampfstrahl von Vaselineöl der Marke D1-A bei üblicher Betriebsweise der Ionenquelle erzielt wurde

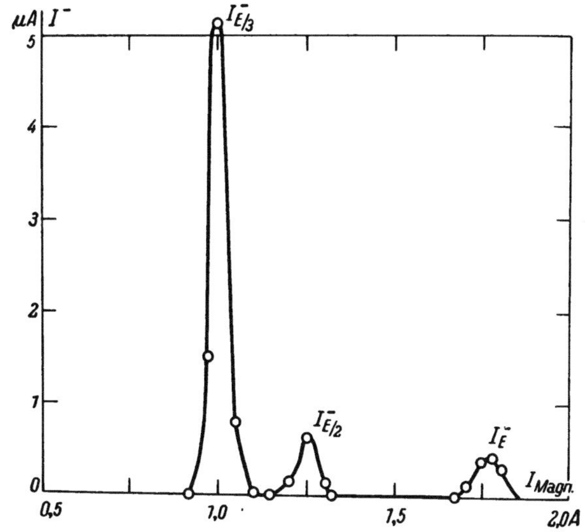

Bei der üblichen Betriebsweise der Hochfrequenz-Ionenquelle enthielt der Wasserstoffionenstrahl 60 bis 70% Protonen. Wurde der Ionenquelle Wasserstoff mit Beimischungen zugeführt, so enthielt der Strahl 70 bis 80% H_3^+-Ionen.

Abb. 8 zeigt das Spektrum negativer Wasserstoffionen, das beim Durchgang des Ionenstrahls der Hochfrequenz-Ionenquelle, die in der üblichen Betriebsweise arbeitete, durch einen Dampfstrahl von Vaselineöl der Marke D1-A erzielt wurde. Das Spektrum negativer Ionen, das bei der Betriebsweise mit erhöhtem H_3^+-Ionen-Gehalt (bis zu 70%) beim Durchgang des Ionenstrahls durch einen Quecksilberstrahl erhalten wurde, zeigt Abb. 9. Wie aus diesen Abbildungen zu ersehen ist,

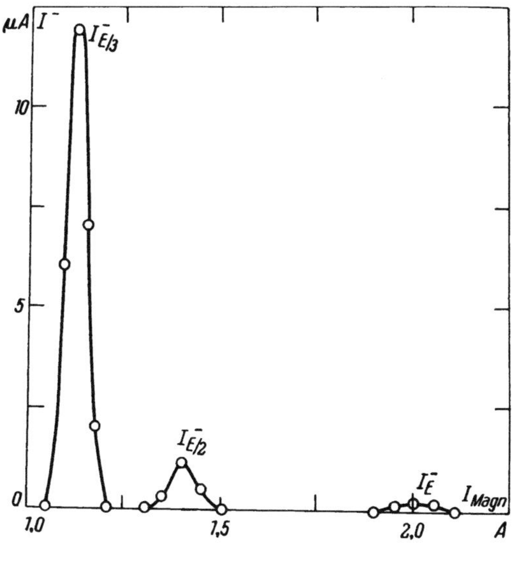

Abb. 9. Spektrum der negativen Wasserstoffionen, das bei der Betriebsweise der Ionenquelle mit erhöhtem H_3^+-Ionengehalt beim Durchgang des Ionenstrahls durch einen Quecksilberstrahl erzielt wurde

wurden die meisten negativen Ionen bei der Umwandlung $H_3^+ \rightarrow H_1^-$ gebildet. Die von uns angeführten Spektren zeigen, daß zur Erzeugung intensiver Strahlen negativer Ionen die Umwandlungsprozesse $H_2^+ \rightarrow H_1^-$ am effektivsten sind. Wir haben deshalb unsere Aufmerksamkeit künftig nur auf die Untersuchung dieser Prozesse konzentriert.

Der Umwandlungskoeffizient

Der Umwandlungskoeffizient stellt die Größe dar, welche die Effektivität der Umwandlung positiver Ionen in negative in einem gegebenen Target charakterisiert. Er wird als das Verhältnis der Zahl negativer Ionen im Strahl nach Passieren des Targets zur Zahl der auf das Target aufgetroffenen Ionen definiert. Bei Vergrößerung der Schichtdichte des Stoffes, durch die der Strahl hindurchgeht, wächst der Umwandlungskoeffizient, bis ein Gleichgewichtszustand im passierten Strahl erreicht ist. Bei einer bestimmten Targetdichte, die dem Gleichgewichtszustand im passierten Strahl entspricht, erreicht der Anteil der negativen Ionen ein Maximum. Wir bezeichnen den Umwandlungskoeffizient mit $(I^-/I^+_{\text{auffall}})_{\max}$. Wenn man berücksichtigt, daß $I^+_{\text{auffall}} = (I^- + I^0 + I^+ + \ldots + I^{z+})_{\text{passiert}}$ ist (z = Ordnungszahl des Ions), so kann man den Umwandlungskoeffizienten folgendermaßen ausdrücken:

$$\frac{I^-}{I^- + I^0 + I^+ + \cdots + I^{z+}}.$$

Ausgehend von diesen Definitionen kann man den Umwandlungskoeffizienten auf zwei Arten messen:

1. indem man die Stromstärke des auffallenden Strahls positiver Ionen und die Stromstärke der negativen Komponente im passierten Strahl mißt;
2. indem man die Intensitäten aller Ladungskomponenten im passierten Strahl mißt.

Bei der Messung des Umwandlungskoeffizienten nach der ersten Art ist es wichtig, mit dem Auffänger der negativen Strahlen alle im Target entstandenen negativen Ionen aufzufangen. Beim Durchgang der geladenen Teilchen durch das Target finden jedoch Vielfachstreuung und Energieverluste der Teilchen statt. Der mittlere Streuwinkel und der Energieverlust wachsen mit Vergrößerung der Targetdichte an.

Diese Gründe sowie einige andere (Anfangsdivergenz des Strahls, Abschwächung des Strahls durch Stöße der Ionen mit Molekülen des Restgases usw.) führen dazu, daß in den Auffänger der negativen Ionen weniger Ionen gelangen als im Target gebildet wurden. In diesem Falle wird der Umwandlungsprozeß durch den realen Umwandlungskoeffizienten $(I^-/I^+_{\text{auffall}})^*$ charakterisiert, der von den konkreten Bedingungen des Experimentes abhängt. Im Folgenden nennen wir die Werte des realen Umwandlungskoeffizienten, der nach der ersten Art gemessen wurde.

Um die optimalen Bedingungen der Umwandlung $H_2^+ \rightarrow H_1^-$ zu bestimmen, wurde der Umwandlungskoeffizient in Abhängigkeit von der Dampftemperatur im Boiler untersucht, d. h. in Abhängigkeit von der Strahldichte. Zur Untersuchung dieser Umwandlung wurden Ionenquellen nach Keller und nach Evans, Stier und Barnett benutzt, da diese Ionenquellen fast nur H_2^+-Ionen erzeugen.

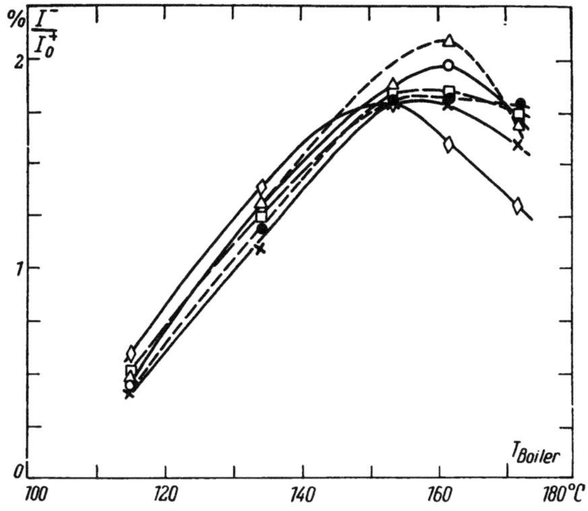

Abb. 10. Abhängigkeit des Umwandlungskoeffizienten von der Boilertemperatur bei verschiedenen Energien des positiven Ionenstrahls

◇ 21,4 keV □ 26,8 keV
△ 29,6 keV ○ 32,3 keV
● 35,3 keV × 37,8 keV

Die Abhängigkeit des Umwandlungskoeffizienten von der Boilertemperatur bei verschiedenen Energien des positiven Ionenstrahls zeigt Abb. 10. Diese Ergebnisse wurden mit einer Ionenquelle nach KELLER gewonnen.

Wie aus Abb. 10 hervorgeht, erreicht der Umwandlungskoeffizient seinen maximalen Wert 2,2% bei ~ 160 °C Boilertemperatur (Strahldichte $1{,}4 \cdot 10^{15}$ At/cm²) und einer Energie der H_2^+-Ionen von 29,5 keV. Das Vorhandensein eines Maximums in den Kurven weist darauf hin, daß wir tatsächlich den realen Umwandlungskoeffizienten bestimmen. Der wahre Umwandlungskoeffizient müßte bei Vergrößerung der Targetdichte einem Sättigungswert zustreben. Ein Vergleich der Umwandlungen $H_2^+ \to H_1^-$ und $H_1^+ \to H_1^-$ (siehe Arbeit [2]) zeigt, daß der Umwandlungskoeffizient für $H_2^+ \to H_1^-$ etwa zweimal größer ist als der für $H_1^+ \to H_1^-$. Dieses Resultat ist verständlich, wenn man annimmt, daß im Dampfstrahl-Target eine vollständige Dissoziation der H_2^+-Ionen stattfindet.

Die Abhängigkeit des $H_2^+ \to H_1^-$-Umwandlungskoeffizienten von der Energie der H_2^+-Ionen bei verschiedenen Strahldichten geben die Kurven der Abbildung 11 wieder. Wie man sieht, besteht im untersuchten Energieintervall keine Abhängigkeit des Umwandlungskoeffizienten von der Energie der H_2^+-Ionen.

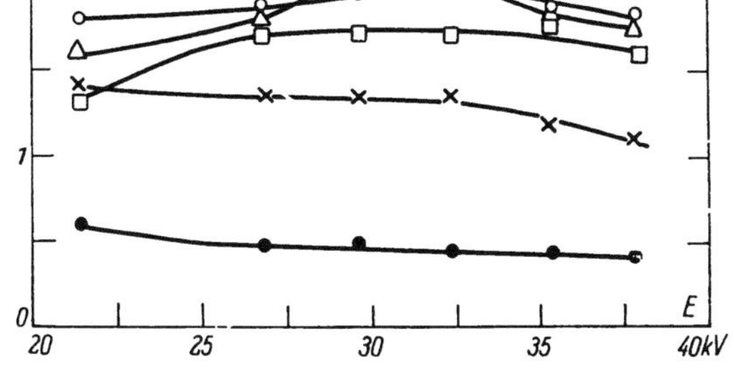

Abb. 11. Abhängigkeit des $H_2^+ \to H_1^-$- Umwandlungskoeffizienten von der Energie der H_2^+-Ionen bei verschiedenen Strahldichten

● 115° C × 144° C ○ 153° C
△ 161° C □ 172° C

Einen bedeutenden Einfluß auf die Erhöhung der Ausbeute negativer Ionen besitzt der Restgasdruck in dem Anlagenteil, in welchem sich die negativen Ionen bewegen, d. h. im Raum zwischen Strahlkammer und Kühlfalle des Magnetanalysators. Abb. 12 zeigt die Abhängigkeit des $H_2^+ \rightarrow H_1^-$-Umwandlungskoeffizienten von der Boilertemperatur bei verschiedenen Restgasdrücken in der Kammer des Magnetanalysators. Die untere Kurve wurde ohne Verbindungsrohr 26 (Abb. 1) aufgenommen. In diesem Fall betrug der Druck im Magnetanalysator 10^{-4} mm Hg. Die obere Kurve wurde mit dem Verbindungsrohr *26* aufgenommen, wobei der Druck im Magnetanalysator $5 \cdot 10^{-5}$ mm Hg betrug. Aus Abb. 12 entnimmt man, daß sich dabei die Ausbeute negativer Ionen um etwa 30% vergrößerte.

Die Ionenquelle nach Keller lieferte einen positiven Ionenstrahl von 180 bis 190 μA Stromstärke. Unter diesen Bedingungen erzielten wir einen stabilen Strahl negativer Wasserstoffionen von 4 μA.

Die Abhängigkeit des $H_2^+ \rightarrow H_1^-$-Umwandlungskoeffizienten von der Energie der H_2^+-Ionen bei Verwendung einer Ionenquelle nach Evans, Stier und Barnett zeigt Abb. 13. Die untere Kurve gibt den Umwandlungskoeffizienten, definiert als das Verhältnis I^-/I_0^+ (I_0^+ = Strom der positiven Ionen auf das Target) wieder. Die obere Kurve zeigt das Verhältnis I^-/I^+, wobei I^+ den mit dem Faraday-Zylinder 22 gemessenen Strom der H_2^+-Ionen bedeutet. Dieser Strom wird vor dem Einlassen und nach dem Abschalten des Dampfstrahls bestimmt. Als Monitor-Anzeige benutzten wir den Strom I_0^+, der mit dem Faraday-Zylinder *9* gemessen wurde und auf den Dampfstrahl auftraf. Da der Umwandlungskoeffizient I^-/I^+ die Einflüsse auf den Ionenstrahl zwischen den Faraday-Zylindern *9* und *22* erfaßt, liegt er dem wahren Wert näher als der Umwandlungskoeffizient I^-/I_0^+.

Die untere Kurve von Abb. 13 und die entsprechende Kurve von Abb. 11, die bei der gleichen Dampfstrahldichte aufgenommen wurden, weisen einen unter-

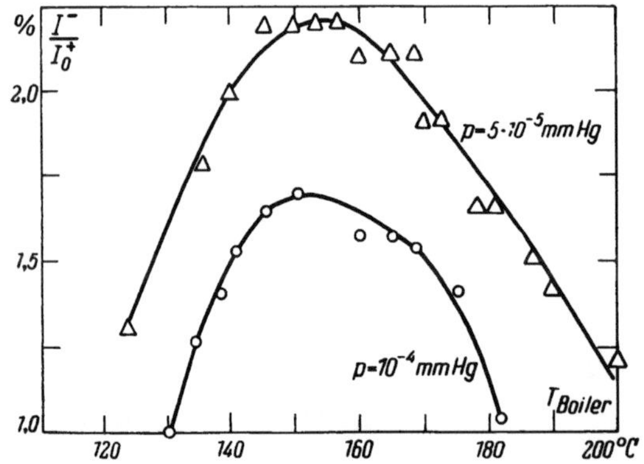

Abb. 12. Abhängigkeit des Umwandlungskoeffizienten von der Boilertemperatur bei verschiedenen Restgasdrücken in der Kammer des Magnet-Analysators

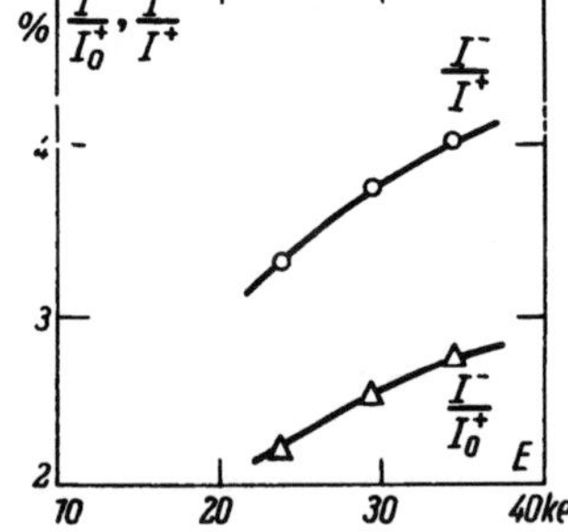

Abb. 13. Abhängigkeit des $H_2^+ \rightarrow H_1^-$-Umwandlungskoeffizienten von der Energie der H_2^+-Ionen bei Verwendung einer Ionenquelle nach Evans

schiedlichen Gang in Abhängigkeit von der Ionenenergie auf. Das ergibt sich aus der Verschiedenheit der Strahlfokussierung in den Ionenquellen nach KELLER und EVANS, STIER und BARNETT. Mit der Ionenquelle nach EVANS, STIER und BARNETT konnten wir einen positiven Ionenstrahl bis zu 400 μA erzielen und einen Strom negativer Wasserstoffionen bis zu 8 μA.

In der Arbeit [7] wurde gezeigt, daß der Umwandlungskoeffizient bei einem Öldampf-Target etwa zweimal kleinere Werte besitzt als bei einem Quecksilberdampf-Target. Daher haben wir bei der vorliegenden Untersuchung die Umwandlung $H_2^+ \rightarrow H_1^-$ in einem Öldampf-Target nicht vorgenommen.

Die von uns durchgeführten Versuche bestätigten die Annahme, daß es für die Erzeugung negativer Ionen günstiger ist, zur Umwandlung molekulare Wasserstoffionen zu benutzen. In dieser Hinsicht wäre die Umwandlung $H_3^+ \rightarrow H_1^-$ am besten geeignet, da das molekulare Ion in diesem Falle in drei atomare Teilchen dissoziiert. Wir benutzten zur Erzeugung von H_3^+-Ionenstrahlen eine Hochfrequenz-Ionenquelle nach REIFENSCHWEILER, weil Magnetionenquellen mit kalter Katode nur sehr geringen H_3^+-Ionenanteil liefern.

Die Untersuchung der Umwandlungskoeffizienten für H_1^+-, H_2^+- und H_3^+-Ionen in Abhängigkeit von der Dampfstrahldichte und der Ionenenergie erfolgte mit einer Ionenquelle nach REIFENSCHWEILER. Bei diesen Versuchen tritt der Wasserstoffstrahl nicht nach Massen getrennt in das Dampfstrahl-Target ein. Man kann den Umwandlungskoeffizienten für Ionen verschiedener Masse berechnen, wenn ihr entsprechender Anteil im Strahl bekannt ist. Die Zusammensetzung des positiven Ionenstrahls bestimmten wir vor dem Einlassen und nach dem Abschalten des Dampfstrahles. Während einer Versuchsdauer von 5 bis 6 Std. veränderte sich die Strahlzusammensetzung nur wenig. Die Umwandlungskoeffizienten berechneten wir für eine mittlere Strahlzusammensetzung, indem wir die Meßergebnisse vor Einschalten und nach Abschalten des Dampfstrahles mittelten.

Trotz dieser groben Methode stimmen die Umwandlungskoeffizienten für $H_1^+ \rightarrow H_1^-$ und $H_2^+ \rightarrow H_1^-$ in Abhängigkeit von der Dampfstrahldichte und der Ionenenergie zufriedenstellend mit den Ergebnissen der Arbeit [2] überein.

Den $H_3^+ \rightarrow H_1^-$-Umwandlungskoeffizienten in Abhängigkeit von der Ionenenergie bei optimaler Dichte des Dampfstrahl-Targets zeigt Abb. 14. Bis zu 37 keV wächst der Umwandlungskoeffizient monoton an und erreicht bei der größten Energie den Wert 4,5%. Auf Grund von Durchschlägen im Beschleunigungsrohr konnten wir die Ionenenergie nicht über 37 keV hinaus erhöhen. Ähnliche Versuche wurden mit einem Dampfstrahl von Vaselineöl der Marke Dl-A durchgeführt, der von einem H_3^+-Ionenstrahl durchsetzt wurde. In diesem Falle weist der Verlauf des $H_3^+ \rightarrow H_1^-$-Umwandlungskoeffizienten einen völlig anderen Charakter auf (Abb. 15). Hier wird ein Anwachsen des Umwandlungskoeffizienten bei Verringerung der Energie der H_3^+-Ionen von 37 auf 15 keV beobachtet. Bei 15 keV erreicht der Umwandlungskoeffizient für den Öldampf-Strahl den Wert 2,1%. Versuche mit Strahlen kleinerer Energie als 15 keV konnten nicht durchgeführt werden, da die Ionenkanone bei diesen Energien keinen ausreichend gut fokussierten Strahl lieferte.

In den beschriebenen Versuchen über die $H_3^+ \rightarrow H_1^-$-Umwandlung mit einer bei üblichen Betriebsdaten (20 bis 25% H_3^+-Ionen) arbeitenden Ionenquelle nach

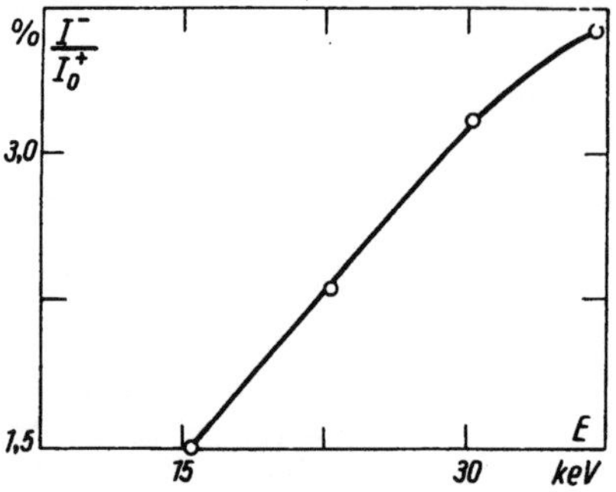

Abb. 14. Abhängigkeit des $H_3^+ \rightarrow H_1^-$-Umwandlungskoeffizienten von der Ionenenergie bei optimaler Dichte des Dampfstrahl-Targets

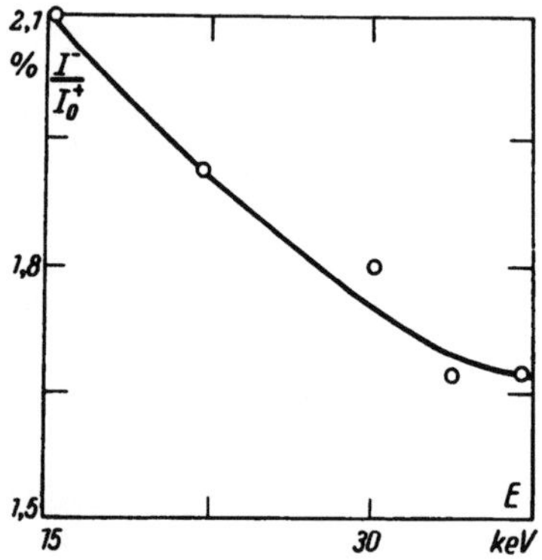

Abb. 15. Abhängigkeit des $H_3^+ \rightarrow H_1^-$-Umwandlungskoeffizienten von der Energie der H_3^+-Ionen für einen Dampfstrahl von Vaselineöl der Marke D1-A, der von H_3^+-Ionen durchsetzt wird

Reifenschweiler konnte ein maximaler H_1^--Ionenstrom von 5 μA erreicht werden. Beim Betrieb mit hohem Anteil von H_3^+-Ionen im Strahl gelang es, H_1^--Ionenströme von über 12 μA zu erzielen.

Aus den beschriebenen Versuchen kann man folgende allgemeine Schlußfolgerungen ziehen:

1. für die Erzeugung von negativen Wasserstoffionen ist es günstiger, die Umwandlungen $H_3^+ \rightarrow H_1^-$ und $H_2^+ \rightarrow H_1^-$ zu benutzen, nicht aber $H_1^+ \rightarrow H_1^-$.

2. die Umwandlungskoeffizienten sind für das Quecksilberdampf-Target größer als für das Öldampf-Target. Da die Ionenquellen bei gewöhnlicher Betriebsweise Strahlen mit hohem Gehalt von H_1^+- oder H_2^+-Ionen abgeben, benutzt man zweckmäßigerweise für die Erzeugung von H_1^--Ionen die Umwandlung $H_2^+ \rightarrow H_1^-$.

Fokussierung des negativen Ionenstrahls

Die visuelle Beobachtung des Brennflecks auf der Quarzplatte vor dem Faraday-Zylinder 22 (Abb. 1) zeigt, daß der negative Wasserstoffionenstrahl am Ausgang des Magnetanalysators etwa 20 mm Durchmesser aufweist. Vor dem Faraday-Zylinder 22 brachten wir eine Irisblende an. Mit ihrer Hilfe führten wir quantitative Messungen des Fokussierungsgrades des negativen Ionenstrahles durch.

Mit dieser Blende wurde der H_1^--Ionenstrom im Faraday-Zylinder in Abhängigkeit vom Radius r der strahlbegrenzenden Irisblende aufgenommen. Die Auswertung dieser Kurven nach der Gleichung $j = \frac{1}{2\pi r} \cdot \frac{dI}{dr}$ ermöglichte die Bestimmung der Stromdichteverteilung über den Radius.

Abb. 16. Verlauf $j = f(r)$ für die mit einer Ionenquelle nach KELLER erzeugten H_2^+-Ionen von 26 keV Energie

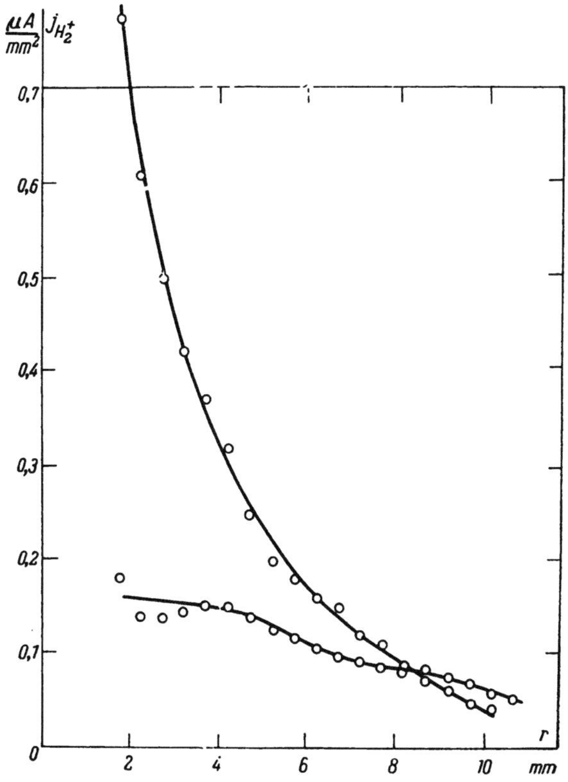

Zuerst wurde festgestellt, welchen Einfluß die Magnetlinse auf die Fokussierung des positiven Ionenstrahls besitzt. Abb. 16 zeigt den Verlauf $j = f(r)$ für die mit der Ionenquelle nach KELLER erzeugten H_2^+-Ionen von 26 keV Energie ohne Dampfstrahl-Target. Die untere Kurve gibt die Stromdichteverteilung bei abgeschalteter, die obere bei eingeschalteter Magnetlinse wieder. Aus diesen Kurven ist zu entnehmen, daß die Magnetlinse in diesem Fall den positiven Ionenstrahl hinreichend gut bündelt.

Für negative Wasserstoffionen zeigt Abb. 17 den Verlauf $j = f(r)$. Diese Ionen wurden bei der Umwandlung von H_2^+-Ionen der Energie 26 keV in einem Quecksilberdampfstrahl-Target optimaler Dichte erzeugt. Die Kurven 1 und 2 wurden am Strahl der Ionenquelle nach KELLER aufgenommen, die Kurve 3 am Strahl der Ionenquelle nach EVANS, STIER und BARNETT. Die Aufnahme der Kurven 2 und 3 erfolgte bei eingeschalteter Magnetlinse.

Wie aus Abb. 17 hervorgeht, bündelt die Magnetlinse den negativen Ionenstrahl schlechter als den positiven. Die Fokussierung des Strahls der Ionenquelle nach EVANS, STIER und BARNETT ist erheblich besser als die des Strahls der Ionenquelle nach KELLER. Die Fokussierung des negativen Ionenstrahls kann aber auch in diesem Fall nicht als ausreichend gut angesehen werden.

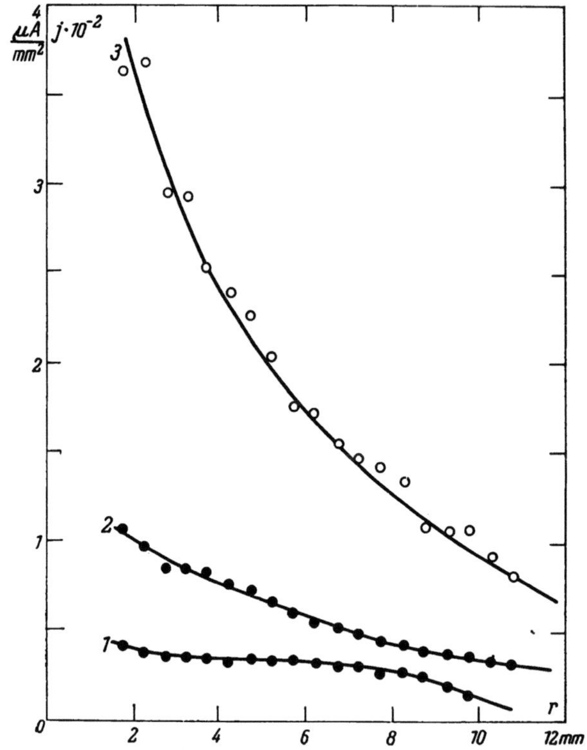

Abb. 17. Verlauf $j = f(r)$ für negative Wasserstoffionen. Kurven 1 und 2 Strahl der Ionenquelle nach Keller, Kurve 3 der Ionenquelle nach Evans

Das Fehlen einer guten Fokussierung des negativen Ionenstrahls, der im Target gebildet wurde, kann man durch die große Ausdehnung des Entstehungsortes der negativen Ionen (Dampfstrahl) erklären, der die „Lichtquelle" für die Magnetlinse darstellt.

Energieverluste der Ionen im Dampfstrahl

Es interessieren die Energieverluste der Ionen im Quecksilberdampfstrahl sowie die daraus folgende Energieverteilung im Ionenstrahl nach Passieren des Dampfstrahles.

Dazu wurden am Ein- und Ausgang des Magnetanalysators Blenden von 4 mm Durchmesser aufgestellt. Die Stromstärke des Protonenstrahls auf dem Faraday-Zylinder hinter der Ausgangsblende wurde in Abhängigkeit von der magnetischen Feldstärke in der Kammer des Analysators mit und ohne Dampfstrahl aufgenommen. Abb. 18 zeigt die Stromstärke des Protonenstrahls mit 19 keV Energie in Abhängigkeit von der Feldstärke bei optimaler Dichte des Dampfstrahles $1{,}7 \cdot 10^{15}$ At/cm² für die Umwandlung $H_1^+ \rightarrow H_1^-$. Wie aus der Abbildung hervorgeht, fallen die Maxima der Kurven innerhalb der Meßfehlergrenzen zusammen. Das spricht für einen sehr geringen Energieverlust der Protonen beim Durchgang

Abb. 18. Stromstärke des Protonenstrahls mit 19 keV Energie in Abhängigkeit von der Feldstärke des Magneten bei optimaler Dichte des Dampfstrahls $1{,}7 \cdot 10^{15}$ At/cm für die Umw. $H_1^+ \rightarrow H_1^-$

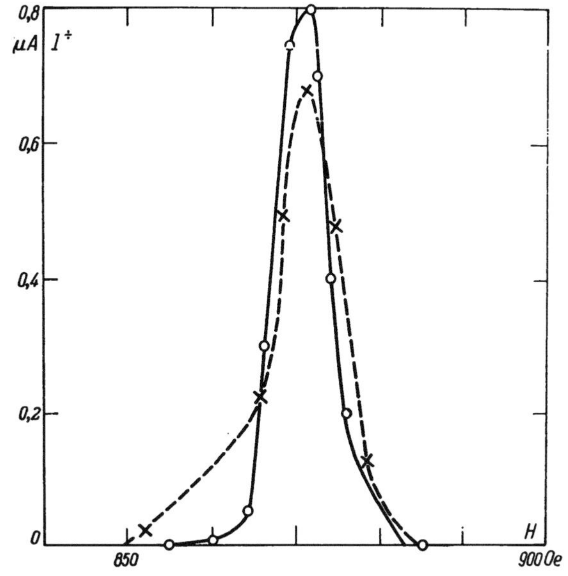

durch den Quecksilberdampfstrahl. Die durch Energieverluste der Ionen im Dampfstrahl hervorgerufene Energiestreuung des Ionenstrahls ist außerordentlich gering.

Das zweite Injektor-Modell

Der Aufbau des Injektors

Die im vorstehenden Kapitel angeführten Untersuchungsergebnisse des ersten Injektor-Modells für negative Wasserstoffionen bestätigten die Möglichkeit der Erzeugung eines Strahls von H_1^--Ionen mit einer Stromstärke bis 8 μA durch Umwandlung positiver Ionen in einem Quecksilberdampf-Target. Diese Strahlintensität reicht für die weitere Beschleunigung im Tandem-Generator aus. Die Strahlfokussierung am Ausgang des Injektors war jedoch unzureichend. Außerdem stellt der Eingang des Beschleunigungsrohres des Tandem-Generators eine Aperturlinse dar, die eine von der Generatorspannung abhängige Brennweite hat. Es war also eine Einrichtung zu schaffen, die den Brennpunkt des Strahls vor Eintritt in das Rohr zu regulieren gestattet, damit der Strahl auf die im Konduktor des Generators angebrachte Umladungs-Vorrichtung fokussiert werden kann. Außerdem mußte eine Korrekturmöglichkeit des Strahls vor Eintritt in das Beschleunigungsrohr vorgesehen werden, um den Strahl in die Gastargetachse der Umladungsvorrichtung justieren zu können.

Zur Lösung dieser Aufgaben wurde das zweite Injektor-Modell für negative Ionen aufgebaut. Das Schema des ionenoptischen Systems dieses Modells gibt Abb. 19 wieder.

Der aus der Ionenquelle austretende Strahl positiver Ionen wird durch die erste elektrostatische Quadrupollinse L_1 so fokussiert, daß der Brennpunkt des Ionen-

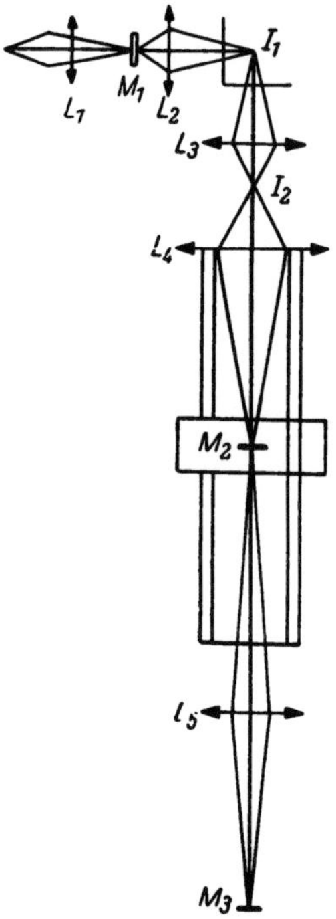

Abb. 19. Ionenoptisches System des zweiten Injektor-Modells

strahls im Dampfstrahl-Target liegt. Die zweite Quadrupollinse L_2 fokussiert den im Dampfstrahl gestreuten Strahl positiver Ionen auf den Eingang des Magnetanalysators. Nach dem Mangetanalysator wird dieser Strahl durch eine dritte Quadrupollinse L_3 fokussiert. Mit dieser Linse wird der Brennpunkt des Ionenstrahls vor dem Eintritt in das Beschleunigungsrohr so reguliert, daß er mit dem Brennpunkt der Eingangs-Aperturlinse des Beschleunigungsrohres zusammenfällt.

Das Schema des zweiten Injektor-Modells mit der neuen Ionenoptik stellt Abb. 20 dar. Wie man sieht, unterscheidet sich das zweite Injektor-Modell vom ersten dadurch, daß zwei elektrostatische Quadrupollinsen *5* und *16* vor dem Dampfstrahl-Target und hinter dem Magnetanalysator eingefügt und die Magnetlinse hinter dem Dampfstrahl-Target durch eine Quadrupollinse *8* ersetzt wurde. Außerdem kam neu hinzu der elektrostatische Korrektor *18*, der den Strahl in die Umladungs-Vorrichtung lenkt, sowie eine Pumpe *19* vom Typ MM-1000 zum Evakuieren des ersten Beschleunigungsrohres des Tandem-Generators.

Zur Untersuchung des Strahlenganges im Injektor wurden sechs Faraday-Zylinder aufgestellt: der erste (Strom I_0) direkt hinter die Ionenlinse der Ionenquelle (in Abb. 20 nicht gezeigt), der zweite (Strom I_I) vor die Kammer des Dampfstrahl-Targets, der dritte (Strom I_{II}) hinter die zweite Linse, der vierte (Strom I_{III}) in den geradlinigen Ausgang des Magnetanalysators, der fünfte (Strom I_{IV}) hinter die dritte Linse und der sechste (Strom I_V) hinter den elektrostatischen Korrektor.

Vor den Faraday-Zylindern für die Ströme I_{III}, I_{IV} und I_V waren Irisblenden angebracht, deren Öffnungsdurchmesser von 3 bis 21 mm geändert werden konnten. Mit diesen Blenden wurde die Abhängigkeit der Ströme I_{III}, I_{IV} und I_V vom Radius r der strahlbegrenzenden Irisblenden aufgenommen. Die Auswertung dieser Kurven nach der Gleichung $j = \frac{1}{2\pi r} \cdot \frac{dI}{dr}$ gestattete, die Stromdichteverteilung längs des Strahlradius zu bestimmen. Zur visuellen Beobachtung des Strahls waren vor den Faraday-Zylindern ausschwenkbare Quarzplatten angebracht.

Untersuchungen der Eigenschaften der Hochfrequenz-Ionenquelle

Im zweiten Injektor-Modell wurde der positive Ionenstrahl von einer Ionenkanone erzeugt, die aus einer Hochfrequenz-Ionenquelle, einer Ionenlinse und einem Beschleunigungsrohr mit Lochblenden bestand.

Wir benutzten die von Reifenschweiler vorgeschlagene Hochfrequenz-Ionenquelle [6]. Bei dieser Konstruktion wird zur primären Strahlfokussierung eine von Johannson und Scherzer [8] eingehend untersuchte Drei-Elektroden-Linse verwendet. Den Aufbau dieser Ionenquelle und der Drei-Elektroden-Linse zeigt Abb. 6. In den Stutzen *5* stellten wir einen Faraday-Zylinder mit 24 mm Öff-

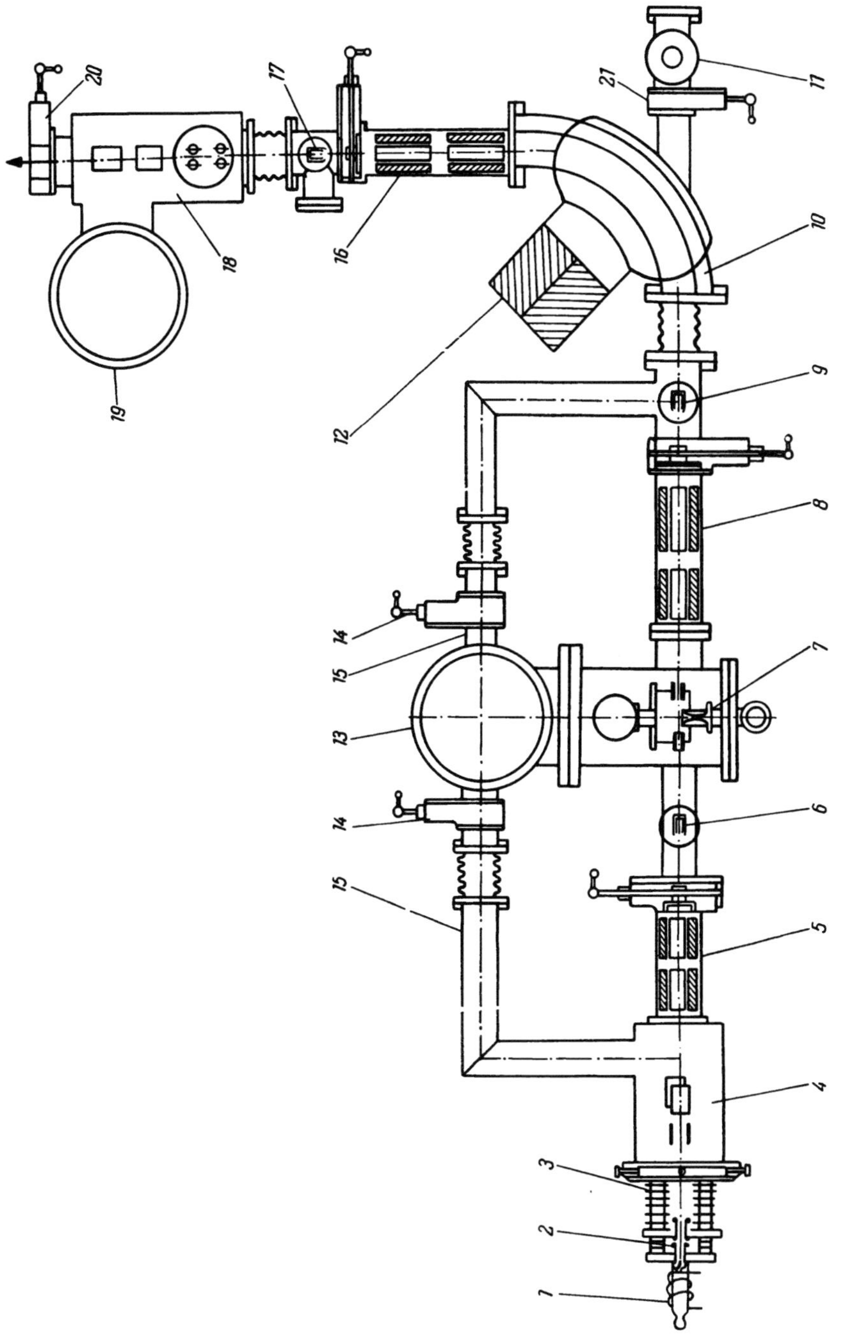

Abb. 20. Schema des zweiten Injektormodells mit der neuen, leistungsfähigen Optik

nungsdurchmesser, mit welchem der Ionenstrom I_0 der Ionenquelle gemessen wurde. Mit der in Abb. 6 dargestellten Ionenquelle führten wir eine Reihe von Messungen durch, die dazu dienten, die Abhängigkeit des Stroms von verschiedenen Parametern festzustellen.

Zuerst suchten wir die optimalen Abmessungen der Sonde und des aufgesetzten Quarzröhrchens. Diese Abmessungen ergaben sich zu: Durchmesser und Länge des Kanals in der Sonde 2,3 und 10 mm, äußerer Durchmesser der Sonde 4,3 mm, Abstand der Endfläche des Quarzröhrchens von der Stirnfläche der Sonde 2,3 mm. Unter diesen Bedingungen untersuchten wir die Abhängigkeit der Stromstärke I_0 vom Gasverbrauch der Ionenquelle, von der Absaugspannung, von der Leistung des Hochfrequenz-Generators[1]) und von der Lage der Schwingkreisspule bezüglich der Sonde.

Abb. 21 stellt die Stromstärke I_0 in Abhängigkeit vom Gasverbrauch dar. Wie man dieser Kurve entnehmen kann, steigt I_0 bei einem Gasverbrauch von 10 bis 45 cm^3/Std. schnell an; nach einem Maximum bei etwa 60 cm^3/Std. fällt die Stromstärke wieder ab. Für Sondenkanäle mit anderen Diffusionswiderständen verschiebt sich diese typische Kurve nur in Richtung der Abszissenachse.

Abb. 22 zeigt den Verlauf der Stromstärke I_0 in Abhängigkeit vom Abstand zwischen dem Spulenende und der Stirnfläche der Sonde. Wie man sieht, erreicht der Strom sein Maximum bei $S = 6$ bis 10 mm.

Die Abhängigkeit I_0 von der Absaugspannung bei verschiedenen Generatorleistungen charakterisiert die Kurvenschar in Abb. 23.

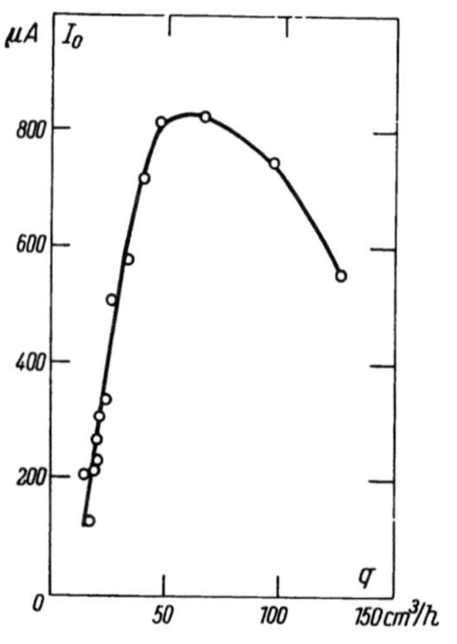

Abb. 21. I_0 in Abhängigkeit vom Gasstrom

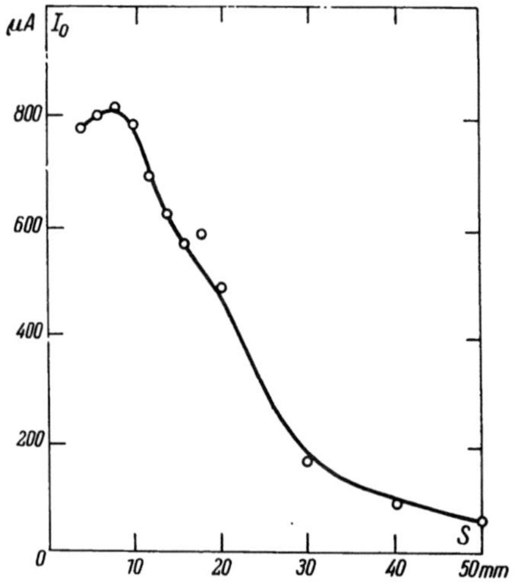

Abb. 22. I_0 in Abhängigkeit vom Abstand zwischen dem Spulenende und der Stirnfläche der Sonde

---

[1]) Zur Anregung der Hochfrequenz-Entladung benutzten wir einen mit zwei metall-keramischen Trioden GI-6B aufgebauten push-pull-Generator.

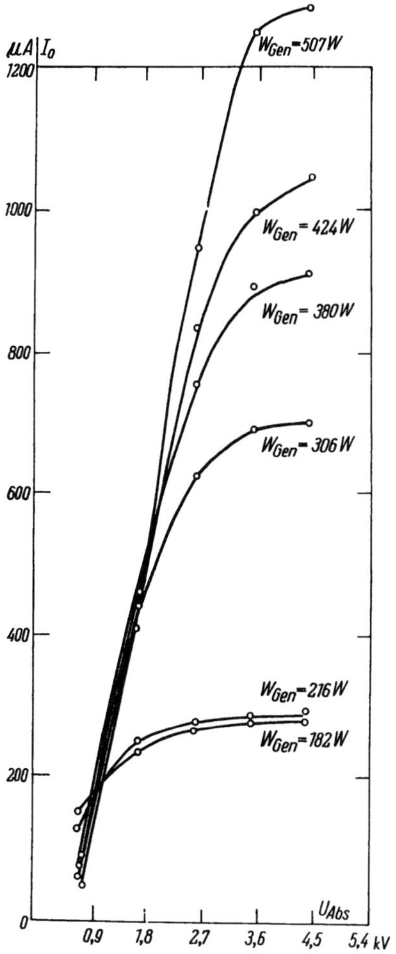

Abb. 23. I_0 in Abhängigkeit von U_{Absaug} bei verschiedenen Leistungen des Generators

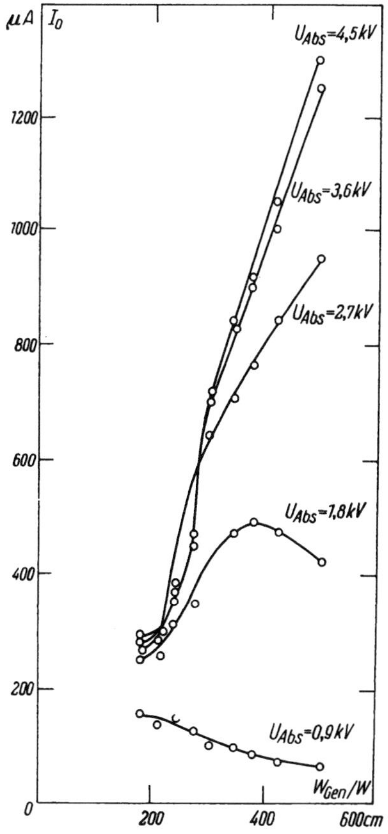

Abb. 24. I_0 in Abhängigkeit von der Leistung des Generators bei verschiedenen Werten U_{Absaug}

Abb. 24 gibt I_0 in Abhängigkeit von der Generatorleistung bei verschiedenen Werten der Absaugspannung wieder.

Zur Klärung der Frage, welcher Teil des Stromes I_0 fokussiert werden kann, wurde der Strom I_{I} des FARADAY-Zylinders vor der Dampfstrahl-Target-Kammer in Abhängigkeit von der Absaugspannung bei verschiedenen Spannungen am Beschleunigungsrohr aufgenommen. Für jede Absaugspannung wurde zuerst die optimale Fokussierspannung gesucht.

Abb. 25 stellt die Kurven $I_{\mathrm{I}} = f(U_{\mathrm{Absaug}})$ bei den Beschleunigungsrohr-Spannungen 12,2; 18,3; 24,4 und 30,5 kV dar. In der gleichen Abbildung ist die Kurve $I_0 = f(U_{\mathrm{Absaug}})$ gestrichelt eingezeichnet. Wie man sieht, wird bei Span-

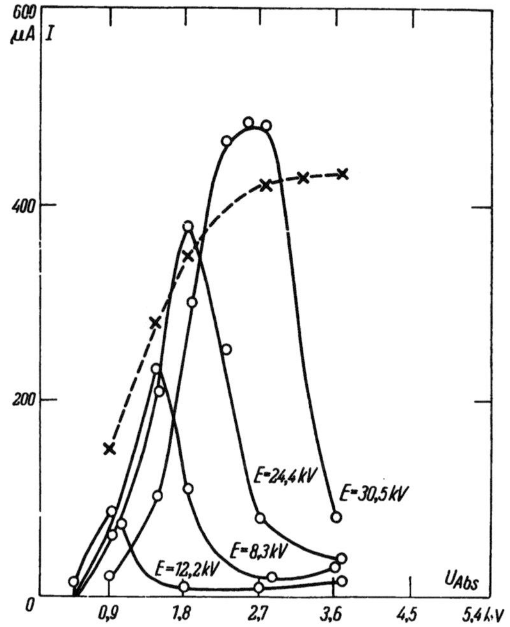

Abb. 25. Abhängigkeit $I_I = f(U_{\text{Absaug}})$ bei verschiedenen optimalen Fokussierspannungen

nungen höher als 24 kV der gesamte Strom I_0 auf den vor der Dampfstrahl-Target-Kammer angeordneten FARADAY-Zylinder fokussiert.[1])

Weitere Untersuchungen führten wir unter folgenden Bedingungen durch: $q = 30$ bis $40\ \text{cm}^3/\text{Std.}$, $S = 6$ mm, $W_{\text{Gen}} = 300$ W und $U = 2$ bis 3 kV. Bei diesen Bedingungen betrug der Strom I_0 350 bis 400 μA. Die Hochfrequenz-Ionenquelle erzeugt jedoch bei größeren Werten von U_{Absaug} und W_{Gen} zwei- bis dreimal größere Ströme I_0.

Der Durchgang des positiven Ionenstrahls

Nachdem wir durch optisches Visieren erreichten, daß alle Teile der Ionenleitung genau in einer Achse lagen, untersuchten wir den Durchgang des positiven Wasserstoffionenstrahls durch die Anlage.

Als Größe, die den Durchgang des Strahls charakterisiert, wählten wir das Verhältnis $\Sigma I_V/I_0$, ΣI_V bedeutet den mit dem sechsten FARADAY-Zylinder gemessenen summarischen Strom der Ionen aller Strahlkomponenten und I_0 den am ersten FARADAY-Zylinder gemessenen Strom.

Der Strahldurchgangsmessung durch die gesamte Anlage gingen Messungen des Strahldurchganges durch ihre einzelnen Teile voraus. Es wurde festgestellt, daß der Strahldurchgang von der Ionenenergie abhängt. In Abb. 26 ist der Strahldurchgang in Abhängigkeit von der Ionenenergie dargestellt. Wie man sieht, wächst der Strahldurchgang mit dem Anwachsen der Energie im Intervall 22 bis 32 keV (43 bis 63%) schneller als im Intervall 32 bis 53 keV (63 bis 75%).

Die Strahlausmaße ändern sich nicht, wenn die Kanäle aus der Strahlkammer entfernt werden. Diese Änderungen, wie auch alle weiteren, wurden bei $I_0 = 350$ bis 400 μA Stromstärke vorgenommen.

Die Spannungen an den Elektroden der drei Quadrupollinsen (Größenordnung 0,25 bis 2 kV) und den Spannungsunterschied an der Ionenlinse der Ionenquelle (Regelbereich 1,8 bis 2,6 kV) wählten wir so, daß größtmöglicher Strahldurchgang

[1]) Daß die Maxima der Kurven $I_I = f(U_{\text{Absang}})$ bei 24,4 kV und 30,5 kV über der Kurve $I_0 = f(U_{\text{Absang}})$ liegen, weist darauf hin, daß der Strahldurchmesser am Eingang des den Strom I_0 messenden FARADAY-Zylinders mehr als 24 mm beträgt.

erreicht wurde. Bei einer Energie von 22 keV wurde der größte Strahldurchgang bei Kurzschluß von 6 bis 8 Ringelektroden des Beschleunigungsrohres auf der Erdseite erreicht.

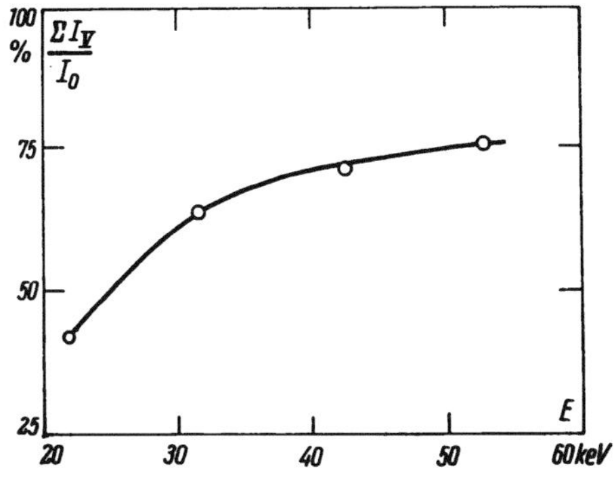

Abb. 26. Der Strahldurchgang in Abhängigkeit von der Ionenenergie

Fokussierung der positiv geladenen Ionen

Bevor wir die Fokussierung der negativen Ionen am Ausgang der Ionenquelle negativer Ionen untersuchten, prüften wir die Fokussierung der positiven Ionen.

Eine eingehende Untersuchung der Fokussierung der positiven Ionen führten wir in zwei Entfernungen, einmal 45 cm und einmal 100 cm von der Mittelachse der dritten Linse mit dem fünften und sechsten FARADAY-Zylinder mit verstellbarer Blende durch.

Abb. 27 gibt die Kurven $I = f(r)$ und $j = \varphi(r)$ für einen Protonenstrahl von 32,4 keV Energie wieder. Abb. 28 zeigt die Kurven j/j_{max} für den gleichen Fall. Wie aus diesen Kurven hervorgeht, besteht bei der kleineren Entfernung von der dritten Linse eine bessere Strahlfokussierung als bei der größeren. Das wird sowohl durch die Kurven der Abbildungen 27 und 28 als auch durch folgende Angaben bestätigt. Der Strahldurchmesser bei der kleineren Entfernung beträgt 12 mm, bei der größeren mehr als 21 mm. Beim Strahldurchmesser von 12 mm beträgt die Stromdichte noch 22% der maximalen Stromdichte.

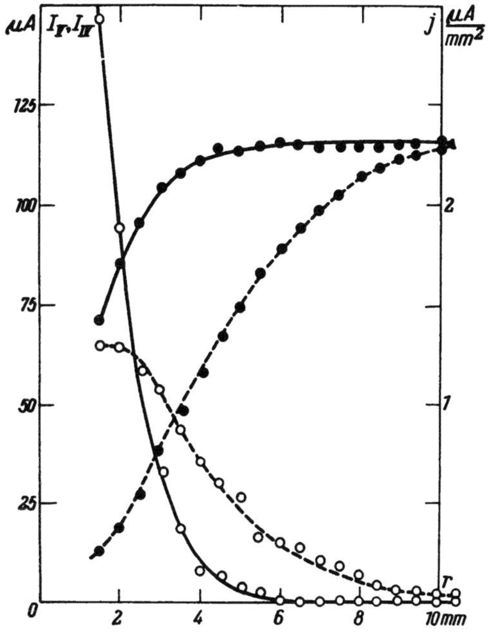

Abb. 27. Die Abhängigkeiten $I = f(r)$ und $j = \varphi(r)$ für einen Protonenstrahl von 32,4 keV Energie

●●● I ○○○ j ——— kleinere Entfernung
– – – größere Entfernung

Durch eine Blende von 3 mm Durchmesser gelangt in den fünften FARADAY-Zylinder ein Strahl von 70 μA Stromstärke, in den sechsten von nur 13 μA. Auch in allen anderen Fällen, d. h. für H_2^+- und H_3^+-Ionen und für andere Energien, wurde bei der kleineren Entfernung eine bessere Strahlfokussierung beobachtet.

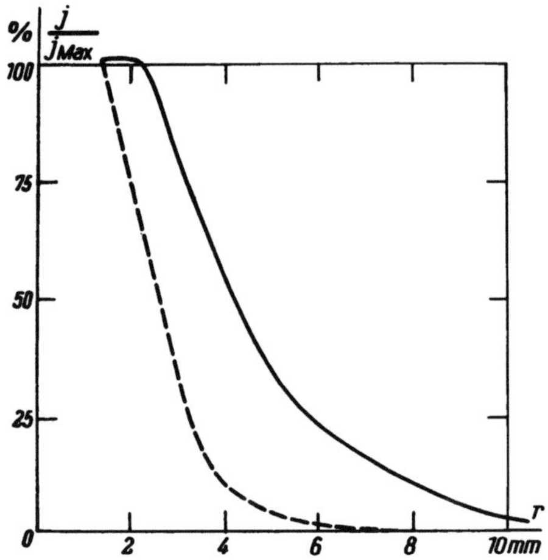

Abb. 28. Die Abhängigkeit $j/j_{max} = f(r)$ für einen Protonenstrahl von 32,4 keV Energie

--- kleinere Entfernung
——— größere Entfernung

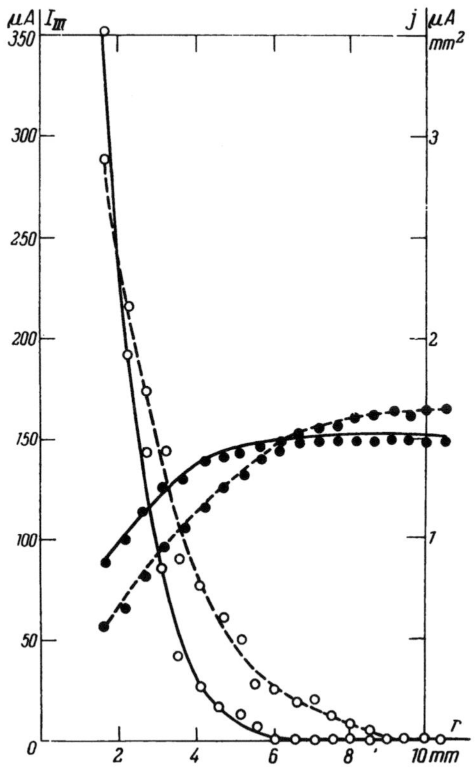

Abb. 29. Abhängigkeit $I(r)$ und $j(r)$ für einen Protonenstrahl von 43 keV Energie

●●● I
○○○ j
——— Fokussierung auf die Öffnung von 3 mm
--- Fokussierung auf die Öffnung von 21 mm

Optimale Fokussierung in der Blendenebene vor dem Faraday-Zylinder erreichten wir auf zwei Arten. Im ersten Fall wurde durch Regulierung der Linsenspannung ein maximaler Ionenstrom bei minimalem Blendendurchmesser (3 mm) erzielt und im zweiten Falle bei maximalem Blendendurchmesser (21 mm).

Abb. 29 gibt die Kurven $I = f(r)$ und $j = \varphi(r)$ für einen Protonenstrahl von 43 keV Energie wieder. Man sieht, daß die Strahlfokussierung auf die kleine Blende etwas bessere Ergebnisse zeigt als die Fokussierung auf die große Blende, obwohl die maximale Stromstärke im zweiten Falle ein wenig größer ist.

Die von uns durchgeführten Untersuchungen zeigten, daß die Stromdichteverteilungen im Strahl der H_1^+-, H_2^+- und H_3^+-Ionen im Energieintervall von 22 bis 43 keV innerhalb der Meßfehlergrenzen nicht von der Ionenart oder ihrer Energie abhängt. In allen Fällen gelangten durch eine Blende von 8 mm Durchmesser nicht weniger als 90% des Ionenstrahls.

Der Umwandlungskoeffizient

Bevor wir zur Untersuchung der Fokussierung negativer Ionen übergingen, untersuchten wir die Abhängigkeit des realen Umwandlungskoeffizienten für posi-

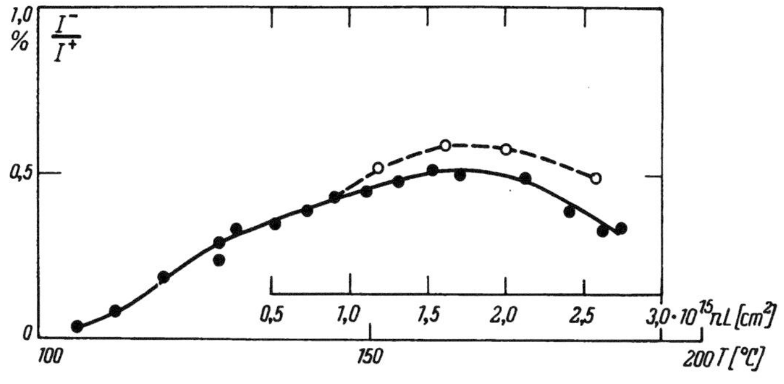

Abb. 30. $H_1^+ \rightarrow H_1^-$-Umwandlungskoeffizient in Abhängigkeit von der Dichte des Dampfstrahl-Targets für 30 keV Protonen

tive Wasserstoffionen in negative von der Dichte des Dampfstrahl-Targets (Boilertemperatur) und von der Ionenenergie.

Abb. 30 zeigt den Umwandlungskoeffizienten $H_1^+ \rightarrow H_1^-$ in Abhängigkeit von der Dichte des Dampfstrahl-Targets für Protonen von 30 keV Energie. Die ausgezogene Kurve wurde am zweiten Modell der Ionenquelle negativer Ionen aufgenommen, die gestrichelte am ersten Modell.

Wie aus Abb. 30 hervorgeht, hat sich weder die Lage des Maximums ($t = 170$ °C, $n\,L = 2 \cdot 10^{15}$ Atome/cm²) noch die Größe des Umwandlungskoeffizienten in den vorliegenden Messungen wesentlich gegenüber den Werten früherer Messungen geändert.

In Abb. 31 wird der Umwandlungskoeffizient für $H_1^+ \rightarrow H_1^-$ in Abhängigkeit von der Protonenenergie aus Arbeit [2] (gestrichelte Kurve) und aus der vorliegenden Arbeit (ausgezogene Kurve) miteinander verglichen. Der Vergleich zeigt, daß sowohl der Verlauf des Umwandlungskoeffizienten in Abhängigkeit von der

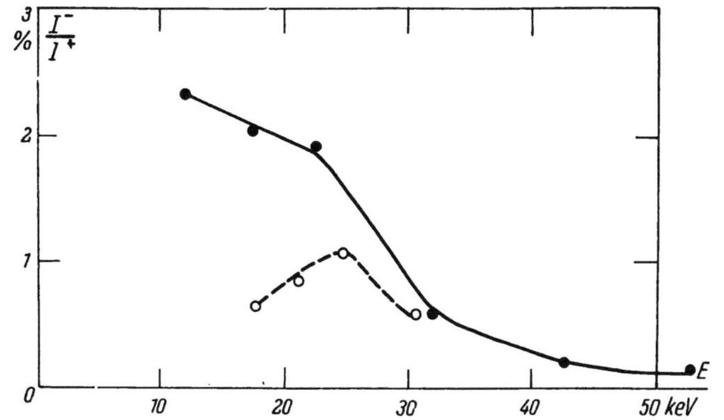

Abb. 31. Vergleich des $H_1^+ \rightarrow H_1^-$-Umwandlungskoeffizienten in Abhängigkeit von der Protonenenergie

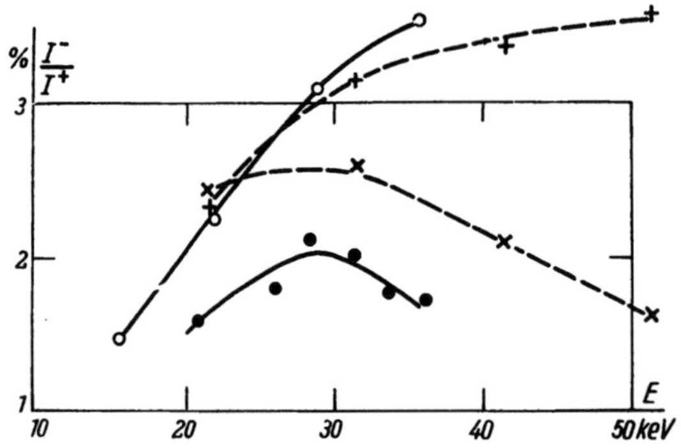

Abb. 32. Der Umwandlungskoeffizient in Abhängigkeit von der Energie der positiven Wasserstoffionen

——— Ergebnisse der vorliegenden Arbeit
– – – Ergebnisse der Arbeit von L. I. Krupink (Dissertation)
○, + Umwandlung $H_3^+ \rightarrow H_1^-$
●, × Umwandlung $H_2^+ \rightarrow H_1^-$

Energie wie auch seine Größe im Energiebereich unter 25 keV verschieden sind. Das war zu erwarten, da die Größe des realen Umwandlungskoeffizienten in starkem Maße von den ionenoptischen Eigenschaften des Systems abhängt [6]. Da die Fokussierung der negativen Ionen im vorliegenden Modell im Vergleich zum ersten Injektor-Modell verbessert wurde (siehe später), ist anzunehmen, daß die in der vorliegenden Arbeit erzielten Werte des realen Umwandlungskoeffizienten dem tatsächlichen Umwandlungskoeffizienten näher liegen als die früher von uns erreichten Werte.

Wie man aus Abb. 32 ersieht, treten bei den Umwandlungskoeffizienten für $H_2^+ \rightarrow H_1^-$ und $H_3^+ \rightarrow H_1^-$ dieser und unserer früheren Arbeit [1] keine so großen Unterschiede auf wie für die Umwandlung $H_1^+ \rightarrow H_1^-$.

Fokussierung der negativen Ionen

Die Fokussierung der negativen Ionen wurde in den beiden gleichen Stellungen untersucht wie auch die Fokussierung der positiven Ionen.

Wie im Fall der positiven Ionen war die Fokussierung des Strahls negativer Ionen bei der kürzeren Entfernung von der dritten Linse besser als bei dem größeren Abstand. Dies zeigen die Kurven $j/j_{max} = f(r)$ für H_1^--Ionen von 22,4 keV Energie (Abb. 33). Ähnlich verhält es sich auch für andere Energien der H_1^--Ionen, wie man aus Tab. 1 ersehen kann, in der die Werte j/j_{max} und I/I_{max} für eine Blende von 8 mm Durchmesser angeführt sind.

Tabelle 1

Die Verhältnisse j/j_{max} und I/I_{max} für eine Blende von 8 mm Durchmesser

Energie der positiven Ionen	Umwandlung	j/j_{max} kleinere Entfernung	j/j_{max} größere Entfernung	I/I_{max} kleinere Entfernung	I/I_{max} größere Entfernung
22,4	$H_1^+ \rightarrow H_1^-$	0,075	0,35	0,92	0,56
32,4	$H_1^+ \rightarrow H_1^-$	0,12	0,37	0,80	0,53
32,4	$H_3^+ \rightarrow H_1^-$	0,21	0,68	0,73	0,29
43,0	$H_1^+ \rightarrow H_1^-$	0,21	0,43	0,71	0,34
53,3	$H_3^+ \rightarrow H_1^-$	0,14	0,39	0,75	0,34

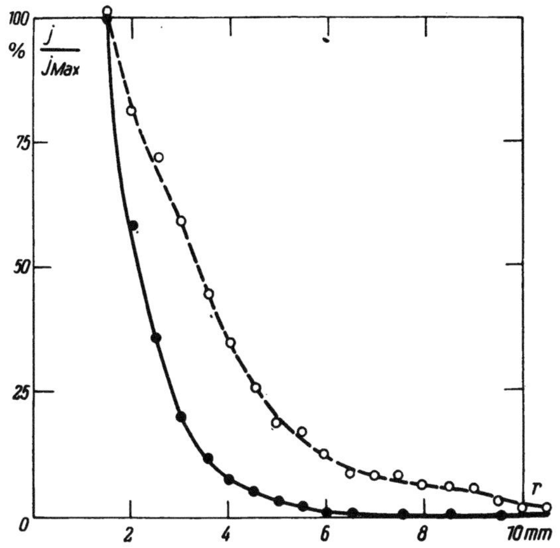

Abb. 33. Abhängigkeit $j/j_{max} = f(r)$ für H_1^--Ionen von 22,4 keV Energie

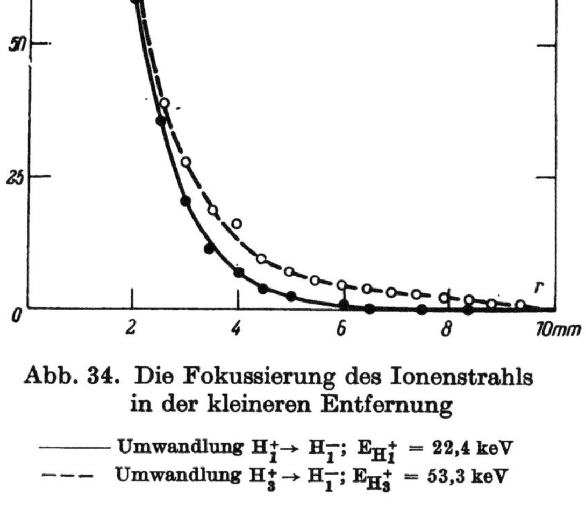

Abb. 34. Die Fokussierung des Ionenstrahls in der kleineren Entfernung

——— Umwandlung $H_1^+ \rightarrow H_1^-$; $E_{H_1^+} = 22{,}4$ keV

– – – Umwandlung $H_3^+ \rightarrow H_1^-$; $E_{H_3^+} = 53{,}3$ keV

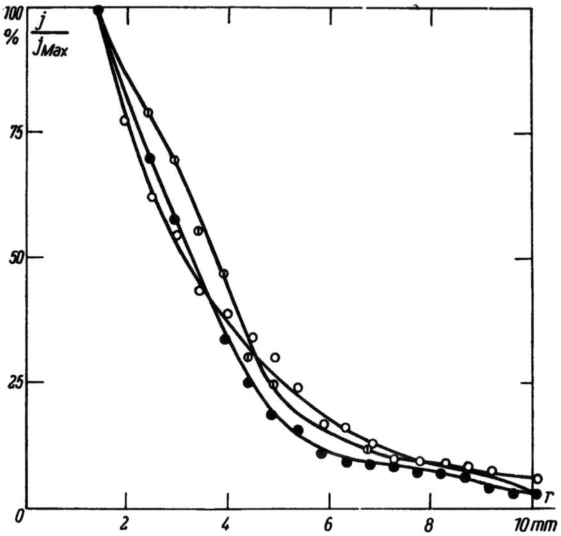

Abb. 35. Die Fokussierung des Ionenstrahls in der größeren Entfernung

●●● Umwandlung $H_1^+ \to H_1^-$; $E_{H_1^+} = 22{,}4$ keV
○○○ Umwandlung $H_2^+ \to H_1^-$; $E_{H_2^+} = 43$ keV
⦶⦶⦶ Umwandlung $H_3^+ \to H_1^-$; $E_{H_3^+} = 53{,}3$ keV

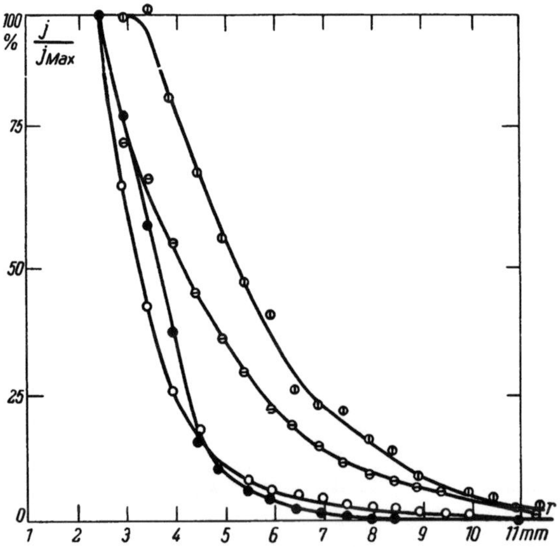

Abb. 36. Die Kurven $j/j_{max} = f(r)$ in verschiedenen Fokus-Entfernungen

○○○ H_1^-, ●●● H_1^+ } bei kleinerer Entfernung ⊖⊖⊖ H_1^-, ⦶⦶⦶ H_1^+ } bei größerer Entfernung

Aus Tab. 1 geht hervor, daß bei gleicher Energie der positiven Ionen die H_1^--Ionen der Umwandlung $H_1^+ \to H_1^-$ besser fokussiert werden als die der Umwandlung $H_3^+ \to H_1^-$. Dieser Unterschied ist bei der größeren Entfernung ausgeprägter als bei der kleineren.

Die Fokussierung des H_1^--Ionenstrahls etwa gleicher Energie, aber aus Umwandlungen verschiedener positiver Ionen stammend, ist innerhalb der Meßfehler gleich, wie Abb. 34 und 35 zeigen.

Die in Abb. 36 angeführten Kurven $j/j_{max} = f(r)$ gestatten, die Fokussierung der positiven und negativen Ionen in dem von uns untersuchten Injektor-Modell miteinander zu vergleichen. Wie man aus der Abbildung entnimmt, besitzen die positiven und negativen Ionen in der kleineren Entfernung praktisch gleiche Fokussierung, in der größeren Entfernung jedoch werden die negativen Ionen besser als die positiven fokussiert.

Abb. 37 zeigt die Kurven $j/j_{max} = f(r)$, die es gestatten, die Fokussierung des negativen Ionenstrahls etwa gleicher Energie im ersten und zweiten Injektor-Modell miteinander zu vergleichen. Die H_1^--Ionen stammten im ersten Modell aus der Umwandlung $H_2^+ \to H_1^-$. Der Strahl der H_2^+-Ionen von 26 und 28,4 keV Energie wurde in Magnet-Ionenquellen mit kalter Katode nach KELLER [4] (Kurve I) und nach BARNETT, STIER und EVANS [5] (Kurve II) erzeugt. In dem zweiten Modell wurden die H_1^--Ionen aus der Umwandlung $H_3^+ \to H_1^-$ von H_3^+-Ionen mit 43 keV Energie gewonnen.

Wie man aus Abb. 37 entnimmt, wird der H_1^--Ionenstrahl im zweiten Injektor-Modell bedeutend besser fokussiert als im ersten.

In Tab. 2 sind die Werte der Verhältnisse $I_{d=3}/I_{max}$ und $I_{d=8}/I_{max}$ angeführt, die zeigen, welcher Teil des maximalen Stroms durch die Blenden von 3 und 8 mm Durchmesser hindurchtritt und in den FARADAY-Zylinder mit einem Blendendurchmesser von 21 mm gelangt.

Die in den vorliegenden Versuchen erzielte absolute Stromstärke und Stromdichte des negativen Ionenstrahls wird durch die Kurven $I = f(r)$ und $j = \varphi(r)$

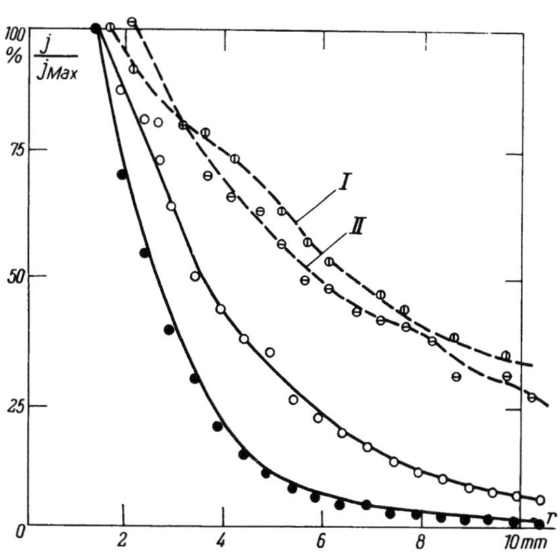

Abb. 37. Vergleich der Fokussierung des negativen Ionenstrahls des ersten (I) und zweiten (II) Injektormodells

– – – Ergebnisse des ersten Modells
——— Ergebnisse des zweiten Modells
○○○ und ⊖⦶⦶ kleinere Entfernung
●●● größere Entfernung

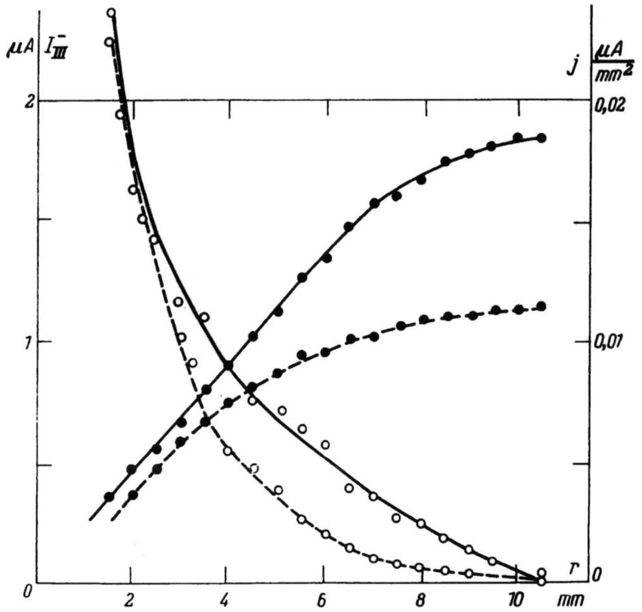

Abb. 38. I_{III} und j in Abhängigkeit vom Ort der Fokussierung für die $H_1^+ \to H_1^-$-Umwandlung

●●● I ○○○ j ——— $E_{H_1^+} = 22{,}4$ keV - - - $E_{H_1^+} = 32{,}4$ keV

Tabelle 2

Die Verhältnisse $I_{d=3}/I_{max}$ und $I_{d=8}/I_{max}$ für verschiedene Ionenquellen-Modelle

Ionenquelle	$I_{d=3}/I_{max}$	$I_{d=8}/I_{max}$
Modell I, Ionenquelle nach Keller	0,03	0,24
Modell I, Ionenquelle nach Barnett u. a.	0,01	0,22
Modell II, größere Entfernung	0,13	0,52
Modell II, kleinere Entfernung	0,18	0,58

der Abbildungen 38 und 39 charakterisiert. Der erreichte maximale H_1^--Ionenstrom der Umwandlung $H_1^+ \to H_1^-$ beträgt 1,6 μA, während der maximale Strom aus der $H_3^+ \to H_1^-$-Umwandlung 7,4 μA beträgt. Somit liegen die in der vorliegenden Arbeit erzielten negativen Ionenströme in der gleichen Größenordnung wie die Ströme im ersten Injektor-Modell. Man muß jedoch darauf hinweisen, daß die hier beschriebenen Versuche bei $I_0 = 350$ bis 400 μA Stromstärke durchgeführt wurden. Wie aus den Angaben im Kapitel über die Hochfrequenz-Ionenquelle folgt, kann man bei größeren Absaugspannungen und Generatorleistungen 2 bis 3mal so große I_0-Ströme erreichen wie wir sie bei unseren Messungen verwendeten.

Abb. 39. I_{IV} und j in Abhängigkeit vom Ort der Fokussierung für die $H_3^+ \rightarrow H_1^-$-Umwandlung

●●● I
○○○ j
——— $E_{H_3^+}$ = 53,3 keV
– – – $E_{H_3^+}$ = 43 keV
–·–·– $E_{H_3^+}$ = 32,4 keV

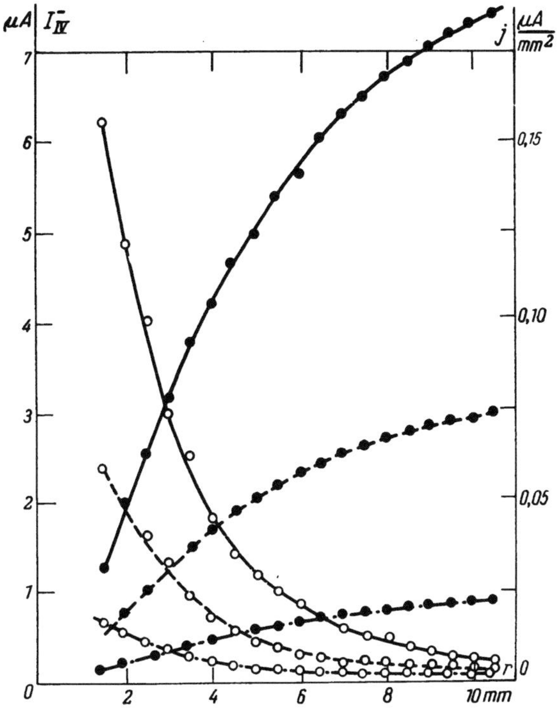

Auf Grund der Untersuchungsergebnisse des ersten und zweiten Injektor-Modells kann man folgende Schlußfolgerungen ziehen:

1. Das zweite Injektor-Modell besitzt eine bedeutend bessere Fokussierung des negativen Ionenstrahls als das erste.

2. Beide Modelle weisen die gleiche Stromstärke des negativen Ionenstrahls auf (1,5 bis 2 μA für die Umwandlung $H_1^+ \rightarrow H_1^-$ und 7 bis 8 μA für die Umwandlung $H_3^+ \rightarrow H_1^-$).

3. Bei größeren Absaugspannungen und Generatorleistungen der Hochfrequenz-Ionenquelle kann man 3 bis 5 μA aus der Umwandlung $H_1^+ \rightarrow H_1^-$ und 15 bis 20 μA aus der Umwandlung $H_3^+ \rightarrow H_1^-$ erreichen.

Das dritte Injektor-Modell

Die in der Universität Wisconsin von Weinman und Cameron [3] gebaute Ionenquelle negativer Wasserstoffionen besitzt gute Eigenschaften. Sie liefert 25 bis 30 μA H_1^--Ionenstrom bei 3 bis 6 mm Strahldurchmesser. Ein großer Nachteil dieser Ionenquelle besteht darin, daß für die Umwandlung positiver Wasserstoffionen in negative ein strömendes Gas als Target benutzt wird. Aus diesem Grunde muß die Ionenquelle von einer starken Pumpe mit einer Sauggeschwindigkeit bis zu 7000 Liter/sec abgepumpt werden. Auch unter diesen

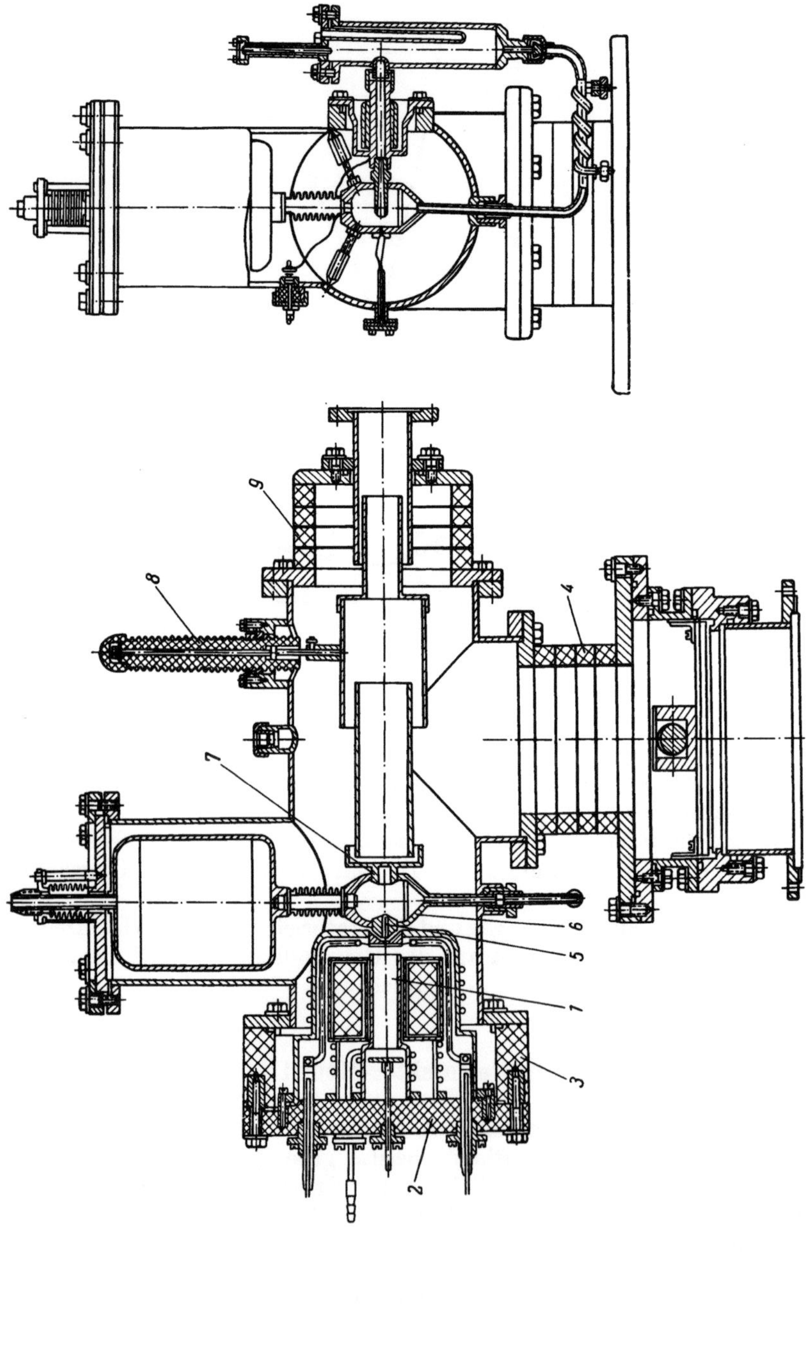

Abb. 40. Aufbau des dritten Injektor-Modells

Bedingungen beträgt der Druck in der Kammer nur 10^{-4} mm Hg. Eine Untersuchung dieser Ionenquelle zeigte, daß an Stelle des strömenden Gases als Target ein Dampfstrahl-Target verwendet werden kann. Den Aufbau des Injektor-Modells nach dieser Idee zeigt Abb. 40. Zur Erzeugung der positiven Ionen wird eine Ionenquelle mit heißer Katode *1* nach KISTERMAKER und DEKKER [9] verwendet, die eingehend in der Arbeit dieser Autoren beschrieben ist. Die Ionenquelle wird am Flansch *2* isoliert vom Injektorgehäuse durch den Plexiglasring *3* anmontiert. Das Injektorgehäuse ist von der Pumpe MM-1000 durch einen Porzellanisolator *4* isoliert. Die den Strahl positiver Ionen formierende Absaugelektrode *5* dient gleichzeitig als Eingangskanal *6* des Dampfstrahl-Targets. Die durch den Ausgangskanal *7* des Dampfstrahl-Targets austretenden Wasserstoffionen werden durch eine Drei-Elektroden-Linse gebündelt, deren mittlere und letzte Elektrode durch den Plexiglasisolator *8* und den Porzellanisolator *9* vom Gehäuse isoliert sind.

Die in Abb. 40 gezeigte Anordnung wird durch einen Federkörper mit dem Magnetanalysator und mit der Strahlaustritts-Vorrichtung in gleicher Art wie beim zweiten Modell verbunden.

Die Untersuchungen des dritten Modells der Ionenquelle negativer Ionen sind noch nicht abgeschlossen, einige später beschriebene vorläufige Ergebnisse charakterisieren jedoch schon die Einsatzmöglichkeit dieses Modells.

Vor Untersuchung der Umwandlung positiver Ionen in negative wurden Versuche durchgeführt, um die optimalen Arbeitsbedingungen der Ionenquelle positiver Ionen zu ermitteln. Gleichzeitig sollte größenordnungsmäßig die Stromstärke des positiven Ionenstrahls, der durch den Kanal in der Absaugelektrode gelangt, festgestellt werden.

Der positive Ionenstrom wurde auf folgende Weise gemessen. Der Ausgang der mittleren Elektrode wurde durch eine Platte abgedeckt und somit diente diese Elektrode als FARADAY-Zylinder zur Messung des positiven Ionenstroms. Zur Unterdrückung der Sekundärelektronenemission aus dem FARADAY-Zylinder wurde an die erste Elektrode der Linse ein negatives Potential von 400 V angelegt. Durch Versuche stellten wir fest, daß der positive Ionenstrahl nicht auf die Wände dieser Elektrode fällt.

Der positive Ionenstrom wurde in Abhängigkeit von der Wasserstoff-Zufuhr in die Ionenquelle, von der Magnetfeldstärke, von der Spannung und der Stromstärke der Entladung, von der Entfernung zwischen Katode und Emissionsöffnung, von der Entfernung zwischen Absaugelektrode und Emissionsöffnung und von der Absaugspannung untersucht.

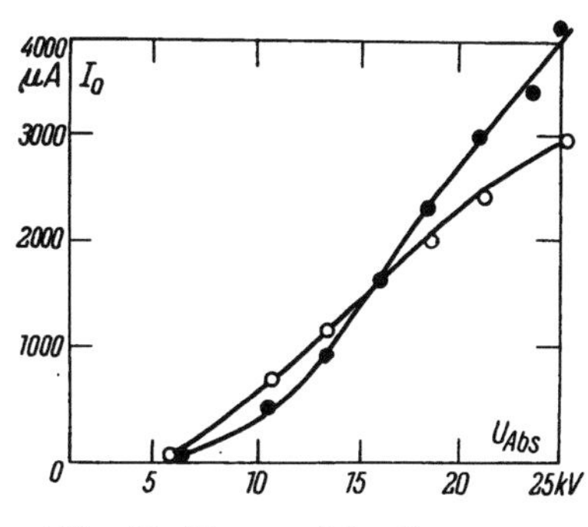

Abb. 41. Der positive Ionenstrom in Abhängigkeit von der Absaugspannung bei zwei verschiedenen Entladungsströmen.

○○○ $I_{Entlad} = 1$ A
●●● $I_{Entlad} = 1{,}5$ A

Abb. 41 zeigt den positiven Ionenstrom in Abhängigkeit von der Absaugspannung bei zwei Werten des Entladungsstroms. Wie aus diesen Kurven hervor geht, kann man durch das Dampfstrahl-Target einen positiven Ionenstrom bis zu 4 mA Stromstärke

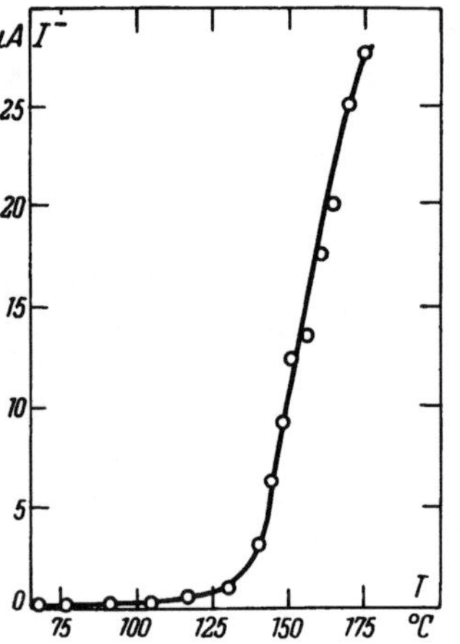

Abb. 42. H_1^--Ionenstrom in Abhängigkeit von der Boilertemperatur

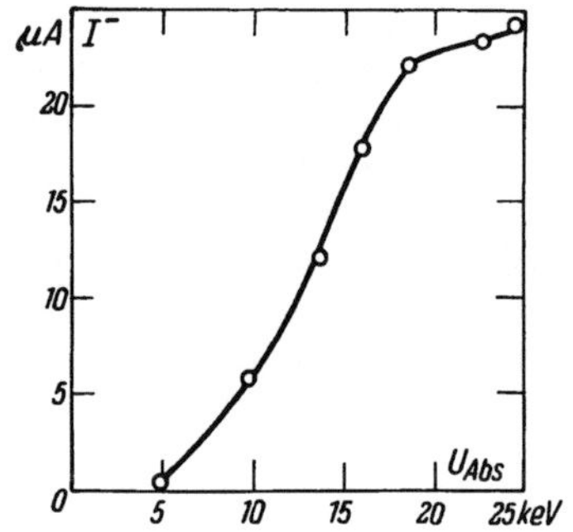

Abb. 43. Der negative Wasserstoffionenstrom in Abhängigkeit von der Absaugspannung bei $T = 180$ °C

hindurchschicken. Eine mit dem Magnetanalysator der Anlage durchgeführte Strahlanalyse ergab, daß der positive Ionenstrahl 45% H_2^+-Ionen enthält.

Schon bei den ersten Versuchen der Umwandlung positiver Ionen in negative in einem Dampfstrahl-Target tauchten Schwierigkeiten auf. Sie bestanden darin, daß bei einer bestimmten Strahldichte im Raum zwischen der Emissionsöffnung der Ionenquelle und der Absaugelektrode sowie im Beschleunigungsteil der negativen Ionen, d. h. zwischen Dampfstrahl-Target-Kammer und der ersten Elektrode der Fokussierlinse, Entladungen entstanden. Es konnte festgestellt werden, daß diese Entladungen durch das Eindringen von Sekundärelektronen in diese Räume verursacht werden, die bei der Wechselwirkung der Ionen mit den Atomen des Dampfstrahls entstehen. Um diese Entladungen zu beseitigen, gestalteten wir die elektrischen Felder so, daß das Austreten von Sekundärelektronen aus der Dampfstrahl-Target-Kammer erschwert war. Auf diese Weise gelang es, die Entladungen in den Beschleunigungsräumen der positiven und negativen Ionen teilweise zu beseitigen, und wir konnten die Untersuchung der Umwandlung positiver Ionen in negative im Dampfstrahl-Target beginnen. Es wurde die Umwandlung $H_2^+ \rightarrow H_1^-$ untersucht, da sie die meisten H_1^--Ionen ergibt.

Abb. 42 stellt den H_1^--Ionenstrom in Abhängigkeit von der Boilertemperatur dar. Dieser Strom wurde mit dem FARADAY-Zylinder *17* (siehe Abb. 20) hinter der Quadrupollinse gemessen. Die Messungen erfolgten bei konstanter Absaugspannung von 21 kV.

Den negativen Wasserstoffionenstrom in Abhängigkeit von der Absaugspannung bei konstanter Boilertemperatur von 180 °C zeigt Abb. 43.

Wie man den Abb. 42 und 43 entnehmen kann, konnten schon bei den ersten Versuchen mit dem dritten Modell H_1^--Ionenströme über 20 μA erreicht werden, d. h. Ströme, die bedeutend größer sind als die des ersten und zweiten Modells.

Weitere eingehendere Untersuchungen der Eigenschaften des dritten Modells werden fortgesetzt.

Literatur

[1] Vogel, J. M., Lisotschkin, G. A. und Stepanowa, G. I., JTP **25** (1955) 1944.
[2] Vogel, J. M., Krupnik, L. I. und Ankudinow, W. A., JTP **26** (1956) 1208.
[3] Weinman, J. A. and Cameron, J. K., Rev. Sci. Instr. **27** (1956) 288.
[4] Keller, R., Helv. Phys. Acta XXII, **78** (1949).
[5] Barnett, C. F., Stier, P. M. and Evans, G. E., Rev. Sci. Instr. **24** (1953) 394.
[6] Reifenschweiler, O., Ann. Phys. **14** (1954) 33.
[7] Vogel, J. M., Krupnik, L. I. und Slapospitzki, R. P., JTP **27** (1957) 981.
[8] Johannson, W. und Scherzer, O., Ztschr. Phys. **80** (1935) 183.
[9] Kistermaker, J. and Dekker, H. L., Physica XVI, **198** (1950).

L. I. Piwowar

Das Beschleunigungsrohr des elektrostatischen Generators

Einleitung

Die mit elektrostatischen Beschleunigern zu erreichende Spannung wird heute ausschließlich durch das Beschleunigungsrohr begrenzt. Allen bezeichnet das Beschleunigungsrohr treffend als „Achillesferse" des elektrostatischen Beschleunigers.

In der Anfangsperiode der Entwicklung elektrostatischer Generatoren wurden erfolgreich Kaskaden-Beschleunigungsrohre mit zylindrischen Elektroden angewandt. Die an diesen Rohren erzielten mittleren longitudinalen Potentialgradienten betrugen 350 bis 400 kV/m. Das reichte aus, da der Betrieb elektrostatischer Generatoren in Luft von Atmosphärendruck ohnehin lange Isoliersäulen und lange Beschleunigungsrohre erforderte. Beim Übergang zu elektrostatischen Druckgeneratoren und gleichzeitig verbesserter Gradientenverteilung längs des Bandes wurde jedoch die elektrische Festigkeit des Beschleunigungsrohres ausschlaggebend.

Schon in den ersten, von Herb und Mitarbeitern aufgebauten elektrostatischen Druckgeneratoren wurden an den Beschleunigungsrohren mittlere elektrostatische Potentialgradienten von 0,7 bis 0,8 MV/m erreicht. Das wurde offenbar dadurch ermöglicht, daß man die Beschleunigungsrohre aus kleinen Sektionen zusammensetzte.

Bereits wenige Jahre nach den ersten erfolgreichen Arbeiten von Herb wurden an Beschleunigungsrohren mittlere Potentialgradienten in der Größenordnung von 1 MV/m erzielt.

Dieser Wert war einige Jahre lang die obere Grenze des Möglichen. Während der zurückliegenden 3 bis 4 Jahre konnte allerdings wieder eine bedeutende Erhöhung des mittleren longitudinalen Potentialgradienten an einigen Beschleunigungsrohren erzielt werden; der Gradient wurde auf 1,4 bis 1,6 MV/m gesteigert.

Selbstverständlich konnte dieser große Erfolg nur durch umfangreiche, angestrengte experimentelle Arbeit erreicht werden. Leider ist aber auch der Tatbestand zu verzeichnen, daß wir außer über einen Bericht vom Bau des Beschleunigungsrohres für den elektrostatischen Generator in Saclay (Frankreich) über keinerlei Angaben aus anderen Laboratorien, speziell aus den USA, verfügen. Dabei sind in den USA die höchsten Gradienten und die größten Spannungen an Beschleunigungsrohren erzielt worden. Abb. 1 gibt ein Diagramm wieder, das — beginnend von 1932 — die Zahl der elektrostatischen Ionenbeschleuniger in

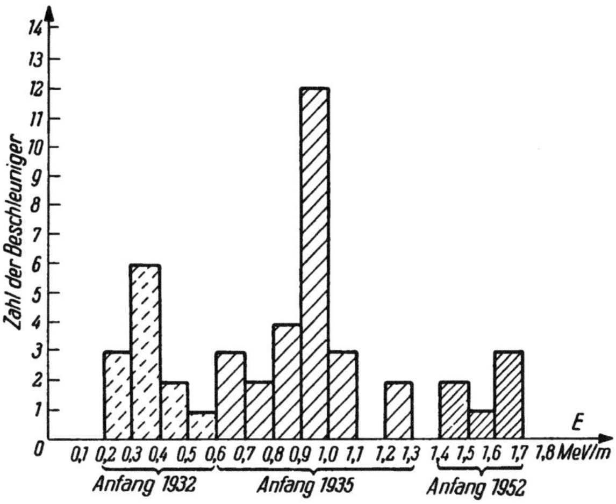

Abb. 1. Anzahl der elektrostatischen Ionenbeschleuniger in Abhängigkeit vom mittleren longitudinalen Feldgradienten am Beschleunigungsrohr

Abhängigkeit vom mittleren longitudinalen Feldgradienten am Beschleunigungsrohr veranschaulicht. Die Höhe der schraffiert gezeichneten Kolonnen gibt die Zahl der Beschleuniger an, deren mittlerer longitudinaler Feldgradient in den Grenzen der Kolonnenbreite liegt. Die uns bekannten elektrostatischen Generatoren in der UdSSR sind im Diagramm ebenfalls berücksichtigt. Der Übergang von mittleren Gradienten von 300 bis 400 kV/m zu Gradienten der Größenordnung 900 bis 1000 kV/m wurde durch den Übergang von Generatoren der offenen Bauweise zu Druckgeneratoren möglich.

Potentialgradienten an den Beschleunigungsrohren von 900 bis 1000 kV/m wurden hauptsächlich dadurch erreicht, daß man Fein-Sektionierung anwendete und daß man über eine bessere Vakuumtechnologie verfügte. Die weitere Erhöhung des mittleren Spannungsgradienten an den Beschleunigungsrohren war jedoch eine überaus schwierige Aufgabe und konnte an einigen Beschleunigern erst vor kurzer Zeit erreicht werden.

Faktoren, die die elektrische Festigkeit des Beschleunigungsrohres beeinflussen

Allgemeine Bemerkungen

Moderne Hochspannungs-Beschleunigungsrohre unterteilt man gewöhnlich in viele Sektionen. Man setzt sie aus einer Anzahl ringförmiger Isolatoren mit zwischengelegten metallischen Elektroden zusammen. Auf diese Weise erreicht man in Verbindung mit Spannungsteilern eine gleichmäßige Potentialverteilung längs des Beschleunigungsrohres und schützt die Rohrwände vor aufprallenden Teilchen. Die elektrische Festigkeit eines sektionierten Hochspannungs-Beschleunigungsrohres wird prinzipiell durch folgende Erscheinungen begrenzt:

1. durch den Durchschlag im Vakuum über die gesamte Beschleunigungsrohrlänge;

2. durch Erscheinungen, die an den inneren und äußeren Oberflächen der Rohrisolatoren auftreten;

3. durch Erscheinungen, die an den Rohrenden und an den Zwischenelektroden stattfinden;

4. durch Erscheinungen, die durch Restgase im Beschleunigungsrohr, Dämpfe aus dem Pumpsystem einbegriffen, durch die Dichtungen usw. hervorgerufen werden.

Es ist bis heute noch nicht geklärt, welche Rolle jede einzelne dieser Erscheinungen spielt und wie sie unter verschiedenen Bedingungen wirken. Die geringe Kenntnis der Vorgänge, die zum elektrischen Durchschlag des Beschleunigungsrohres führen, kommen z. B. in der Vielfältigkeit der Rohrkonstruktionen zum Ausdruck. In der Mehrzahl stellt man die modernen Beschleunigungsrohre aus Porzellan- oder manchmal auch aus Glasringen her. Nichtrostender Stahl, Kowar, Aluminium oder Kupfer dienen als Elektrodenmaterial. Beim Zusammenbau und bei der Abdichtung der Rohre klebt man die Isolatoren und die Elektroden mit organischem Klebstoff aneinander. Das Verschweißen von Glasringen mit Kowar-Elektroden wird seltener angewendet. In Saclay setzte man die Rohrsektionen sogar mit zwischengelegten Gummidichtungen zusammen. In den letzten Jahren sammelte man Erfahrungswerte in Bezug auf das Betriebsverhalten der Beschleunigungsrohre und den elektrischen Durchschlag im Vakuum. Deshalb liegen — wenn auch noch sehr unvollkommen — heute schon einige Kenntnisse bei den oben angegebenen Erscheinungen vor.

Der Durchschlag im Vakuum über die gesamte Beschleunigungsrohrlänge

Der Durchschlag des sektionierten Beschleunigungsrohres kann wahrscheinlich nicht als Durchschlag über die gesamte Beschleunigungsrohrlänge angesehen werden, da der Einfluß der Rohrwände und Zwischenelektroden in irgendeiner Weise bestimmt vorhanden ist. An dieser Stelle sei bemerkt, daß noch niemand den Vakuum-Durchschlag des Beschleunigungsrohres direkt beobachtet hat, sondern daß man seine Schlüsse immer unter Zugrundelegung indirekter Anzeigen zieht. Wir wollen hinzufügen, daß es heute noch keine befriedigende Erklärung für den Mechanismus des elektrostatischen Durchschlags im Vakuum bei großen Elektrodenabständen und hohen Spannungen gibt.

Prozesse, die an den Wänden des Beschleunigungsrohres ablaufen

Die von einigen Autoren [1, 2, 3] durchgeführten Untersuchungen des elektrischen Durchschlags an den Isolatoroberflächen im Vakuum zeigten, daß die hierfür nötige Durchschlagsspannung viel geringer ist als die Durchschlagsspannung für den gesamten Vakuum-Zwischenraum. Der Anstieg der Durchschlagsspannung an der Isolatoroberfläche erfolgt schwächer als linear mit der Vergrößerung der Isolatorlänge. Der Zustand der Isolatoroberfläche und der Kontakt zwischen den Elektroden und Isolatorstirnflächen hat sehr großen Einfluß auf die Entladungen an der Isolatoroberfläche im Vakuum. Der Restgasdruck im Bereich 10^{-8} bis 10^{-3} mm Hg dagegen hat keinen Einfluß.

Eine Gegenüberstellung der Absolutwerte für die Durchschlagsspannung an der Isolatoroberfläche im Vakuum und die Durchschlagsspannungen an sektionierten Beschleunigungsrohren zeigt, daß in einigen Fällen auf Grund der Entladungen an der inneren Oberfläche des Beschleunigungsrohres eine Spannungsbegrenzung eintrat.

Oberflächenentladungen am Beschleunigungsrohr beobachteten CHICK und PETRIE [4]. An den Beschleunigungsrohren, die über längere Zeit im Physikalisch-Technischen Institut der Akademie der Wissenschaften der Ukrainischen SSR in Betrieb waren, sind nach der Demontage ebenfalls starke Beschädigungen an der inneren Oberfläche der Porzellanringe und viele Funkenspuren auf den Elektroden an den Stoßstellen mit den Isolatoren festgestellt worden. In Bezug auf die Entladungen an der äußeren Oberfläche der Beschleunigungsrohre bestehen keinerlei Schwierigkeiten, da man den Druck des Isoliergases erhöhen und die Oberfläche geeignet ausführen kann.

Prozesse, die an den Zwischenelektroden und an den Rohrenden stattfinden

Das Vorhandensein einer großen Zahl von Zwischenelektroden in den sektionierten Beschleunigungsrohren wirkt sich hauptsächlich positiv aus, kann aber auch zu unliebsamen Erscheinungen führen. In mehr oder weniger starkem Maße findet an den Zwischenelektroden eine Vervielfältigung geladener Teilchen statt. Von TURNER [5] wurde dieser Effekt im Jahre 1950 tatsächlich experimentell beobachtet. Es handelt sich hier um die sogenannte „Elektronen"-Belastung in den Beschleunigungsrohren, d. h. um einen Elektronenstrom, der bei bestimmten Spannungen einsetzt und sich bei Vergrößerung der Spannung sehr stark erhöht. Diese Ströme werden durch Elektronenvervielfachung an den Zwischenelektroden hervorgerufen. Bei spezieller Formgebung der Elektroden, so wie es erstmalig in der Arbeit von LAMPHERE und ROBINSON [6] vorgeschlagen wurde, kann die Elektronenbelastung stark herabgedrückt werden. Die aus den Elektroden herausgeschlagenen Sekundärelektronen fliegen dabei direkt zum positiv geladenen Ende des Beschleunigungsrohres und fallen nicht auf die darüber angeordneten Elektroden.

Eine andere Möglichkeit, die „Elektronen"-Belastung zu unterdrücken, besteht darin, die Innendurchmesser der Elektroden längs des Beschleunigungsrohres so abzustufen, daß sie insgesamt einen Kanal im Beschleunigungsrohr von der Form eines abgestumpften Kegels bilden. Die Elektronen-Belastung kann schließlich auch durch Anbringung einiger Blenden mit kleinen Öffnungen in der Mitte für den Ionenstrahl verringert werden.

Zur Verbesserung der Betriebsweise des Beschleunigungsrohres und des elektrostatischen Generators ist es notwendig, die Elektronen-Belastung nach Möglichkeit auszuschalten.

Wie BRUC und PREVO [7] zeigten, hängt die Elektronen-Belastung und die Abschirmung der Rohrwände von der Form der Zwischenelektroden und von ihrer gegenseitigen Anordnung ab.

Wie sich herausstellte, verringert sich die Durchschlagsspannung der Oberflächenentladung bei Vergrößerung der Elektroden-Überlappung. Abb. 2 zeigt diese Abhängigkeit. Die Autoren erklären diese Erscheinung damit, daß in-

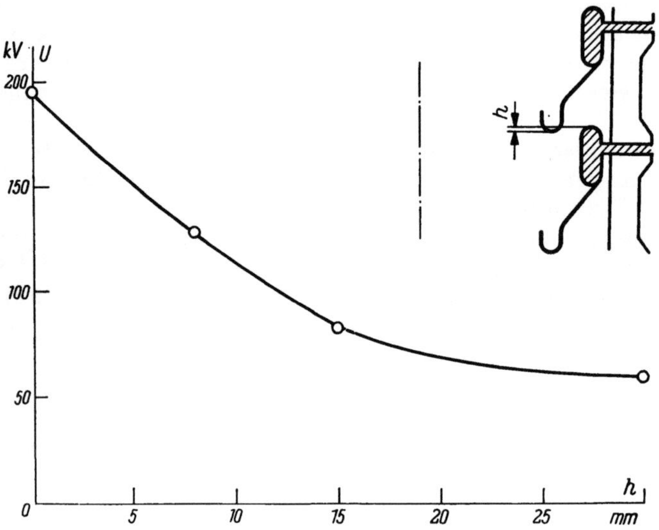

Abb. 2. Durchschlagsspannung der Oberflächenentladung in Abhängigkeit von der Elektrodenüberlappung

folge Verkleinerung des Diffusionswiderstandes des ringförmigen Raumgebietes zwischen den Elektroden ein Entweichen der bei der Entladung sich abscheidenden Gase schneller vor sich geht.

Bekanntlich fließt im Beschleunigungsrohr bereits bei Abwesenheit des Ionenstroms ein Strom, dessen Größe von der angelegten Spannung abhängt. Dieser Strom besteht aus positiv und negativ geladenen Teilchen; in der Regel ist der Anteil der negativen Teilchen einige zehnmal größer als der Anteil der positiven. Die Untersuchungen [4, 7] ergaben, daß die Ströme auf Anode, Katode und auf die Zwischenelektroden wahrscheinlich durch die gleichen Prozesse hervorgerufen werden, da sie gleichzeitig einsetzen und sich mit der Zeit auch in gleicher Art und Weise ändern.

Die Natur der an diesen Prozessen beteiligten Teilchen ist nicht geklärt. Es ist jedoch bekannt, daß im Strom der negativen Teilchen ein beträchtlicher Teil Elektronen vorhanden ist, da dieser Strom von einer intensiven Röntgenstrahlung begleitet wird. Im Zusammenhang damit erinnern wir an die kürzlich durchgeführte Untersuchung [8], in der gezeigt wurde, daß die Elektronenstrom-Komponente den Hauptteil des gesamten, dem Durchschlag vorausgehenden Stroms beträgt, der sich im Vakuumraum ausbildet.

Der Einfluß der Restgase und -dämpfe im Beschleunigungsrohr

In einigen unlängst veröffentlichten Arbeiten wird auf eine Erhöhung der Durchschlagsspannung bei Vergrößerung des Restgasdruckes hingewiesen. Versuche mehrerer Autoren, die elektrische Festigkeit der Beschleunigungsrohre durch Druckvergrößerung im Rohr zu erhöhen, führten zu uneinheitlichen Ergebnissen.

In der Arbeit von McKibben und Boyer [9] bewirkte die Druckerhöhung der Restgase eine wesentlich bessere Festigkeit. In der Arbeit von Chick und Petrie [4] und von A. K. Walter und A. A. Zigikalo dagegen war die Erhöhung der elektrischen Festigkeit nur sehr gering. In der Arbeit von Bruc und Prevo [7] schließlich konnte überhaupt kein Einfluß des Gasdruckes auf die Größe der Durchschlagsspannung festgestellt werden. Diese unterschiedlichen Ergebnisse zeigen noch einmal recht anschaulich, daß der elektrische Durchschlag des Beschleunigungsrohres die Folge eines Komplexes von Prozessen darstellt, die entweder gleichzeitig oder in Form einer aufeinander folgenden, gegenseitig bedingten Kette von Erscheinungen ablaufen.

Mit der Elektronenbelastung verhält es sich anders. Beobachtungen verschiedener Autoren gaben einheitliche Resultate. Mit der Erhöhung des Gasdruckes im Rohr wächst die Einsatzschwelle der Elektronenbelastung, und bei fester Spannung verringert sich der Elektronenstrom sehr stark. Obwohl Versuche [7] zur Erforschung des Einflusses von Öldämpfen auf die Arbeitsweise der Beschleunigungsrohre unternommen wurden, indem man Quecksilberpumpen durch Ölpumpen ersetzte, ist die Auswirkung von organischen Dämpfen auf die Arbeitsweise des Beschleunigungsrohres noch nicht endgültig geklärt. Wie sich herausstellte, blieb ein derartiger Wechsel ohne Wirkung auf die Beschleunigungsrohre. Allerdings konnten wegen der großen Anzahl von Gummidichtungen im Versuchsrohr die organischen Dämpfe nicht vollständig entfernt werden. Eine endgültige Beurteilung der Auswirkung von organischen Dämpfen in Beschleunigungsrohren wird man nur auf Grund solcher Versuche abgeben können, bei denen völlige Entfernung der organischen Dämpfe gelingt und eine außerordentlich sorgfältige Vakuumtechnologie eingehalten wird, so daß keinerlei organische Dämpfe oder organische Schichten von außen in das Rohr eindringen können.

Neue Ergebnisse der Entwicklung von Beschleunigungsrohren

Wie wir schon erwähnten, wurden die größten longitudinalen Potentialgradienten und die höchsten Spannungen an den Beschleunigungsrohren der High-Voltage Engineering Corporation in den USA erreicht. Gute Ergebnisse erzielten auch Bruc und Prevo [7] in Frankreich, veröffentlicht im Bericht des Jahres 1953. Spätere Ergebnisse wurden 1956 in Genf A. K. Walter von einem der Autoren mündlich mitgeteilt. Dieser Bericht ist nach unserem Wissen die einzige existierende Beschreibung einer systematischen Entwicklung eines Beschleunigungsrohres. Zweifellos erfolgten ähnliche Arbeiten auch in den USA. Die Ergebnisse dieser Untersuchungen sind in der uns zugänglichen Literatur leider nicht veröffentlicht.

In dieser Arbeit ist der Erhöhung der Entladungsspannungen an der Porzellanoberfläche im Vakuum viel Aufmerksamkeit gewidmet. Nach vielen Versuchen kamen die Autoren zu dem Schluß, daß man auf jeden Fall die Glasur des Porzellans entfernen und die Stirnoberflächen der ringförmigen Isolatoren metallisieren muß. Danach konnte an einem Element des Beschleunigungsrohres von 7,5 cm Höhe eine Durchschlagsspannung von 200 kV erreicht werden, im Gegensatz zu 70 kV vor Durchführung dieser Maßnahmen. In beiden Fällen waren Entladungen an der Isolatoroberfläche der Grund für die Spannungsbegrenzung. Im

Jahre 1953 wurde an einem aus 50 Elementen bestehenden Beschleunigungsrohr eine Spannung von 4,5 MV an Stelle von 10 MV erreicht, die man hätte erreichen müssen, wenn die Spannungsbegrenzungen nur durch die Entladungen an der Oberfläche bedingt wären. Man sieht, daß neben den Oberflächenentladungen auch noch andere Faktoren den Durchschlag des Beschleunigungsrohres beeinflussen. Das erkennt man auch daran, daß es den Autoren später gelang, die Spannung bis auf 5,2 MV zu erhöhen, nachdem sie im Beschleunigungsrohr Blenden zur Verringerung der Elektronenbelastung aufgestellt und die Enden der Zwischenelektroden abgerundet hatten.

Für sicheren Betrieb des Beschleunigungsrohres ist eine mehr als zweifache Sicherheit der elektrischen Festigkeit jedes Elementes wünschenswert, da bei Durchschlag gegen Erde die Überspannungen an einzelnen Elementen des Generators das drei- bis vierfache der Nominalspannungen betragen können. Solche zufälligen Durchschläge können der Grund für die Beschädigung der inneren Oberfläche der Rohrelemente sein. Wie Chick und Petrie annehmen, bleiben Versuche, die Rohrelemente durch Einbau von Funkenstrecken zwischen den Äquipotentialscheiben vor Überspannungen zu schützen, zum großen Teil deshalb erfolglos, weil die Zündzeit der Entladung in komprimierten Gasen größer ist als im Vakuum. Die Wirksamkeit eines Überspannungsschutzes der Rohrelemente durch Widerstände, die zwischen Rohrelektroden und Äquipotentialscheiben eingeschaltet werden, ist ebenfalls nicht geklärt. Die Ergebnisse verschiedener Autoren stimmen untereinander nicht überein. Allen behauptet, daß die Zwischenschaltung von Widerständen keine wesentliche Verbesserung der Rohrparameter ergibt. Im Gegensatz dazu berichten Chick und Petrie in ihrer unlängst veröffentlichten Arbeit [4] über ein Beschleunigungsrohr mit nichtrostenden Stahlelektroden, die über sehr große Widerstände mit dem Generator verbunden sind. Es wurde tausend Betriebsstunden ohne jegliche Veränderung der Parameter betrieben.

Über die Anwendbarkeit der Cranberg-Beziehung bei Beschleunigungsrohren

Die Gesamtheit der vorstehend beschriebenen Fakten zeigt, daß sich der Durchschlag eines Beschleunigungsrohres vom Durchschlag zwischen zwei Elektroden im Vakuum unterscheidet. In letzter Zeit bezieht man sich bei der Auswahl der Beschleunigungsrohrlänge manchmal auf die von Cranberg [10] abgeleitete Gleichung

$$U^2 = C \cdot d\,.$$

Cranberg verglich diese Gleichung mit Literaturangaben über den Spannungsbereich 20 bis 7000 kV und fand ihre Richtigkeit bestätigt. In der Mehrzahl betreffen die Literaturangaben den Durchschlag zwischen zwei Elektroden im Vakuum, und nur einige willkürlich ausgewählte Punkte beziehen sich auf den Durchschlag von Beschleunigungsrohren. Wir selbst haben die Gleichung Cranbergs mit den Literaturangaben bezüglich der Durchschläge der Beschleunigungsrohre verglichen. Abb. 3 zeigt die Durchschlagsspannungen verschiedener Beschleunigungsrohre in Abhängigkeit von der Rohrlänge. Beschleunigungsrohre

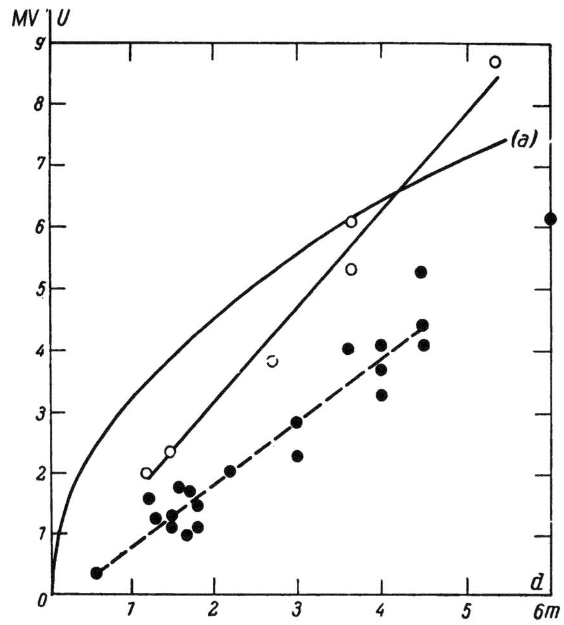

Abb. 3. Durchschlagsspannung verschiedener Beschleunigungsrohre in Abhängigkeit von der Rohrlänge

mit größenordnungsmäßig 1 MV/m Durchschlagsspannungs-Gradient sind durch volle Kreise markiert; helle Kreise entsprechen den besten modernen Beschleunigungsrohren mit größenordnungsmäßig 1,5 MV/m Spannungsgradient.

Wie man sieht, kann man diese Punkte durch eine Gerade verbinden, d. h., die Durchschlagsspannung steigt praktisch linear mit der Rohrlänge an.

Zum Vergleich ist in der Abbildung die der Arbeit Trumps und Van de Graaffs [11] entnommene Kurve eingezeichnet, die im Bereich großer Spannungen nach der Gleichung Cranbergs extrapoliert ist. Die Kurven überschneiden sich, und die an den Beschleunigungsrohren bereits erreichten Spannungen liegen bedeutend höher als es den Spannungen bei dem gleichen Abstand zwischen nur zwei Elektroden entspricht.

Die angegebenen Besonderheiten unterstreichen nochmals den prinzipiellen Unterschied zwischen dem Durchschlag des Beschleunigungsrohres und dem Durchschlag zwischen zwei Elektroden im Vakuum. Außerdem geben sie zu der Hoffnung Anlaß, daß man auf Grund von Modellversuchen sehr hohe Spannungen an Beschleunigungsrohren erreichen kann.

Literatur

[1] Gleichauf, P. H., J. Appl. Phys. **22** (1951) 535, 766.
[2] Borowik, E. S. und Batrakow, B. P., Technischer Bericht des PTI AW USSR 1955.
[3] Walter, A. K., Zigikalo, A. A. und Mitropan, S. M., Technischer Bericht des PTI AW USSR 1949.

[4] Chick, D. R. und Petrie, D. P. R., Proc. Inst. El. Eng., B **103** (1956) 132.
[5] Turner, C. M., Bull. Amer. Phys. Soc. **25** (1950) 17.
[6] Lamphere, R. W. and Robinson, G. P., Nucleonics **10** (1952) 10, 28.
[7] Bruc, C., Prevo, Comissariat à l'énergie atomique, Rapport C.E.A., No. 189.
[8] Piwowar, L. I., Tubajew, W. M. und Gordienko, W. I., JTP **27** (1957) 997.
[9] McKibben, J. L. and Boyer, Phys. Rev. **82** (1951) 315.
[10] Cranberg, L., J. Appl. Phys. **23** (1952) 518.
[11] Trump, J. R. and Van de Graaff, R. J., J. Appl. Phys. **18** (1947) 327.

A. K. Walter, A. J. Taranow, L. I. Piwowar, J. M. Vogel,
W. Ch. Beljajew, S. P. Zitko

Ein horizontaler elektrostatischer Generator für 5 MeV nach dem Umladungsprinzip (Tandem-Beschleuniger)

Einleitung

Die Beschleunigung geladener Teilchen im Tandem-Generator beruht auf folgendem Prinzip. Ein Strahl negativ geladener Ionen wird in das erdseitige Ende eines Beschleunigungsrohres injektiert und in Richtung des positiven Potentials beschleunigt [1]. In der Hochspannungselektrode erfolgt beim Durchgang durch ein dünnes Gas- oder Metalltarget die Umladung der negativen Ionen zu positiven Ionen. Bei der weiteren Bewegung durch ein zweites Beschleunigungsrohr werden die positiven Ionen in Richtung zum Nullpotential ein zweites Mal beschleunigt. Am Ausgang des zweiten Beschleunigungsrohres entspricht die Gesamtenergie der beschleunigten Ionen im Falle einfach geladener Ionen der doppelten Generatorspannung. Im Fall der Beschleunigung mehrfach geladener Ionen beträgt ihre Gesamtenergie

$$E = eU + eZ' \cdot U,$$

wobei Z' den Ionisationsgrad und U die Generatorspannung bedeuten.

Unter Beibehaltung der hauptsächlichsten Eigenschaften gewöhnlicher elektrostatischer Generatoren stellt der Tandem-Generator im Grunde genommen einen neuen Beschleunigertyp für die Beschleunigung ein- und mehrfach geladener Ionen dar. Sein Einsatz in der Kernphysik wird die Entwicklung neuer Untersuchungen mit Strahlen polarisierter Wasserstoffionen und die Erforschung der Entstehungsprozesse vielfach geladener Ionen sowie deren Wechselwirkung mit Atomkernen fördern.

Tandem-Generatoren können sowohl vertikaler, horizontaler als auch vertikal-horizontaler Bauart sein. Die Auswahl bestimmen der Verwendungszweck und die Laborräumlichkeiten.

Konstruktion des Tandem-Generators PG-5

Der horizontale Tandem-Generator ist für den Betrieb im Drucktank mit 16 atm berechnet. Der zylindrische Drucktank besitzt einen Durchmesser von 2,8 m und eine Länge von 7,5 m (Abb. 1). An der Injektorseite ruht der Kesselboden auf massiven Zapfen. Eine im Fundament befestigte Stütze mit Zapfen dient als Auflage für den Kesselboden, wobei die Möglichkeit einer Schwenkung um seine Schwerpunktachse vorgesehen ist.

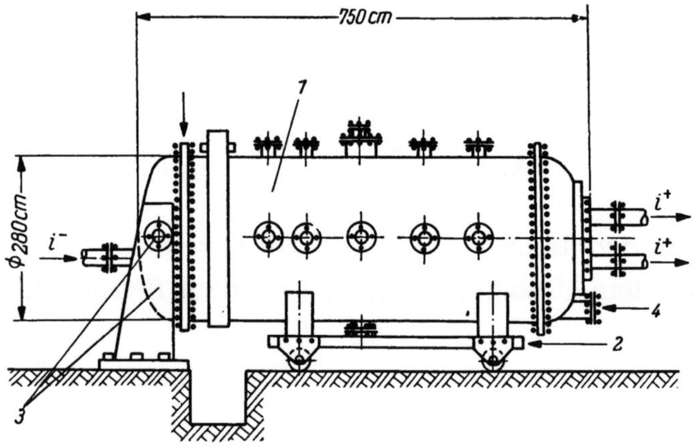

Abb. 1. Konstruktion des horizontalen Tandem-Generators vom Typ PG-5

1 Drucktank mit Zubehör *2* Schienenwagen *3* Stütze mit Zapfen *4* Luke

Durch diese Konstruktion des Kesselbodens wurde das Problem der Generatorsäulen-Befestigung günstig gelöst. Beim Öffnen des Generators wird der Kessel vom Bodenflansch getrennt und der Kessel auf einem Schienenwagen zur Seite gefahren. An der Seite der Strahlausführung befindet sich im Kesselboden eine Luke, die für kleinere Reparaturen und zur Überwachung des Generators gedacht ist, ohne den Drucktank öffnen zu müssen.

Die zylindrische Hochspannungselektrode (1,2 m Durchmesser) ist von beiden Kesselböden gleich weit entfernt und symmetrisch zur Drucktankachse gelagert.

Der berechnete Feldgradient auf der Konduktoroberfläche beträgt bei den gegebenen Abmessungen und bei 2,5 MV Betriebsspannung 50 kV/cm.

Der Konduktor ist mit den Stirnflächen an Metallplatten befestigt, die ihrerseits durch ein Karkas-Gestell verbunden sind und als starre Verbindung der Isoliersäulen dienen.

Die Isoliersäulen des Generators sind als Stangengerüst-Karkase von viereckiger Form aufgebaut. Die aus DSP-Material hergestellten Stangen sind in Buchsen gelagert und an den Kesselböden und am Konduktorflansch befestigt. Längs der Stützen sind in Abständen von 50 mm metallische Zwischenringe angebracht.

Diese Säulenkonstruktion ist hinreichend stabil. In der einen Isoliersäule sind der Bandantrieb und das Beschleunigungsrohr für die Beschleunigung negativer Ionen untergebracht. In der anderen Isoliersäule befinden sich das Beschleunigungsrohr für die Beschleunigung positiver Ionen und ein Meßrohr. Die Durchmesser der Isoliersäulen sind verschieden groß. Das gestattet eine Verschiebung des Konduktors auf die eine Isoliersäule hin ohne Zerlegung der Säulen. Diese Konstruktion gewährleistet auch bequemen Zugang zu den Apparaturen im Konduktor. Die Äquipotentialringe an der einen Isoliersäule sind abnehmbar, wodurch ein schnelles Auswechseln des Bandes möglich ist.

Beschleunigung und Umladung der Ionen

Der negative Ionenstrahl wird mit einem Injektor spezieller Konstruktion erzeugt [2]. Zusammen mit dem Korrektor und der Fokussierlinse wird er an das Beschleunigungsrohr angeschlossen, in das er Ionenströme bis 10 μA injektiert.

Das Beschleunigungsrohr besteht aus zwei Rohren, die an den Grundplatten der einander gegenüberliegenden Generatorsäulen befestigt und im Konduktor über die Umladeeinrichtung miteinander verbunden sind (Abb. 2).

Das Beschleunigungsrohr besitzt eine Gesamtlänge von 5 m, der Abstand der Porzellanringe beträgt 50 mm. Die Elektroden haben konische Form mit 120 mm Innendurchmesser. Öl-Diffusionspumpen, die außerhalb des Generatortanks am Ein- und Ausgang des Beschleunigungsrohres angeschlossen sind, sorgen für das Hochvakuum. Das Vakuumsystem ist so berechnet, daß bei einem Druck von größenordnungsmäßig $3 \cdot 10^{-5}$ mm Hg eine Gasmenge von 10 cm^3/Std. aus der Umladeeinrichtung abgepumpt werden kann.

Ein Korrektor und eine Fokussierlinse führen den Ionenstrahl am Eingang in das Beschleunigungsrohr. Die Hauptaufgabe dieser Anlage besteht darin, den Ionenstrahl durch die Umladeeinrichtung hindurchzuleiten, die 4 m vom Rohreingang entfernt liegt.

In Abhängigkeit von der Intensität des durch die Umladeeinrichtung gelangenden Ionenstroms kann die Strahlfokussierung hinter der Umladeeinrichtung auf zwei Arten erfolgen. Bei kleiner Ionenstrahlintensität und bei Benutzung eines dünnen Metalltargets in der Umladeeinrichtung wird die Fokussierlinse zusammen mit der Umladeeinrichtung im Konduktur des Generators angebracht. Im Fall großer Ionenstrahlintensitäten und bei Benutzung von Gastargets befindet sich die Fokussierlinse am Ausgang des Beschleunigungsrohres.

Die Umladeeinrichtung besteht entweder aus einem dünnen Metall- oder einem Gastarget mit Fernsteuerung. Die Fernsteuerung ermöglicht eine Verschiebung des Targets in der zur Strahlrichtung senkrechten Ebene um $\pm$ 2 cm.

Die Umladeeinrichtung wird zur bequemen Handhabung mit Meßgeräten für die Fernsteuerung ausgerüstet. Der Magnetanalysator und die Targetapparatur sind auf besonderen Unterlagen montiert, so daß ihre horizontale und vertikale Verschiebung und auch eine kleine Neigung möglich sind.

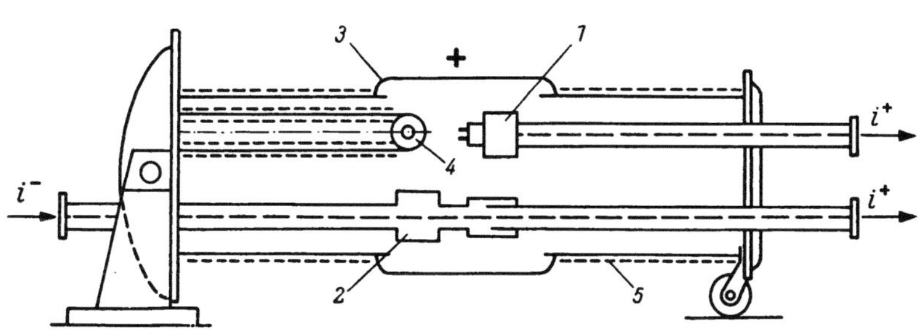

Abb. 2. Schema des horizontalen Tandem-Generators

1 Meßrohr mit Ionenquelle
2 Beschleunigungsrohr mit Umladeeinrichtung
3 Konduktor
4 Bandtrieb
5 Säule des Generators mit Stütze

Das Fokussierungssystem des Ionenstrahls

Das Fokussierungs- und Korrektionssystem des Ionenstrahls im Tandem-Generator fordert auf der Strahlstrecke vom Injektor bis zum Target gute Stabilität der magnetischen und elektrischen Felder in den Analysatoren, Korrektoren und Fokussierlinsen, die sich am Ein- und Ausgang des Beschleunigungsrohres befinden.

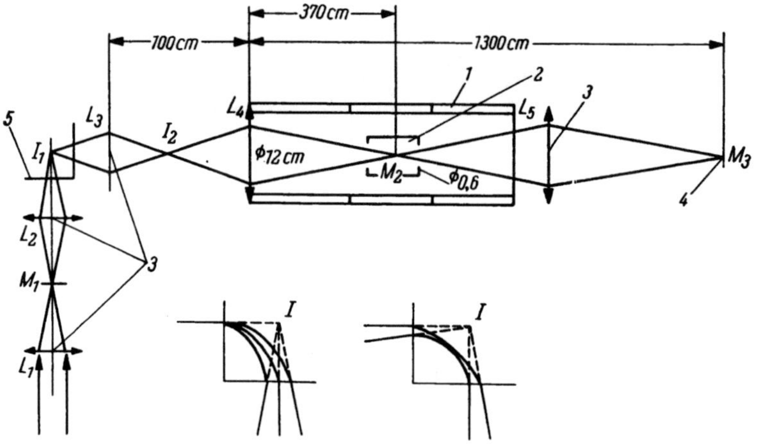

Abb. 3. Das Fokussiersystem des Ionenstrahls

1 Beschleunigungsrohr *2* Umladeinrichtung *3* Quadrupollinse *4* Target

Das in Abb. 3 schematisch dargestellte Fokussiersystem war für minimalen Intensitätsverlust des Ionenstroms auf dem Wege vom Injektor bis zum Target berechnet [3]. Eine Besonderheit dieses Systems besteht darin, daß der Ionenstrom nach dem Ablenkmagnet I_1 mit einer doppelten Quadrupollinse L_3 im Punkt I_2 fokussiert wird. In diesem Falle stellt also der fokussierte Strahl im Punkt I_2 vor dem Eingang in das Beschleunigungsrohr ein Objekt mit ähnlichen ionenoptischen Eigenschaften dar, wie das für die Ionenquelle in einem gewöhnlichen elektrostatischen Generator zutrifft. Damit die Fokussierung des Ionenstrahls in der Umladeeinrichtung M_2 auch bei Spannungserhöhung am Beschleunigungsrohr gewährleistet ist, muß die Brennweite der Linse L_3 vergrößert werden. Wir weisen darauf hin, daß es sehr ungünstig ist, wenn die Lage des Punktes L_2, in dem die Trajektorien der Ionen die Rohrachse überschneiden, zu nahe an der Aperturlinse des Beschleunigungsrohres liegt, da sich in diesem Fall die Fokussierungseigenschaften des gesamten Systems stark verschlechtern.

Stabilisierung und Messung der Spannung

Der Tandem-Generator ist als Beschleuniger von geladenen Teilchen für Kernreaktionsuntersuchungen, u. a. zur Erforschung der Energieniveaus der Atomkerne gedacht. Diese Untersuchungen fordern unbedingt eine hohe Energie-

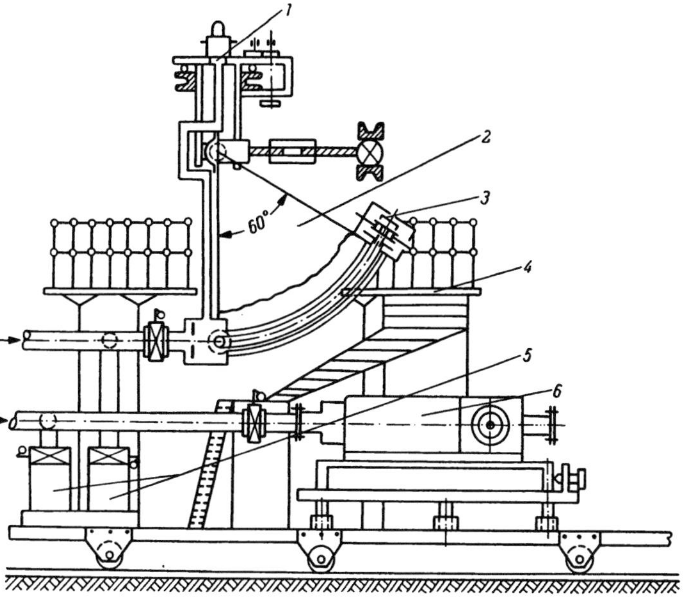

Abb. 4. Die Anordnung am Tandem-Generatorausgang

1 Befestigung des Analysators mit Höhen-Regulierung
2 elektrostatischer Analysator
3 Geber (Spalt)
4 Bedienungsplatz
5 Vakuumsystem
6 Magnetanalysator

schärfe des beschleunigten Ionenstrahls. Für das Anfangsstadium der Experimente ist eine Spannungsstabilisierung und -messung mit einer Genauigkeit von 0,1% vorgesehen.

Die Einhaltung dieser Genauigkeit forderte den Bau eines Stabilisierungssystems, das auf dem bekannten Prinzip der Ablenkung eines beschleunigten Ionenstrahls im elektrischen Feld eines elektrostatischen 60° Analysators beruht.

Ein elektrostatischer Analysator mit 150 cm mittlerem Radius der Ionentrajektorien ist zur Messung der Ionenenergie und gleichzeitig als Geber für die Stabilisierung der Generatorspannung gedacht. Abweichungen von der Mittellage des Ionenstroms an den Geberplatten des Analysators steuern den Strom der Korona-Spitze.

Die Stromspannungscharakteristik des elektrostatischen Generators gestattet es, mit Hilfe der Belastungsänderung die Spannung überaus empfindlich zu regulieren und konstant zu halten. Der Strom der Korona-Spitze von 10 bis 20 μA liefert eine zusätzliche gleichbleibende Belastung. Da dieser Strom vom Geber gesteuert wird, führt seine Änderung die Generatorspannung zum Nominalwert zurück, wobei die Stabilität in Grenzen von 0,1% bleibt.

Da der Ionenstrom im Beschleunigungsrohr des Tandem-Generators bei schwacher Intensität kaum zum Steuern des Gebers ausgenutzt werden kann, wurde — ungeachtet der konstruktiven Schwierigkeiten — ein zweites für Messung und

Stabilisierung der Generatorspannung vorgesehenes Beschleunigungsrohr angewandt.

Das System der Spannungsstabilisierung und -messung ist in seinen grundlegenden Zügen dem Generatorprojekt [4] entnommen.

Die Anordnung am Strahlausgang

Die Anordnung am Ausgang des Tandem-Generators (Abb. 4) besteht aus dem Pumpstand zum Evakuieren der Beschleunigungsrohre, dem elektrostatischen Analysator mit Geber, der Fokussierlinse und dem Magnetanalysator mit der Targetapparatur. Die gesamte Anlage ist auf einem Wagen montiert. Beim Zerlegen des Generators werden die Vakuumleitungen an den Verbindungsstellen mit den Beschleunigungsrohren getrennt und die gesamte Anlage auf Schienen zur Seite gefahren.

Zusammenfassung

Der Tandem-Generator vom Typ PG-5 befindet sich im Montage-Stadium. Auf Grund der Konstruktion des Ionenstrahl-Injektions- und Fokussiersystems stellt er ein besonderes Laborgerät dar.

Die Perspektiven der Anwendung einer solchen Anlage lassen hoffen, daß sich prinzipiell neue Möglichkeiten bei der Untersuchung von Kernreaktionen mit vielfach geladenen Ionen und mit polarisierten Strahlen beschleunigter Wasserstoffionen ergeben.

Literatur

[1] ALVAREZ, L. W., Rev. Sci. Instr. 22 (1951) 705.
[2] VOGEL, J. M., KRUPNIK, L. I., KOWAL, A. G. und TIMOFEJEW, A. D., Vorliegende Aufsatzsammlung, Seite 112.
[3] WISOZKIJ, G. L., Bericht des PTI AW USSR, 1955.
[4] WALTER, A. K. und ZIGIKALO, A. A., PTE 4 (1957) 3.

A. K. WALTER, A. A. ZIGIKALO

Erfahrungen bei der Projektierung, beim Aufbau und Betrieb des vertikalen elektrostatischen Beschleunigers für 4 MeV des Physikalisch-Technischen Instituts der Akademie der Wissenschaften der Ukrainischen SSR

Allgemeine Bemerkungen

Der vertikale elektrostatische Beschleuniger für 4 MeV im Physikalisch-Technischen Instituts der Akademie der Wissenschaften der Ukrainischen SSR ist zur Durchführung kernphysikalischer Aufgaben bestimmt, die eine hohe Energieschärfe der beschleunigten Teilchenstrahlen fordern.

Der in den Jahren 1949 bis 1950 [1] konstruierte Beschleuniger sollte laut Aufgabenstellung folgenden Anforderungen genügen:

a) Spannungsstabilisierung der Größenordnung von $\pm 0{,}05\%$;

b) möglichst kontinuierliche Messung der Teilchenenergie auf $\pm 0{,}05\%$ genau;

c) Erzeugung eines Ionenstrahls, der in weiten Grenzen und breiter Regulierungsmöglichkeit bezüglich Form, Größe und Strahldichte auf das Target gerichtet werden kann;

d) gute Ausnutzung des Generators in Tag- und Nachtbetrieb;

e) sichere und einfache Bedienung des Generators.

Die Hauptforderung — große Genauigkeit bei der Bestimmung der absoluten Teilchenenergie — konnte mit einem elektrostatischen oder elektromagnetischen Analysator erreicht werden.

Bevor der beschleunigte Ionenstrahl auf das Target auftrifft, wird er durch den Analysator abgelenkt und gelangt durch dessen Spaltsystem. Je höhere Meßgenauigkeit und Stabilität von der Anlage gefordert wird, desto besser muß das Auflösungsvermögen des Analysators sein [2, 3]. Eine Erhöhung des Auflösungsvermögens des Analysators (unabhängig davon, ob elektrostatischer oder elektromagnetischer) wird durch Vergrößerung des Verhältnisses $D = R/\delta$ erreicht. R bedeutet den Krümmungsradius und δ die Spaltbreite.

Bei konstantem R muß zur Erzielung eines großen Auflösungsvermögens der Apparatur der Spalt sehr eng sein. Dadurch wird auch der auf das Target fallende Teilchenstrom sehr klein, und man muß sich mit einem Strahl von der Form eines schmalen Bandes begnügen. Als treffendes Beispiel für die Schwierigkeiten allein mit dem Ionenstrahl kann der Betrieb des Generators in Saclay [2] angeführt werden. Eine Stabilität von $\pm 0{,}02\%$, d. h. ein Auflösungsvermögen der Größenordnung 10^4, konnte erst bei einer Spaltbreite von 0,12 mm erreicht werden. Die berechnete Stromstärke am Target ergab sich dabei zu 0,07 μA.

Fokussiert man einen großen Ionenstrom zu einem kleinen Brennfleck, so tauchen Probleme der thermischen Beständigkeit der Spaltanordnung auf. Bei

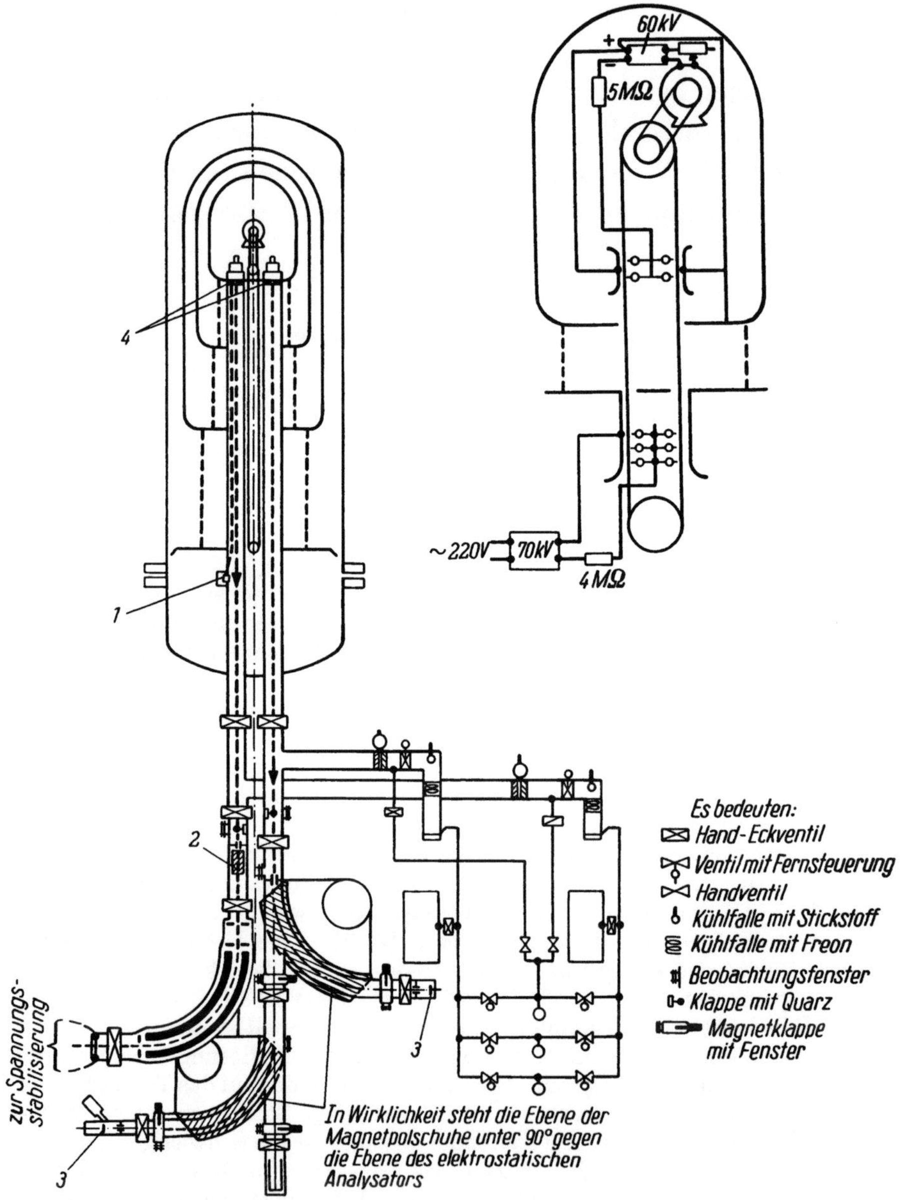

Abb. 1. Schematischer Aufbau des Beschleunigers

1 Elektronenkanone *2* Magnet, der den Strahl um 2 bis 3° ablenkt *3* Target *4* Beryllium-Beilagen

3 mm Brennfleckdurchmesser und 0,3 mm Spaltbreite (das ist nötig zur Erzielung eines Auflösungsvermögens von 0,3/1500 = 0,02% für unseren Fall) werden 85% der Ionen vom Spalt absorbiert. Das ergibt bei 20 μA Stromstärke und 4 MeV Energie eine Leistung von 70 W oder 1100 W/cm^2. Durch den Spalt gelangen dabei nur 3 μA auf das Target.

Ein hohes Auflösungsvermögen der Apparatur und gleichzeitig die notwendige Größe des Ionenstroms am Target kann man erhalten, wenn man den für das Target bestimmten Ionenstrom vom gesamten auf das Stabilisierungssystem wirkenden Ionenstrahl abtrennt und auch von der Spannungsmessung ausschließt.

Um das zu verwirklichen, kann man eine Massentrennung des Ionenstrahles vornehmen und auf das Target einen Strahl mit einer Masse (z. B. atomare Ionen) lenken, zur Messung und Stabilisierung der Teilchenenergie aber einen Strahl mit einer anderen Masse benutzen. Derartige Maßnahmen schränken jedoch die Ausnutzungsmöglichkeiten des Generators ein und beseitigen nicht das Problem der thermischen Beständigkeit der Spaltanordnung. Die Beschleunigung von Tritium, Helium, Sauerstoff, Stickstoff und anderen Teilchen wird außerordentlich erschwert.

Als geeignete Lösung des Problems erwies sich die Konstruktion des elektrostatischen Generators mit zwei Beschleunigungsrohren. In dem einen Rohr wird der für die Messung und Stabilisierung vorgesehene Ionenstrom beschleunigt, im anderen der für das Target nötige Ionenstrom (Abb. 1).

Bei größtem Auflösungsvermögen des hinter dem ersten Rohr angebrachten Analysators (2 bis $3 \cdot 10^{-4}$) kann man nach Durchgang des Strahles durch den hinter dem zweiten Rohr angeordneten Magnetanalysator einen Strom am Target erhalten, dessen Größe nur durch die thermische Beständigkeit des Targets und durch die Strom-Ergiebigkeit des Generators begrenzt ist.

Voruntersuchungen

Gleichzeitig mit der Projektierung des Generators wurden Untersuchungen bezüglich des Materials für die Generatorsäule durchgeführt und eine Auswahl des Beschleunigungsrohres, der Form und Anzahl der Zwischenelektroden getroffen.

Die Wahl des Isoliermaterials für die Generatorsäule geschah nach der Untersuchung einiger Materialien auf Überschlag im komprimierten Gas und auf Beständigkeit gegen Einwirkung von Funkenentladungen längs der Isolatoroberfläche [4].

Die Tabellen 1, 2 und 3 geben die Überschlagsspannungen für Isolatorenmuster von 3, 5 und 10 mm Länge in bis zu 30 atü komprimiertem Stickstoff und Stickstoff-Schwefelhexafluorid-Gemisch wieder.

Die elektrische Festigkeit des Isolators aus organischem Glas (Plexiglas) bezüglich des Oberflächenüberschlags und die Widerstandsfähigkeit der Oberfläche gegenüber der Einwirkung von elektrischen Entladungen längs der Oberfläche erwiesen sich als die besten.

Organisches Glas verdampft unter Einwirkung von Funkenentladungen, und es bleibt eine saubere glänzende Spur auf der Oberfläche zurück. Der Isolationswiderstand ist nach einer Entladung noch ebenso groß wie vorher.

Tabelle 1

Feldstärke beim Überschlag an den Isolatoren in komprimiertem Stickstoff

Material	Länge des Musters, mm	Gradient des Funkenüberschlags am Isolator in kV/cm bei verschiedenen Gasdrücken in kg/cm² (atm)				
		5	10	20	25	30
Organisches Glas	3	—	115	175	250	294
	5	105	147	218	244	274
	7	115	147	—	—	—
	10	110	145	—	—	—
	mittl. Wert	110	143	196	247	284
Viniplast	mittl. Wert 3—10	100	118	167	152	201
Ebonit	10	—	113	—	—	—
Glas	11	35	56	54	64	53
Stickstoff	3	163	230	370	386	400

Tabelle 2

Feldstärke beim Überschlag an den Isolatoren aus organischem Glas von 3 mm Dicke in komprimierten Gasgemischen

Gasdruck, kg/cm²	Stickstoff	Volumenanteil des SF_6 im Stickstoff, %				Zwischenraum im Stickstoff ohne Isolator, mm
		1—2	2—6	bis 20	30—40	
5	—	146	153	166	207	160
10	116	215	223	241	—	210
20	175	356	—	483	—	373
30	295	360	370	500	—	—

Tabelle 3

Feldstärke beim Überschlag an einem 10 mm dicken Porzellanisolator

Gasdruck, kg/cm²	Volumenanteil des SF_6 im Stickstoff, %	
	bis 3	20—30
5	55	—
10	59	50
20	67	70
25	115	120

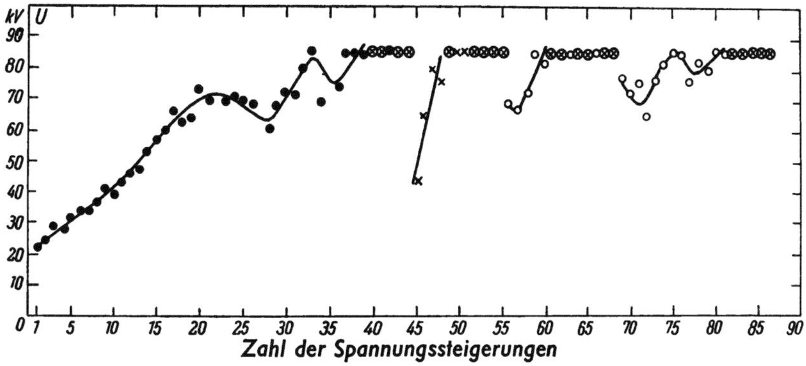

Abb. 2. Abhängigkeit der Überschlagsspannung längs der Oberfläche des Porzellanisolators (10 mm Länge) von der Zahl der Spannungssteigerungen bis zur Funkenentladung

● ● ● erste Erprobung des Isolatormusters
× × × Erprobung desselben Isolators, nachdem er 12 Std. unter Vakuum aufbewahrt worden war (nach der ersten Erprobung wurde das Muster nicht aus der Vakuumkammer herausgenommen)
○ ○ ○ Erprobung desselben Musters nach Lufteinlaß in die Versuchskammer
⊕ ⊕ ⊕ bei 85 kV bricht die Spannung nicht zusammen

Bei der Untersuchung der elektrischen Festigkeit der Isolatoren im Vakuum wurde festgestellt, daß sich die Spannungsfestigkeit der Oberfläche bei wiederholter Spannungssteigerung und „Funkenbearbeitung" erhöht (Abb. 2) [1].

Es konnte gezeigt werden, daß sich die elektrische Festigkeit des Isolators nach 20 bis 25maliger Spannungssteigerung bis zum Überschlag verbesserte:

a) Isolator aus Viniplast 3mal,
b) Isolator aus Porzellan 4mal,
c) Isolator aus organischem Glas 1,5 bis 2mal,
d) Isolator aus (Pyrex)Glas 1,5 bis 2mal.

Tab. 4 gibt die Untersuchungsergebnisse wieder, die an Isolatoren in bezug auf die elektrische Festigkeit im Vakuum erhalten wurden (nach „Funkenbearbeitung").

Entsprechend diesen Angaben und auf Grund der Erfahrungen, die in der Abteilung von Akademiemitglied K. D. Sinelnikow auf dem Gebiet des Generator-

Tabelle 4

Untersuchungsergebnisse an Isolatoren bezüglich Überschlag im Vakuum

Material	Höhe des Isolators, mm	Überschlagsfeldstärke, kV/cm
Viniplast	2	225
Viniplast	2	174
Org. Glas	2—4	125
Org. Glas	5 und 7	90—93
Porzellan	10	über 85
Glas (Pyrex)	5—14	18—40

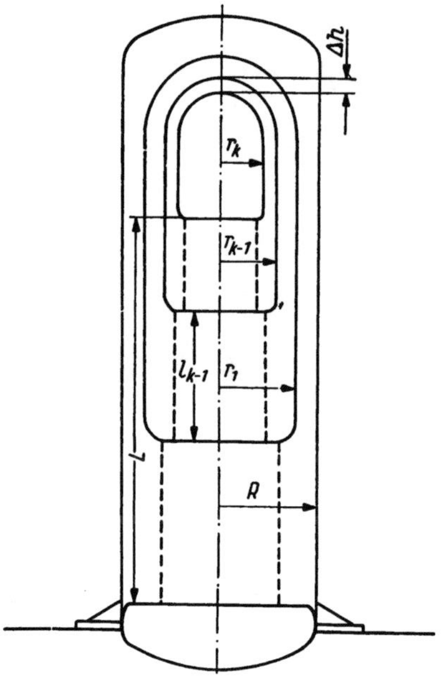

Abb. 3. Generatorskizze mit den zur Berechnung benutzten Symbolen

$$\left(C = R/r_k, n = R/r = \frac{r_{k-r}}{r_k} = \sqrt[k]{C}\ ;\right.$$

$$U = \frac{1 - C}{1 - \sqrt[k]{C}} \ln \sqrt[k]{C}\, r_k E (U - \text{gesamte}$$

Generatorspannung);

$$l_{k-1} = r_{k-1} \cdot \frac{L\left(1 - \sqrt[k]{C}\right)}{R\left(\frac{1}{C} - 1\right)}\ ;$$

$$\left.\varDelta h = r_k \frac{\ln n}{1 \ln n}\right)$$

baus gesammelt wurden, ist für das Beschleunigungsrohr Porzellan und für die Generatorsäule organisches Glas ausgewählt worden.

Um die Wahl der Abmessungen des elektrostatischen Generators und der Anzahl der Zwischenelektroden für verschiedene Spannungen, Kesselausmaße und für die zulässigen elektrischen Feldstärken zu vereinfachen, wurden Gleichungen (Abb. 3) abgeleitet, bei denen man von folgender Vorstellung ausging:

1. Die elektrische Feldstärke auf der äußeren Oberfläche der Zwischenelektroden ist gleich der Feldstärke auf der Konduktoroberfläche.

2. Minimale Radien weisen die Zwischenelektroden auf, deren Radien der Beziehung

$$R/r_1 = r_2/r_3 = \cdots = r_{k-1}/r_k$$

entsprechen. R — Radius des Kessels; r_k — Radius des Konduktors.

In einem keilförmigen elektrolytischen Trog wurde das elektrische Feld einzelner Generatorteile untersucht. Abb. 4 und 5 zeigen verschiedene Varianten der Übergänge vom Konduktor zur Generatorsäule. Für den hier beschriebenen Generator wurde die Zwischen-Elektrodenform nach Abb. 5 verwendet. An der Abrundung liegt die Feldstärke 18% höher als am zylindrischen Teil des Konduktors. Bei Gleichheit von Konduktordurchmesser und Säulenring-Durchmesser beträgt die Feldstärkeerhöhung an den ersten Säulenringen 70% (siehe Abb. 4).

Die Konstruktion des Generators

Die gesamte Anlage ist in einem besonderen Gebäude untergebracht, das aus einer hohen Halle für den Generator und Kellerräumen für die Targetbestrahlung, aus den Räumen für die Meßapparaturen und einem einstöckigen Anbau besteht,

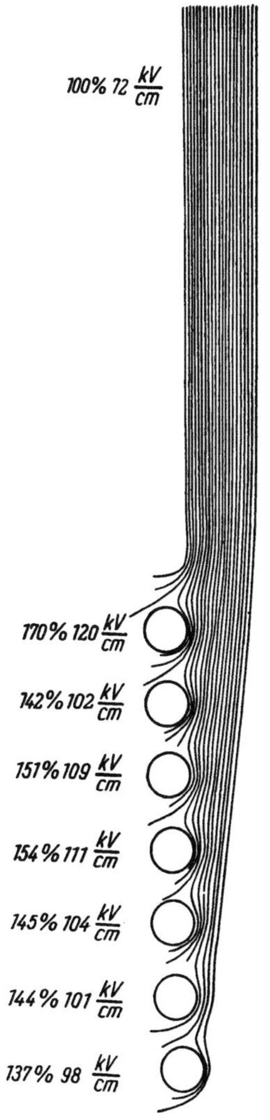

Abb. 4. Das elektrische Feld an der Generatorsäule (Variante I)

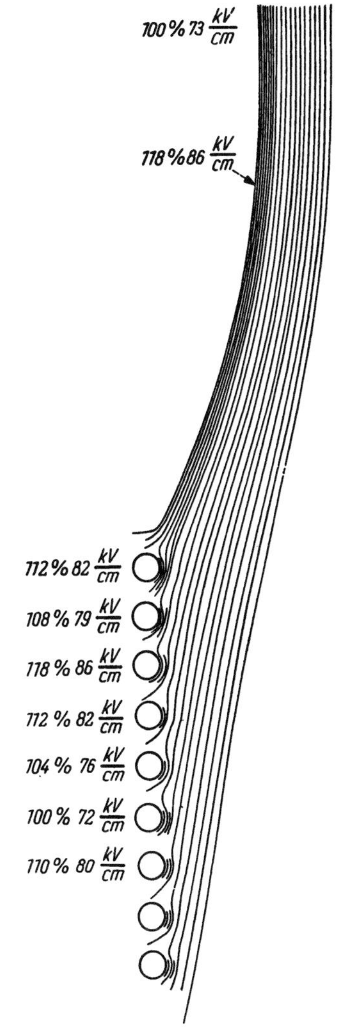

Abb. 5. Das elektrische Feld an der Generatorsäule (Variante II)

in dem sich die Steueranlage, der Kompressorenstand und andere Laborräume befinden.

Betonwände von 1,2 m Dicke schirmen die Halle des Generators und den Ort der Targetbestrahlung von den anderen Räumlichkeiten ab.

Der elektrostatische Generator ist in einem auf 20 atü Betriebsdruck berechneten Kessel (Abb. 6) von 2200 mm Durchmesser und 7500 mm Länge aufgestellt. Zur besseren Ausnutzung der radialen Ausmaße des Kessels sind zwei Zwischenelektroden (Abb. 7 und 8) eingesetzt. Bei 4 MV Spannung beträgt der berechnete Feldgradient an der Elektrodenoberfläche $E = 73{,}2$ kV/cm.

Abb. 6. Außenansicht des Beschleunigers

Abb. 7. Säule des Beschleunigers ohne Kessel und ohne die zwei Zwischenelektroden

Abb. 8. Die Säule des Beschleunigers mit Zwischenelektroden

Das Band befindet sich in der Mitte der Säule zwischen den zwei Beschleunigungsrohren, Bandbreite 530 mm, Bandgeschwindigkeit 20 m/sec. Das Band wird von einem 10 kW Elektromotor mit Wasserkühlung angetrieben, der Ventilator des Motors ist abgenommen. Die Bandspannung — starr, ohne Federn — wird durch Spannschrauben von außen reguliert. Die Äquipotentialringe in je 25 mm Abstand bestehen aus geschweißtem Aluminiumrohr von 16 mm Durchmesser. Die Ringe (Abb. 9) liegen auf 4 Säulen aus organischem Glas, die Isolatoren sind ineinander geschraubt (Abb. 10). In der Säule sind zwischen die Ringe Hochvoltwiderstände von je 350 MΩ (35 kV pro Abstand) geschaltet.

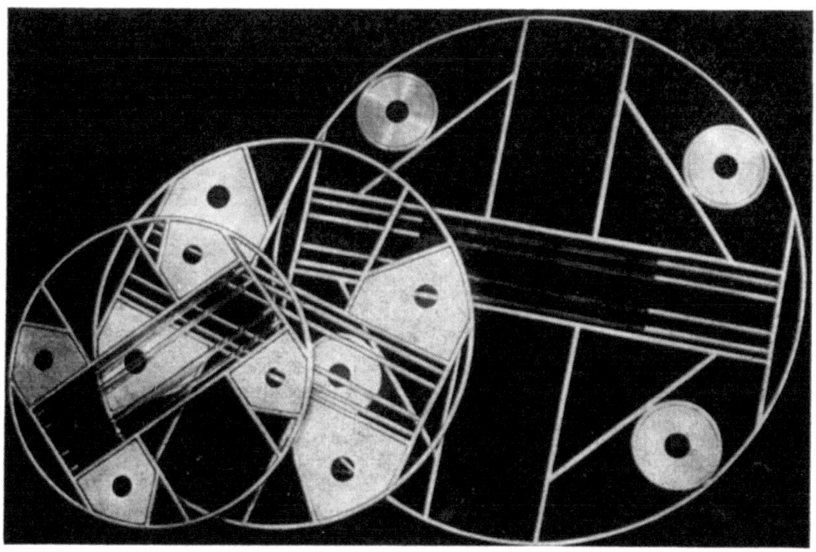

Abb. 9. Äquipotentialringe der Beschleunigersäule

Abb. 10. Isolatoren der Beschleunigersäule

Die Ladung wird mit 4 Sprühkämmen auf die Innenfläche des Bandes gesprüht. Diese Sprühkämme sind parallel geschaltet und werden von einer 70 kV Anlage über 4 MΩ Widerstände gespeist.

Im Konduktor wird die Ladung mit gleichen Kämmen abgenommen, die hier von einer speziellen Umladevorrichtung mit entgegengesetzter Polarität gespeist werden. Diese Vorrichtung nimmt die Ladung von einer Bandhälfte ab und sprüht auf die sich nach unten bewegende Bandhälfte Ladungen der entgegengesetzten Polarität auf.

Auf jedem Beschleunigungsrohr ist eine Ionenquelle mit kalter Katode montiert (Abb. 11). Im Mittel können 50 bis 70 μA Ionenstrom mit 3 bis 5 μA Protonenstrom am Target erzielt werden, das 2 m vom Ausgang des Magnetanalysators (Blende von 6mm Durchmesser) entfernt steht. Jedes Beschleunigungsrohr

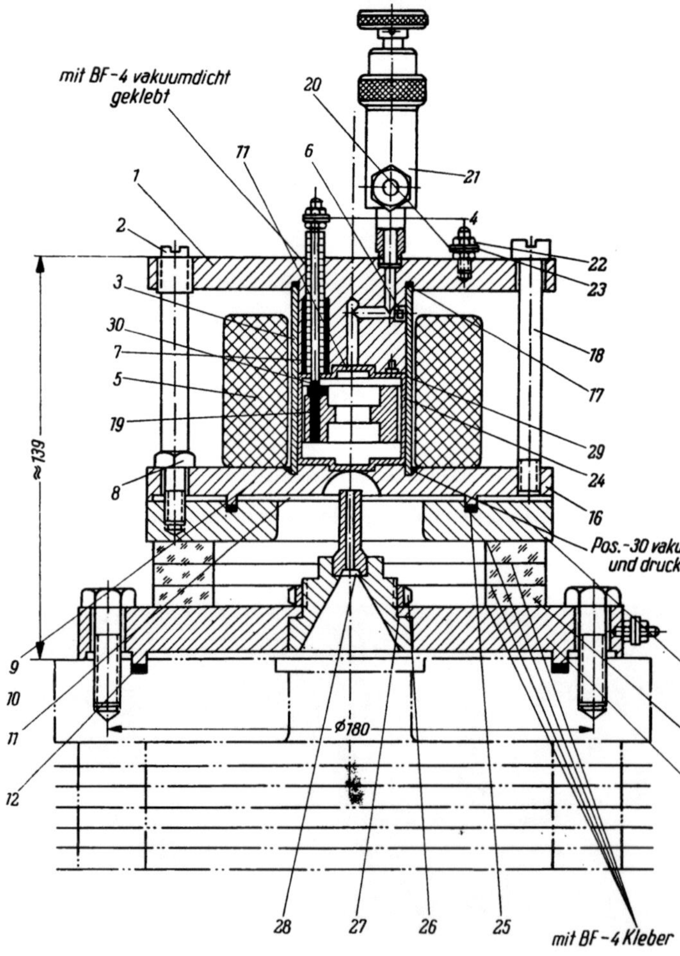

Abb. 11. Ionenquelle

wird getrennt von einer Öldiffusionspumpe vom Typ MM-1000 mit Kühlfalle für flüssigen Stickstoff (siehe Abb. 1) evakuiert. Freonanlagen bei —20° C kühlen die Ölfänger über den Pumpen.

Am erdseitigen Ende des Beschleunigungsrohres wird 1,5 bis 2 Std. nach Beginn der Arbeit das Betriebsvakuum von 2 bis $4 \cdot 10^{-6}$ mm Hg erreicht. Als Besonderheit der Anlage können die Vakuumbehälter von etwa 0,5 m^3 Rauminhalt genannt werden, welche die notwendige Arbeitszeit der Vorvakuumpumpen erheblich verkürzen und demzufolge den Verschleiß vermindern. Die Vakuumanlage wird ferngesteuert, eine Blockierung verhindert falsches Schalten.

Am Ausgang des „Meß"rohres befindet sich ein elektrostatischer Analysator (Abb. 12), der Bahnradius der Teilchen beträgt $R = 1500 \pm 0{,}1$ mm. Der Plattenabstand beträgt $d = 5 \pm 0{,}001$ mm. Die Spannung an den Ablenkplatten ist bis auf 0,01% stabilisiert und wird mit einem Ohmschen Spannungsteiler der Genauigkeit ±0,02% gemessen. Die Messung des Absolutwertes der Teilchenenergie wird mit einem Normalelement vorgenommen.

Am Ausgang des anderen Beschleunigungsrohres befinden sich zwei Magnetanalysatoren, die den Ionenstrahl um 90° umlenken und nach Massen trennen (siehe Abb. 1). Die Elektromagneten sind stromstabilisiert und bleiben während 8 Std. auf ±0,03% konstant, für die Dauer von 1 bis 2 Std. sogar auf ±0,01 bis 0,02%.

Die Steuerung aller Aggregate und Meßgeräte befindet sich im Bedienungspult in einem speziellen Gebäude.

Abb. 12. Elektrostatischer Analysator

Die Ergebnisse der Erprobung des Generators

Da der Generator nur zur Durchführung von Kernreaktionen bestimmt war, konnten in der Anlaufperiode keine sorgfältigen systematischen Untersuchungen der einzelnen Generatorteile und des Generators durchgeführt werden. Im Jahre 1956 arbeitete der beschriebene Generator z. B. 2200 bis 2500 Std. für physikalische Experimente, für Einrichtungsarbeiten (Aufstellung und Prüfung der Beschleunigungsrohre) aber nur etwa 300 Std.

Aus diesem Grunde charakterisieren die unten aufgeführten Daten über die Eigenschaften des Generators nicht seine möglichen Grenzwerte. Für besondere Versuche kann mit günstigen Gasgemischen (größerer CO_2-, Freon- und SF_6-Anteil) die Grenzspannung des Generators über 4,5 MV gesteigert werden.

Da keine Hochfrequenz-Ionenquelle eingebaut ist, konnten keine Grenzstromcharakteristika aufgenommen werden.

Das Stromverhalten des Generators

Der vom Band auf die Hochspannungselektrode übertragene Strom hängt stark ab von:

a) dem Gasdruck im Tank; bei Druckerhöhung muß man Auflade- und Umladespannung erhöhen, um den gleichen vom Band übertragenen Strom zu erhalten;

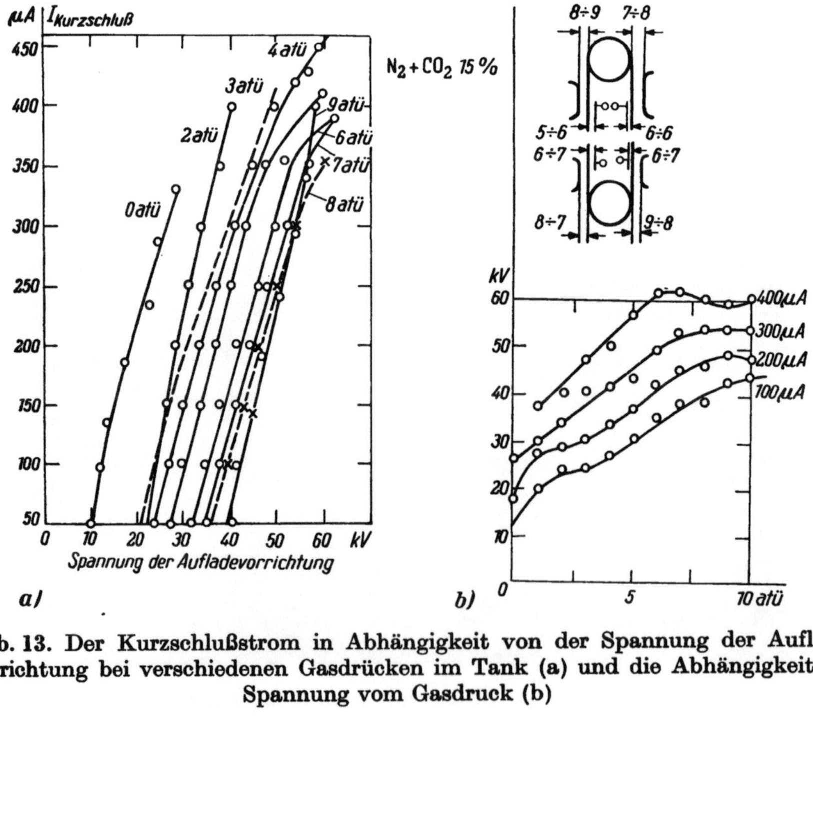

Abb. 13. Der Kurzschlußstrom in Abhängigkeit von der Spannung der Aufladevorrichtung bei verschiedenen Gasdrücken im Tank (a) und die Abhängigkeit der Spannung vom Gasdruck (b)

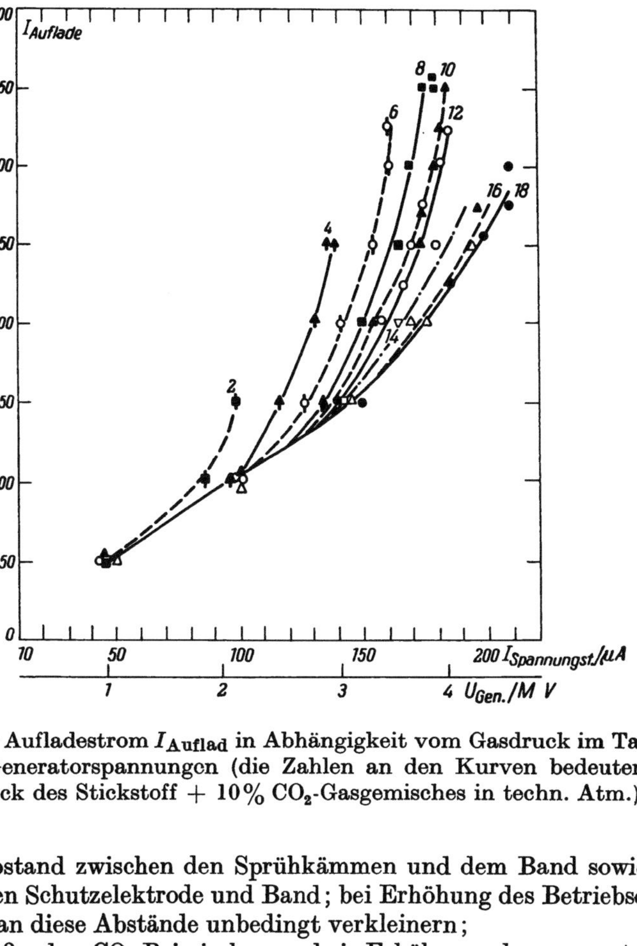

Abb. 14. Der Aufladestrom I_{Auflad} in Abhängigkeit vom Gasdruck im Tank bei verschiedenen Generatorspannungen (die Zahlen an den Kurven bedeuten den Gasdruck des Stickstoff + 10% CO_2-Gasgemisches in techn. Atm.)

b) dem Abstand zwischen den Sprühkämmen und dem Band sowie dem Abstand zwischen Schutzelektrode und Band; bei Erhöhung des Betriebsdruckes im Tank muß man diese Abstände unbedingt verkleinern;

c) der Größe der CO_2-Beimischung; bei Erhöhung des prozentualen CO_2-Anteils muß man die Spannung an der Auflade- und Umladevorrichtung erhöhen, um den gleichen Strom auf das Band zu erhalten, oder man muß die Abstände zwischen den Sprühkämmen und der Schutzelektrode verringern. Bei 10 atü Druck und einwandfreien Arbeitsbedingungen betrug der Kurzschlußstrom weniger als 400 bis 500 μA (Abb. 13).

Bei 3,5 MV Spannung am Generator bestand keine Notwendigkeit, den Aufladestrom über 400 bis 500 μA zu steigern. Bei Kurzschlußstrommessungen von etwa 400 bis 500 μA wurde kein Ladungsverlust am Band festgestellt (bei Füllung des Kessels mit Stickstoff von 1 bis 6 atü).

Bei Betrieb unter Spannung, aber ohne Beschleunigungsrohre, verringern sich die Ladungsverluste mit Erhöhung des Gasdruckes. Das weist auf eine Verringerung der Verluste durch Korona-Entladung im Gas von der Säule und den Schutzelektroden zu dem Kessel hin (Abb. 14).

Daß Korona-Entladung zwischen der großen Schutzelektrode und dem Kessel stattfindet, beweisen Spuren an der Kesselwand in Form kleiner Flecke. Sie

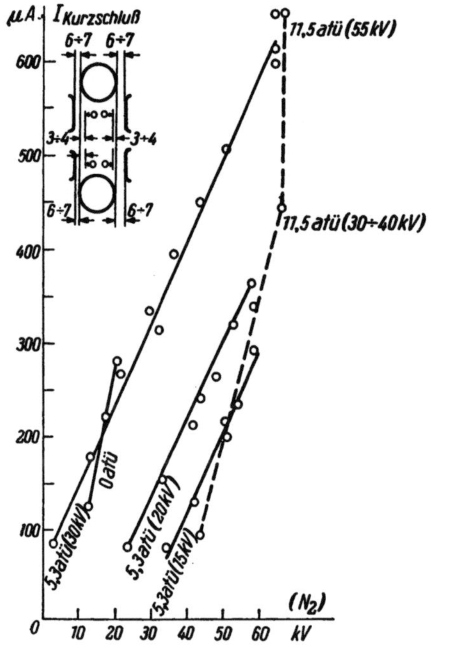

Abb. 15. Einfluß der Spannung der Umladevorrichtung auf $I_{\text{Kurzschluß}}$ (in Klammern ist die Spannung der Umladevorrichtung angegeben)

befinden sich am unteren Rand der äußeren Schutzelektrode, d. h. an der Stelle der größten Feldstärke (Abb. 5). An dieser Stelle sind auch Spuren von Durchschlägen zu sehen, die bei der Prüfung auf maximale Spannung entstanden. Man möchte annehmen, daß eine Druckerhöhung auf 18 bis 20 atü zur Verringerung der Ladungsverluste durch Korona nur vorteilhaft ist. Das Aufbringen der Ladung auf die innere Bandseite gewährleistete schon eine Stabilität der Generatorspannung von ± (0,3 bis 0,5) %.

Die erzwungene Abnahme der Ladung vom Band und das Aufbringen der Ladung entgegengesetzten Vorzeichens auf die nach unten laufende Bandseite mit der im Konduktor untergebrachten 60 kV Anlage erleichterte den Betrieb der Aufladevorrichtung erheblich. Abb. 15 zeigt Kurven, die den Einfluß der Spannung der Umladevorrichtung auf die Größe des Kurzschlußstromes charakterisieren. Bei Erhöhung dieser Spannung vergrößert sich der vom Band übertragene Strom. Als günstige Betriebsweise erwies sich gleiche Spannung an der Auflade- und Umladevorrichtung.

Gleichmäßiger Bandlauf hat großen Einfluß auf die vom Band übertragene Stromstärke. Ein Berühren der Gradientenstäbe führt zu Ladungsverlusten und zur Instabilität der Generatorspannung. Die äußeren metallischen Gradientenstäbe waren 35 mm, die inneren 15 mm vom Band entfernt angeordnet. Die Isolierstäbe befanden sich etwas näher und begrenzten die seitlichen Schwingungen des Bandes.

Zur Stabilisierung des Aufladestroms ist es unbedingt nötig, bei maximalen Spannungen die Verluste im Kabel, über die Isolatoren, Widerstände und Kondensatoren der Auflade- und Umladevorrichtung und der Stromversorgungsgeräte für die Ionenquellen zu prüfen und zu beseitigen. Selbst bei Verlusten in der Größenordnung von einigen μA und bei kleinen Durchschlägen wird die Stabilität der Generatorspannung beeinträchtigt.

Die Arbeitsweise des Bandtriebes

Zur Sicherung eines stabilen Betriebes des Bandes muß man dafür sorgen, daß

a) die Spannung der beiden Bandhälften genügend groß ist, damit kein „Schlagen" des Bandes in der Säule einsetzt;

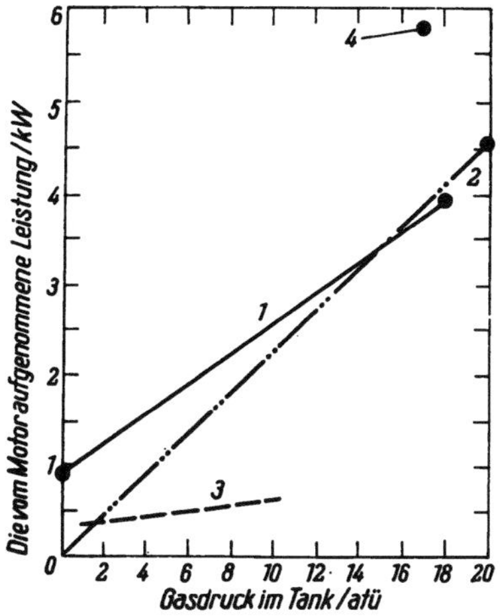

Abb. 16. Die vom Motor des Bandantriebes aufgenommene Leistung

1 bei normalem Betrieb
2 nach der Berechnung mit Gleichung [5] (die Bandoberfläche wurde viermal kleiner als in Wirklichkeit angenommen)
3 ohne Band (Leerlauf des Motors)
4 das Band rieb an den Gradientstäben

b) die Ladung auf der hinauf- und der hinabgehenden Hälfte des Bandes gleichmäßig verteilt ist;

c) das Band gut zusammengeklebt ist und keine Stöße der Klebstellen über die Wellen auf die Schutzelektrode und Gradientenstäbe gelangen.

Wenn man diese Bedingungen einhält, kann das Band 400 bis 500 Stunden im Generator laufen; in Ausnahmefällen, bei erleichterten Betriebsbedingungen, sogar bis 1500 Stunden.

Die vom Motor des Bandantriebes verbrauchte Leistung in Abhängikeit vom Gasdruck im Kessel bei Kurzschlußstrom-Messungen stellt Abb. 16 dar. Die erforderliche Leistung war geringer als die nach der halbempirischen Gleichung von van de Graaff [5] berechnete. Einige Meßpunkte weichen stark vom linearen Zusammenhang ab. Das sind die Fälle, bei denen Bandreibung an den Gradientenstäben auftrat.

Die Erfahrungen zeigten, daß festere, widerstandsfähigere Bänder hergestellt werden müssen. Die Bänder sollen endlos sein und in der Querrichtung straffer als die derzeitigen.

Weil im Grundmaterial des Bandes (z. Z. Perkal) verschiedentlich elektrische Durchschläge längs des Bandes auftreten, sollte man es durch Plastmasse ersetzen.

Die Generatorspannung

Bei 18 atü der Gasfüllung $N_2 + 10\%\ CO_2$ konnte am Generator ohne Beschleunigungsrohre 4,5 MV Spannung erreicht werden.

Bis heute sind die Beschleunigungsrohre der schwächste Punkt des Generators, sie begrenzen die maximale Spannung.

Beschleunigungsrohre mit Lochblenden gewährleisteten anfangs stabilen Betrieb bis 3 MV. Mit dem Verschlechtern der vakuumseitigen Oberfläche der Isolatoren verringerte sich jedoch die Grenzspannung bis auf 2,5 MV.

An einem Beschleunigungsrohr mit konischen Elektroden konnte bei 3,8 MV Spannung gearbeitet werden, die Durchschlagsspannung war 4,2 MV. Auf Seite 17 der vorliegenden Artikelsammlung ist ausführlicher über die Prüfung von Beschleunigungsrohren berichtet.

Bei Stickstoffüllung des Tanks (mit 5% O_2) besteht der geringste Spannungszuwachs bei Druckerhöhung. CO_2-Zugabe erniedrigt die Korona-Verluste und erhöht die Durchschlagsfestigkeit der einzelnen Sektionen. Schon bei 20% CO_2-Anteil konnte 4,2 MV Spannung bei nur 7 atü erzielt werden. Leider konnten aus Zeitmangel keine Experimente bezüglich des Durchschlags im Gas innerhalb des Generators bei Betrieb ohne Beschleunigungsrohre durchgeführt werden. Wir hatten deshalb keine Möglichkeit zu beweisen, daß die gewählte Generator-Konstruktion bei $N_2 + 30\%$ CO_2-Gemisch Gasfüllung und 15 bis 19 atü Druck eine Spannung von 5 bis 5,5 MV garantiert (Feldgradient am Konduktor 90 bis 100 kV/cm). Bei Füllung mit Stickstoff-Freon-Gasgemisch kann man die Grenzspannung noch etwas weiter erhöhen.

Die Verminderung der Korona-Verluste durch den Einbau einer Beryllium-Blende am Flansch der Ionenquelle verringerte zwar stark die γ-Strahlen-Intensität, führte aber dazu, daß Neutronen auftraten.

Der Schutzelektroden-Befestigung ist große Beachtung zu schenken, da bei Spannungen oberhalb 3,5 MV die ponderomotorischen Kräfte das Eigengewicht der Zwischenelektroden übersteigen.

Strahlfokussierung

Die Strom- und Spannungscharakteristik des Generators hängt in sehr starkem Maße von der Güte der Fokussierung des Ionenstrahls im Beschleunigungsrohr ab. In dem hier beschriebenen Generator wird die Strahlfokussierung mit Hilfe einer Aperturlinse erreicht, die aus Bereichen des elektrischen Feldes des Beschleunigungsrohres mit unterschiedlicher Feldstärke gebildet ist, wie es HOWARD-FLANDERS in seiner Arbeit [6] beschrieb. Obwohl dieses System die gesamte Generatorspannung um 4 bis 5% erniedrigt, vereinfacht es doch stark die Strahlfokussierung in beiden Beschleunigungsrohren. Die Fokussierung der Ionenstrahlen erfolgt durch Regulierung der Ionenquellen-Absaugspannung. Am Magneteingang kann der Ionenstrahl zu einem Brennfleck von 2 bis 3 mm Durchmesser, der 80 bis 90% aller im Rohr beschleunigten Ladungen enthält, fokussiert werden. Die restlichen Teilchen werden als Untergrund, aber nicht längs der Rohrachse beschleunigt.

Eine gute Strahlfokussierung verringert erheblich die Sekundärelektronen-Belastung der Beschleunigungsrohre.

Die Magnetanalysatoren defokussieren den Ionenstrahl am Ausgang — trotz aller unternommenen Gegenmaßnahmen (abgeschrägte Polschuhe) — was zu Intensitätsverlusten von größenordnungsmäßig 10 bis 20% führt. Der Durchmesser des Strahlkerns an dem dem Target zugewandten Ausgang beträgt 3 bis 4 mm.

Die für die Untersuchungen nötigen Ionenströme waren kleiner als einige μA, das ermöglichte es, ohne große Strombelastung des Generators zu arbeiten. Die Messung der Generatorspannung geschieht auf drei Arten:

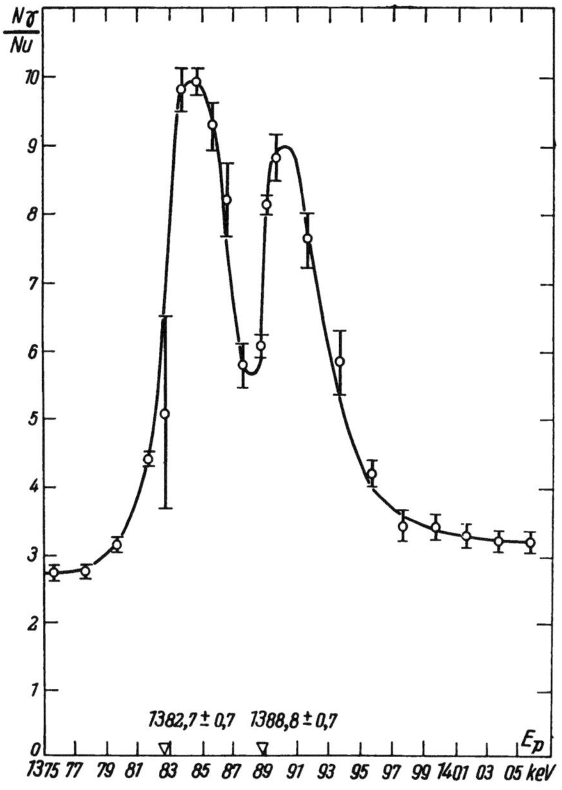

Abb. 17. Gamma-Resonanzen der Reaktion $^{27}Al(p, \gamma)^{28}Si$, die während der Übergabezeit des Generators mit Hilfe von H_2^+-Ionen aufgenommen wurden

a) nach dem Strom durch den Spannungsteiler der Säule mit ± 5 bis 7% Fehler;

b) nach dem Strom durch die Wicklung des Magneten, der den Strahl im Arbeitsbeschleunigungsrohr ablenkt, mit $\pm 1{,}5\%$ Genauigkeit;

c) mit dem elektrostatischen Analysator mit einer Genauigkeit von etwa $\pm 0{,}05\%$.

Die Genauigkeit der Stabilisierung der Generatorspannung und seiner Messung wurde durch die Aufnahme der Resonanzmaxima der γ-Strahlen-Ausbeute von der Reaktion Al(p, γ) bei H_2-Betrieb bestimmt, d. h. bei einer Generatorspannung von etwa 3 MV (Abb. 17).

Zusammenfassung

Die Erfahrungen mit dem hier beschriebenen Generator haben gezeigt, daß sich die gewählte Zusammenstellung der einzelnen Generatorteile gut bewährte. Es konnte ein außerordentlich hoher Genauigkeitsgrad in der Regulierung und Messung der Energie der beschleunigten Ionen bei gleichzeitig großer Variabilität der Größe und Dichte des Ionenstrahls auf dem Target erzielt werden.

Die Besonderheiten der Generator-Konstruktion erlaubten es, in relativ kurzer Zeit eine Vielzahl von Arbeiten durchzuführen, [7] bis [12].

Generatoren, die dem vorstehend beschriebenen ähnlich sind, können in Laboratorien, in denen Kernspektroskopie getrieben wird und überall dort angewandt werden, wo die Kenntnis der Teilchenenergie mit großer Genauigkeit während des Generatorbetriebes erforderlich ist.

Zeichnungen, Berechnungsunterlagen und Hinweise zur Konstruktion, die während der Aufbau- und Betriebszeit des Generators bekannt wurden, sind 1953 an das wissenschaftliche Forschungsinstitut für elektrophysikalische Apparaturen übergeben worden. Dort erfolgte die Ausarbeitung von Beschleunigerprojekten für die Industrieherstellung.

Zur weiteren Vervollkommnung der Generator-Konstruktion ist es nötig:

a) die Untersuchung der Strom- und Spannungseigenschaften des Generators fortzuführen und die günstigsten Gasgemische für die Tankfüllung zu suchen;

b) die Eigenschaften der Beschleunigungsrohre zu untersuchen und neue Konstruktionen auszuarbeiten;

c) die Arbeiten zur Verbesserung der Eigenschaften des Bandtriebes mit hoher Verschleißfestigkeit und die Ausarbeitung eines endlosen Bandes weiterzuführen;

d) die Öldiffusions- durch Ionenadsorptionspumpen zu ersetzen, um bessere Parameter der Beschleunigungsrohre und saubere Bedingungen für das Target zu schaffen;

e) eine weitgehende Automatisierung der Steuerung der Vakuumanlage, des Bandantriebes, der Auflade- und Umladevorrichtung usw. durchzuführen.

Literatur

[1] Walter, A. K. und Zigikalo, A. A., Bericht des PTI AW USSR Nr. 151 (103/13), 1950.

[2] Winter, S. D., L'onde Electrique **35** (1955) 995.

[3] Chick, D. R. und Petrie, P. R., Proc. IEE **103 B** (1956) 132.

[4] Zigikalo, A. A. und Mitropan, I. M., Bericht des PTI AW USSR (101/82), 1951.

[5] Van de Graaff, R. J. und Trump, J. R., S.I. **18** (1947) 754.

[6] Howard-Flanders, P., Nature **170** (1952) 744.

[7] Zitko, S. P. und Antufjew, J. P., JTEP **30** (1956) 1171.

[8] Gawrilowskij, B. W., Golownja, W. J., Karadschew, K. W., Kljutscharew, A. P. und Manko, W. I., Dokl. Akad. Nauk UdSSR **111** (1956) 59.

[9] Sorokin, P. W. und Taranow, A. J., Dokl. Akad. Nauk UdSSR **111** (1956) 82.

[10] Tutakin, P. M., Zitko, S. P., Lwow, A. N., Walter, A. K. und Gontschar, W. J., Atomenergie **10** (1957) 336.

[11] Walter, A. K., Gawrilowskij, G. W., Karadschew, K. W., Manko, W. I., Sorokin, P. W. und Taranow, A. J., Thesen der Berichte auf der Allunionskonferenz für Kernreaktionen bei kleinen und mittleren Energien, 19. bis 27. Nov. 1957 in Moskau. Verlag der Akad. d. Wiss. d. UdSSR, Seite 17.

[12] Walter, A. K., Saljubowskij, I. I., Klutscharew, A. P. und Lutzik, W. A., Siehe unter [11] Seite 45.

I. F. Malischew, F. G. Schelesnikow, G. J. Roschal

Die Entwicklung von industriellen Versuchstypen elektrostatischer Generatoren

Elektrostatische Generatoren mit Bandantrieb besitzen heute ein weites Anwendungsgebiet in Wissenschaft und Technik. Bei Präzisionsuntersuchungen mit beschleunigten Teilchen im Gebiet niedriger Energie (bis 10 MeV) der Kernphysik sind sie unentbehrlich. Trotzdem werden die elektrostatischen Generatoren sowohl in der UdSSR als auch im Ausland im wesentlichen nur im Rahmen der physikalischen Laboratorien und Forschungsinstitute projektiert und hergestellt. Eine Ausnahme bildet die amerikanische Firma „High Voltage Engineering Corporation", die elektrostatische Generatoren mit einer Spannung bis 5,5 MV herstellt.

Im Jahre 1953 wurde das experimentelle Konstruktionsbüro (EKB) der Hauptverwaltung für die Anwendung der Atomenergie beim Ministerrat der UdSSR beauftragt, industrielle Versuchstypen elektrostatischer Generatoren für 2 und 4 bis 5 MV auszuarbeiten. Für das EKB war die Entwicklung elektrostatischer Generatoren ein neues Aufgabengebiet, zu dessen Erfüllung Mitarbeiter ausgebildet und eine experimentelle Grundlage geschaffen werden mußte.

In der UdSSR existierten zu dieser Zeit einige elektrostatische Druckgeneratoren für 1,5 MV Spannung, die im Physikalisch-Technischen Institut der Akademie der Wissenschaften der Ukrainischen SSR, im Institut für physikalische Probleme der Akademie der Wissenschaften der UdSSR hergestellt worden waren, und ein 2 MV Generator im Kiewer Physikalischen Institut der Akademie der USSR. Außerdem waren projektiert bzw. befanden sich schon im Aufbau ein Generator für 4 bis 5 MV im Physikalisch-Technischen Institut der Akademie der Wissenschaften der Ukrainischen SSR und ein Generator für 3 MV im Institut für physikalische Probleme der Akademie der Wissenschaften der UdSSR. Das EKB baute auf den Erfahrungen dieser Institute bei der Projektierung und Herstellung der Generatoren auf.

Im Jahre 1953 projektierte das EKB Generatoren für 4 bis 5 MV (Abb. 1) und für 2 bis 2,5 MV (Abb. 2). Beide Generatoren wurden aufgestellt und befinden sich in der Inbetriebnahme. Als Konstruktionsgrundlagen dienten die Generatoren im Physikalisch-Technischen Institut der Akademie der Wissenschaften der Ukrainischen SSR. Da die Konstruktion des Generators für 4 MV im Physikalisch-Technischen Institut der Akademie der Wissenschaften der Ukrainischen SSR in der Arbeit von A. A. Zigikalo ausführlich beschrieben ist, begnügen wir uns hier mit dem Hinweis auf diejenigen Bauelemente, deren Konstruktion vom EKB anders gelöst wurde. Zum Beispiel werden in den Generatoren des EKB Beschleunigungsrohre mit konusförmigen Elektroden aus nichtrosten-

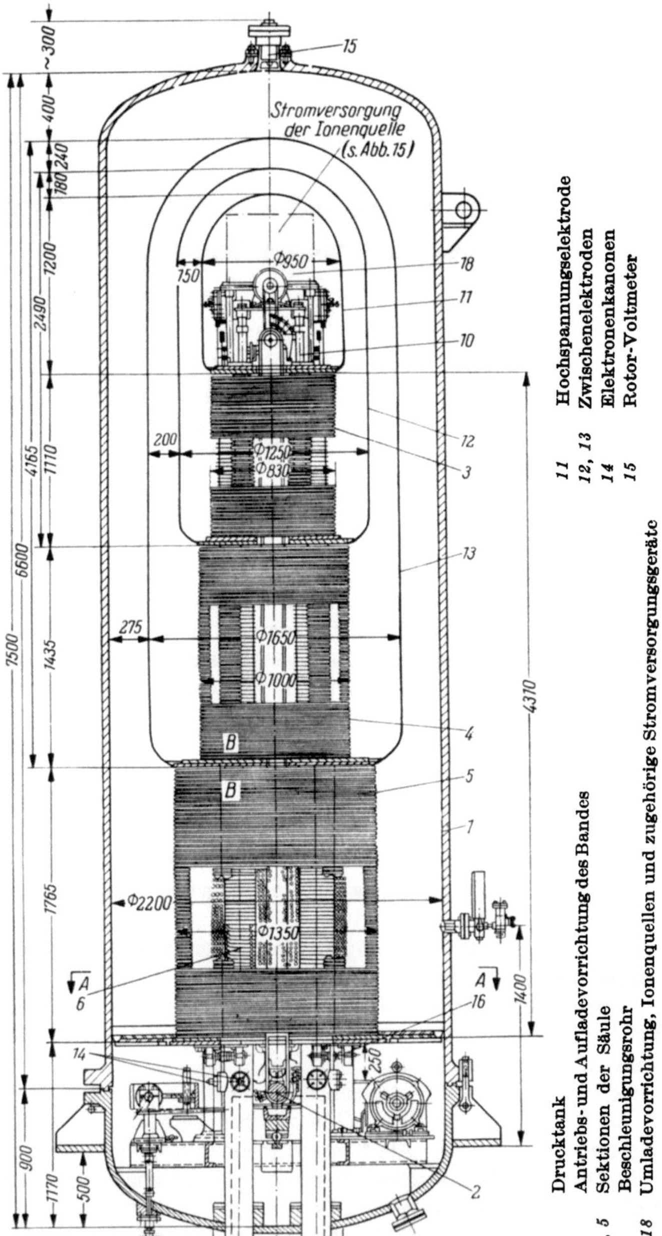

Abb. 1. Gesamtansicht des elektrostatischen Generators für 4 bis 5 MV vom Typ EG-1

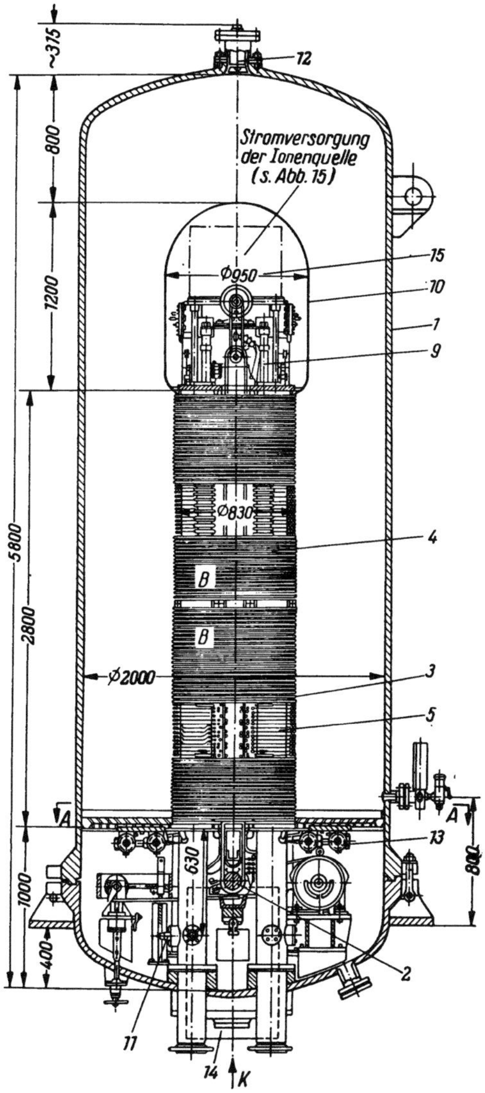

Abb. 2. Gesamtansicht des elektrostatischen Generators für 2 bis 2,5 MV vom Typ EG-2

dem Stahl im Abstand von je 52 mm (Abb. 3 und 4) angewandt an Stelle von Lochblenden mit je 8 mm Abstand, wie sie im 1953 hergestellten Beschleunigungsrohr des Physikalisch-Technischen Instituts der Akademie der Wissenschaften der Ukrainischen SSR vorhanden sind (später wurden im Physikalisch-Technischen Institut der Akademie der Wissenschaften der Ukrainischen SSR die Lochblenden ebenfalls durch konusförmige Elektroden ersetzt). Die Konstruktion der Äquipotentialrahmen und der Isoliersäule (an Stelle einzelner ineinander

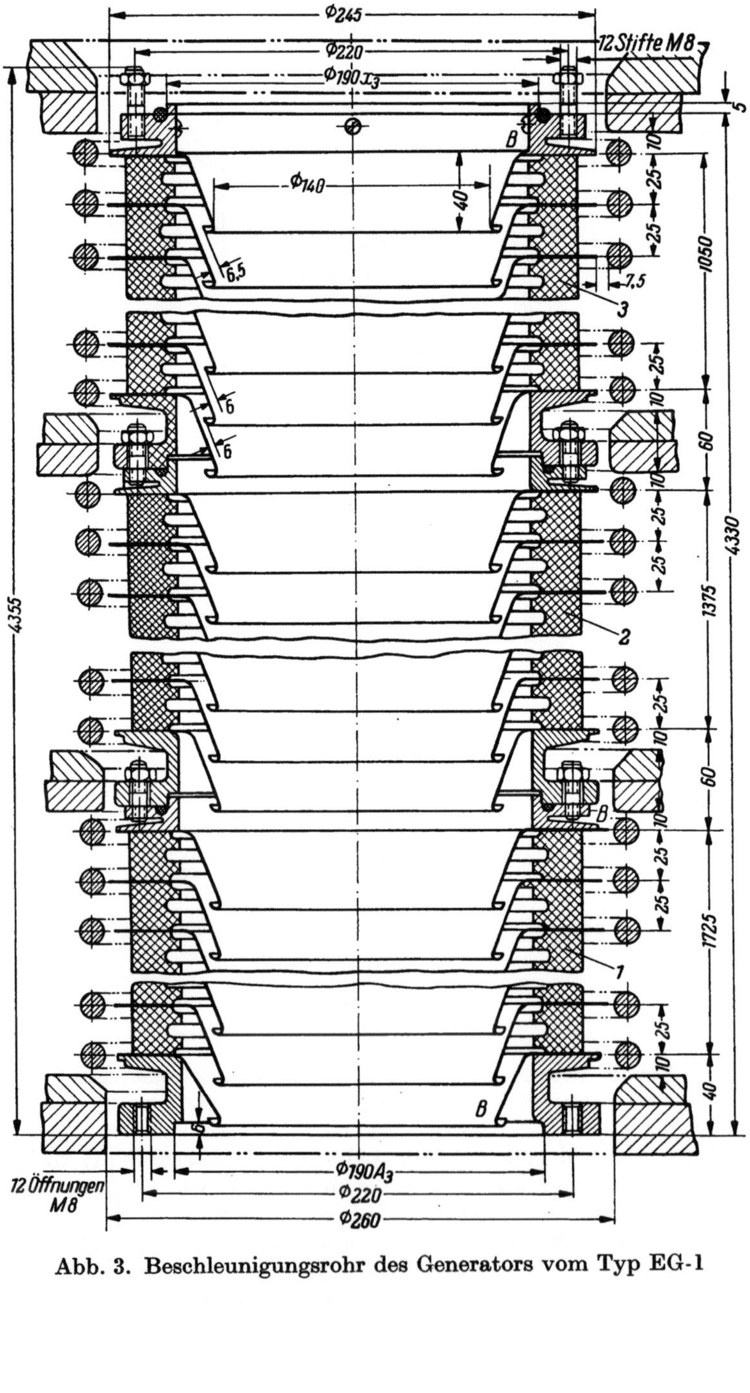

Abb. 3. Beschleunigungsrohr des Generators vom Typ EG-1

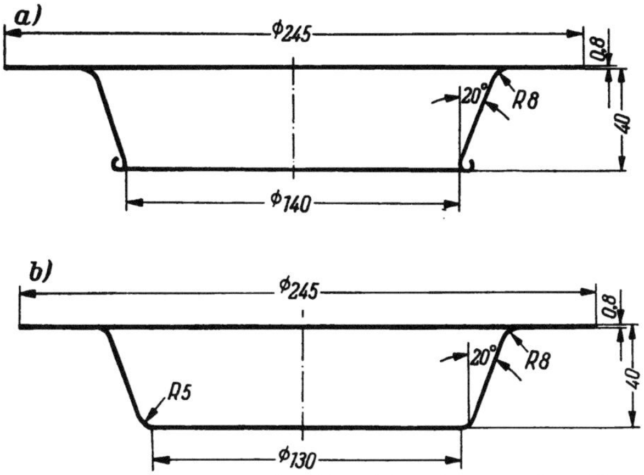

Abb. 4. Elektroden der Beschleunigungsrohre für die Generatoren vom Typ EG-1 (a) und EG-2 (b)

zu schraubender Elemente wurden Stäbe aus organischem Glas verwendet— Abb. 5) wurde ebenfalls geändert. Außerdem werden im Vakuumsystem dieser Generatoren die im wissenschaftlichen Vakuumforschungsinstitut entwickeltenQuecksilberdampfstrahlpumpen eingesetzt. Nach Meinung einiger Fachleute verbessert die Anwendung vonQuecksilberpumpen das Betriebsverhalten der Beschleunigungsrohre im Vergleich zu dem von Öldampfstrahlpumpen, da wahrscheinlich Öldämpfe in das Beschleunigungsrohr gelangen und dessen elektrische Festigkeit herabsetzen. Außerdem sind Öldämpfe nachteilig bei Arbeiten mit Targets.

Die vollständige Fertigstellung der ersten industriellen Generatortypen ist noch nicht beendet; aus der teilweisen Erprobung ging jedoch hervor, daß ihre Konstruktion grundlegend geändert werden muß. Im Zusammenhang damit wurde in den Jahren 1955 bis 1956 eine Neukonstruktion für 2,5 MV (Typ EG-2,5) ausgearbeitet. Diese Arbeit wurde auf Grund von Literaturhinweisen, der Durcharbeitung einer Reihe Konstruktionsvarianten und der Forschungsarbeiten in den Labors des EKB durchgeführt.

Da sich dieser Generator von anderen bekannten Generatoren unterscheidet, gehen wir auf seine konstruktiven Besonderheiten näher ein.

Abb. 6 zeigt die Gesamtansicht des Generators EG-2,5, der zur Erzeugung von Ionen- und Elektronenstrahlen mit Energien bis 2,5 MeV vorgesehen ist.

Die hauptsächlichsten bei der Projektierung des Generators EG-2,5 angenommenen Parameter sind:

Nominalspannung 2,5 MV;
Ionenstrom (H_1^+) nach dem Magnetanalysator 50 μA;
auf das 6 m von der Generatorachse entfernte Target treffen 10 μA auf;
Durchmesser des Kessels 1600 mm, Höhe 4100 mm;
Höhe der Isoliersäule 2200 mm;
Durchmesser 700 mm;
Elektronenstrom bis 250 μA;
Durchmesser der Hochspannungselektrode 700 mm;
Höhe 800 mm;
Bandbreite 400 mm;
Abstand der Gradientenebenen 50 mm;
Abstand der Elektroden des Beschleunigungsrohres 25 mm;
Innendurchmesser der Beschleunigungsrohr-Elektroden 120 mm.

Zum Unterschied zu früheren Generatoren besteht das Kesselfundament (Abb. 7) des Generators EG-2,5 aus einer flachen Platte. Das erleichtert die

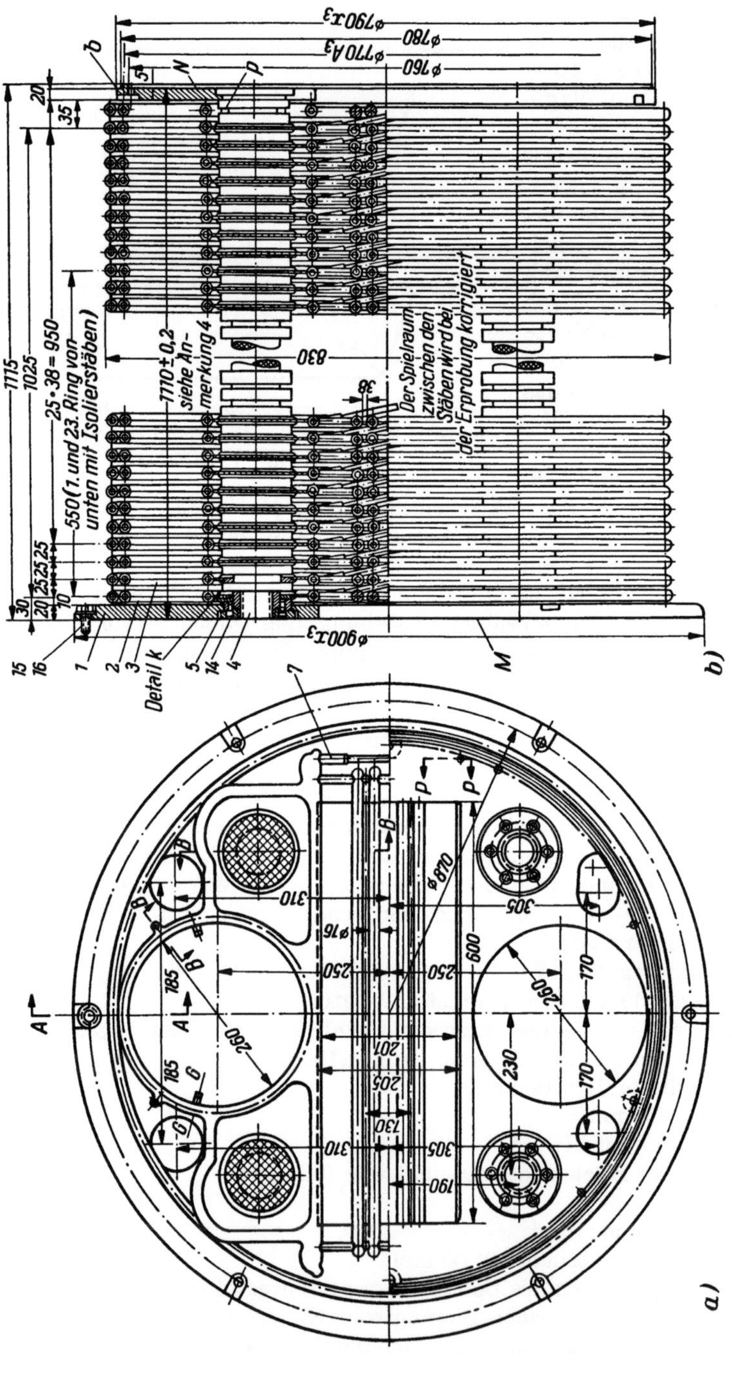

Abb. 5. Eine Sektion der Säule der Generatoren vom Typ EG-1 und EG-2

1, 5, 6 Stahlplatten 3 Gradientenrahmen 4 Säule aus organischem Glas 7 Widerstand des Spannungsteilers

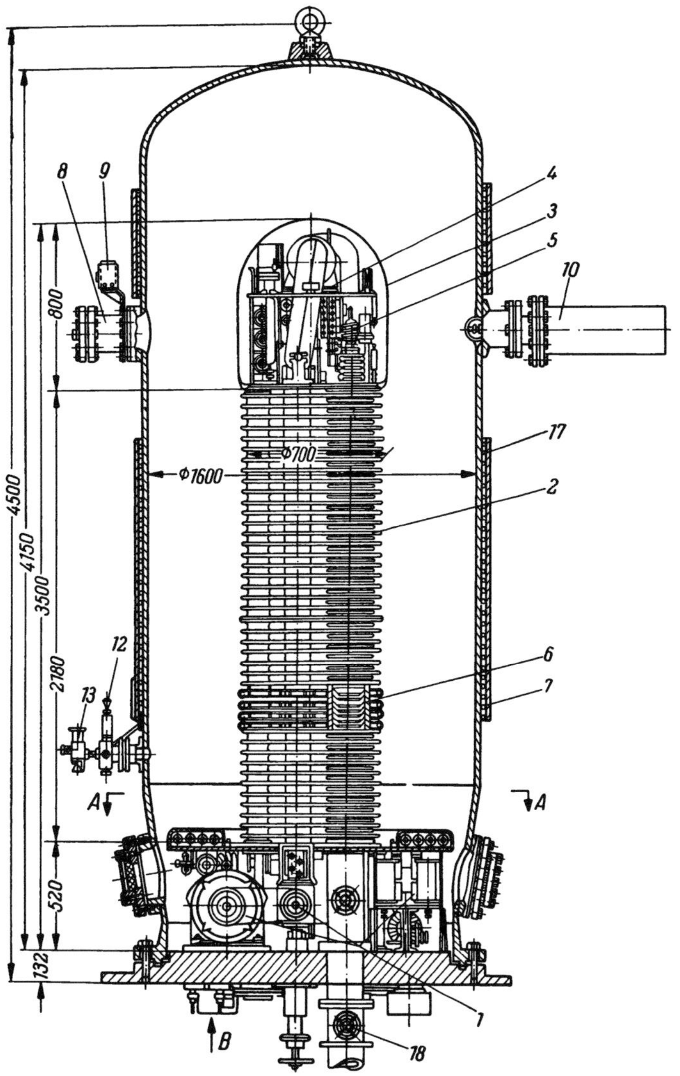

Abb. 6. Gesamtansicht des elektrostatischen Generators für 2,5 MV vom Typ EG-2,5

1 Bandantrieb und Aufladevorrichtung
2 Gradientenring der Säule
3 Hochspannungselektrode
4 Generator SGM-1
5 Hochfrequenz-Ionenquelle
6 Beschleunigungsrohr
7 Tank
8 Rotor-Voltmeter
9 Katodenverstärker
10 Korona-Spitze
17 Wassermantel
18 Elektronenkanone

Abb. 7. Der Drucktank des Generators EG-2,5

Abb. 8. Der elektrostatische Generator EG-2,5 (ohne Drucktank)

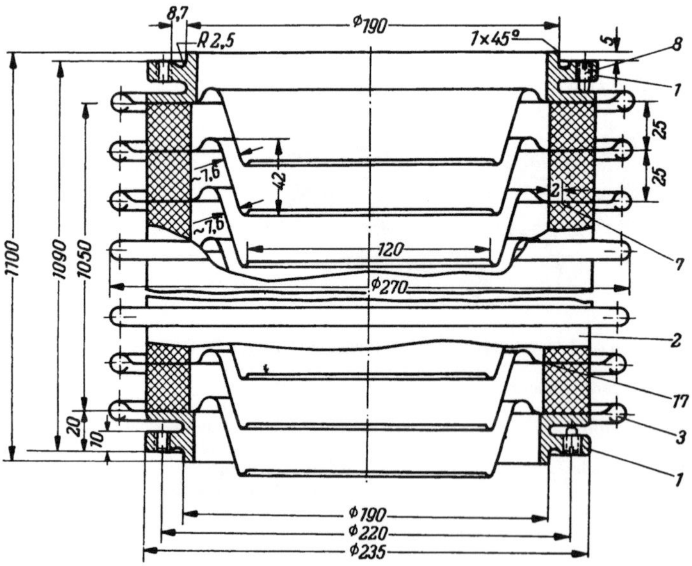

Abb. 9. Eine Beschleunigungsrohrsektion des Generators EG-2,5

1 Flansch
2 Porzellanring
3 Elektrode
7 Bleidraht

Abb. 10. Säule des Generators EG-2,5 (mittlerer Teil)

Montage und den Zutritt zu den im unteren Generatorteil (auf Erdpotential — Abb. 8) gelegenen Mechanismen.

Nach Literaturangaben [1] zu urteilen, kann man durch Anwendung von Elektroden aus nichtrostendem Stahl die elektrische Festigkeit der Entladungsstrecken bedeutend erhöhen. Außerdem bleibt eine saubere Oberfläche der Elektroden aus nichtrostendem Stahl bei Entladungen und auch beim Auseinandernehmen und Wiederzusammensetzen des Generators besser erhalten als bei Verwendung von Metallen wie Aluminium und Kupfer. Auf Grund dieser Überlegungen und entsprechender im Ausland gesammelter Erfahrungen [2] stellten wir die Hochspannungselektrode, die Gradientenringe, die Stäbe, das Karkas-Gestell der Säule, die Elektroden des Beschleunigungsrohres und andere, Entladungen ausgesetzte Teile, aus nichtrostendem Stahl her.

Die Elektrodenanordnung im Beschleunigungsrohr (Abb. 9) ist gegenüber älteren Generatoren geändert. Auf der Abbildung erkennt man, daß der untere Elektrodenrand nach innen gebogen ist, wodurch die maximale Feldstärke zwischen den Elektroden etwas verringert werden konnte. Außerdem verbesserten sich die Absaugbedingungen. Der äußere zu einem Rohr gewalzte Elektrodenrand wird zur Halterung der Funkenstrecken benutzt. Diese mit Federn gehalterten Funkenstrecken kann man längs des Ringes bewegen, um den Abstand zwischen ihnen zu regulieren. Der Herstellung der Generatorsäule widmeten wir besondere Aufmerksamkeit. Nach Untersuchung vieler Bauelemente benutzten wir die in Abb. 10 und 11 gezeigte Säulenkonstruktion.

Die Säule des Generators EG-2,5 besteht aus drei durch Stahlplatten miteinander verbundenen Isoliersäulen. Zur Spannungsverteilung längs der Säule ist sie in 43 gleichartige Abschnitte unterteilt; jeder Abschnitt wird von Äquipotentialrahmen begrenzt. Die Rahmen sind gegenseitig isoliert, stehen 50 mm voneinander ab und sind durch Kohlewiderstände Typ KLW von je 150 bis 350 MΩ miteinander verbunden.

Abb. 11. Oberer Teil der Säule des Generators EG-2,5 mit Welle und Band

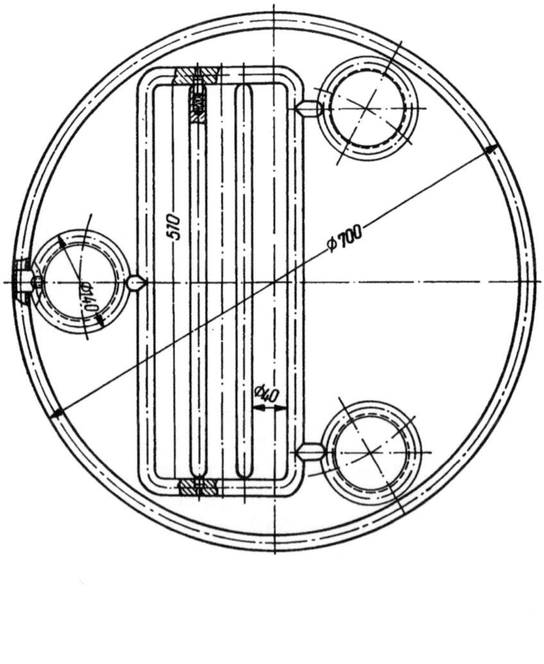

Abb. 12. Ein Gradientenrahmen des Generators EG-2,5

Die Äquipotentialrahmen der Säule weisen die Form eines einfachen Karkas-Gestelles mit abnehmbaren Gradientenstäben auf. Von außen wird auf das Gestell ein Rohrring gestülpt (Abb. 12). Die Befestigung der Karkas-Gestelle an die Isoliersäulen mit drei Unterlegscheiben und Druckschrauben gestattete, die Stäbe aus je einem Stück organischen Glases auszuführen und somit ein mechanisch festes System zu schaffen. Durch die innenliegende Federschnappe wurden die Gradientenstäbe und die äußeren Ringe am Rahmen befestigt, ohne daß das elektrische Feld dabei verzerrt wird. Da man die Gradientenringe und -stäbe sehr leicht abnehmen kann, ist eine bequeme Montage und ein leichter Zugang zu den Widerständen des Spannungsteilers gewährleistet. Außerdem vereinfacht diese Konstruktion das Auswechseln des endlosen Bandes. Die Stützsäule des Generators EG-2,5 kann innerhalb von zwei Stunden vollständig zerlegt werden. Auch für das Auswechseln des endlosen Bandes wird nicht mehr als zwei Stunden Zeit benötigt.

Die Konstruktion der Spannvorrichtung und des Bandantriebes zeigt Abb. 13. Die untere Bandrolle läuft auf Kugellagern, deren Gehäuse an einem Querstahlträger befestigt sind. Die Spannvorrichtung besteht aus zwei Zylindern (in denen

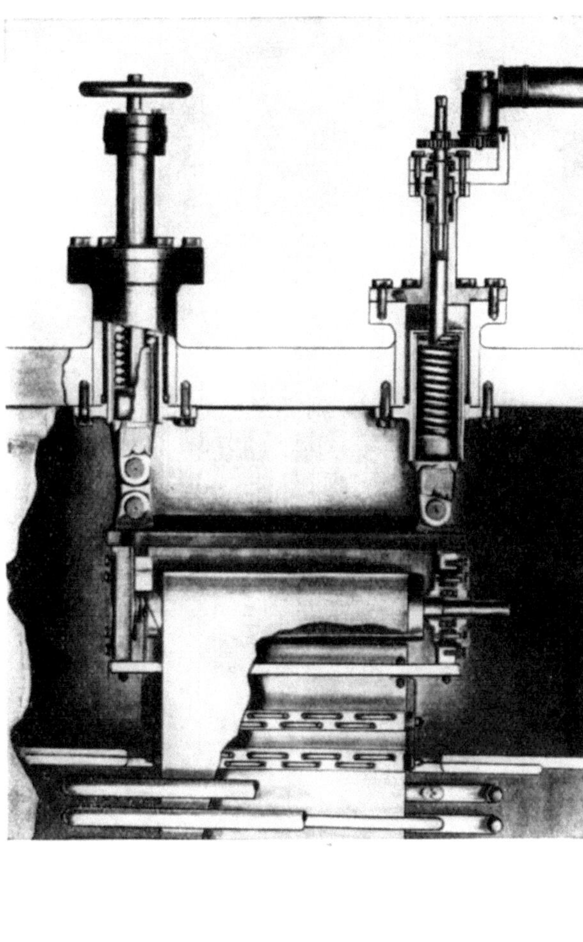

Abb. 13. Band-Spannvorrichtung des Generators EG-2,5

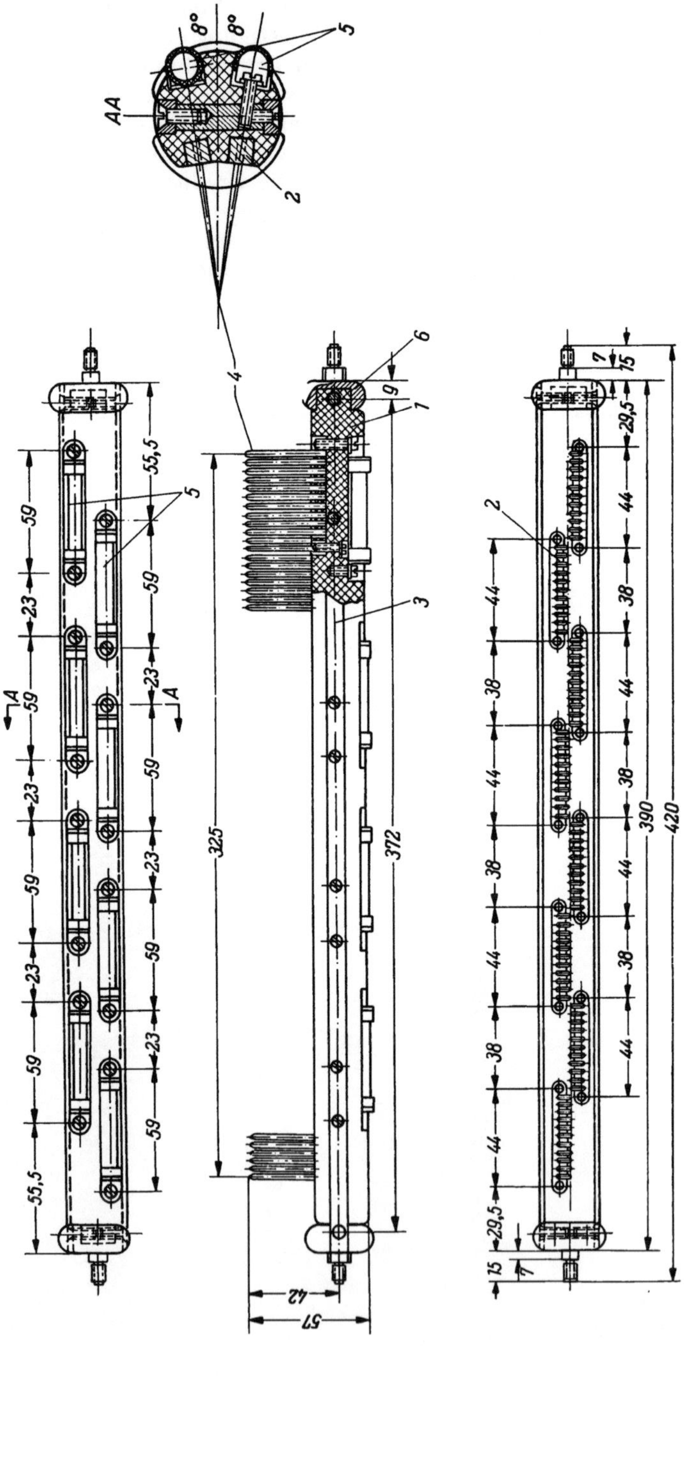

Abb. 14. Vorrichtung mit Aufladenadeln (Gesamtgewicht 1,3 kg)

1 Textolitstab *2, 4* Leiste mit Nadeln *3* stromführende Schiene *5* Widerstände *6* Kappe sich Tauchkolben befinden, die durch Scharniere mit dem Querträger der Antriebswelle verbunden sind) und Spannschrauben mit federnden Stoßdämpfern. Die Zylinder sind an der unteren Platte des Generators befestigt. Die durch den Kessel hindurchgeführten Schrauben enden in Handrädern, mit denen die Bandspannung reguliert wird. Außerdem befindet sich auf einer Seite ein elektrischer Antrieb, der mit dem automatischen Regelsystem für die Bandlage auf der Welle verbunden ist.

Das automatische Regelsystem besteht aus speziellen Schaltern, die bei Anstoß des Bandrandes an einen Federhebel in Funktion treten. Wenn der eine oder andere Schalter schaltet, tritt der elektrische Antrieb in Tätigkeit, wirkt in der nötigen Richtung ein und rückt das Band vom Rand der Welle ab.

Zur gleichmäßigen Ladungsverteilung auf die gesamte Bandbreite sind die Aufladenadeln in acht voneinander isolierte Gruppen aufgeteilt. Jede dieser Gruppen ist über einen 50 MΩ Widerstand mit dem Gleichrichter für die Bandbeladung verbunden (Abb. 14).

Der für 80 kV Spannung berechnete Gleichrichter für die Bandbeladung befindet sich im Kessel unter der geerdeten Grundplatte der Säule.

Zur Erhöhung des Ladestromes und zur stabileren Arbeit ist eine Umladung des Bandes vorgesehen, die von einem in der Hochspannungselektrode angebrachten 50 kV Gleichrichter gespeist wird.

Im Generatortyp EG-2,5 wurden die von A. N. SERBINOW [4] entwickelte Hochfrequenz-Ionenquelle und die im EKB entwickelte Elektronenkanone vom Typ EP-5 [5] eingesetzt. Abb. 15 zeigt die Stromversorgungsapparatur dieser Quellen.

Zur Stabilisierung der Generatorspannung sind eine Korona-Spitze und eine Elektronenkanone vorgesehen. Als Geber für die Regeleinrichtungen des Elektronenkanonenstromes und des Korona-Spitzenstromes dient ein Spaltsystem, das sich am Ausgang des Ionenstrahls aus dem Magnetanalysator befindet.

Die Konstruktion der Korona-Spitze wurde erheblich vereinfacht (Abb. 16 und 17). Alle Bewegungs- und Kontrollantriebe für die Spitzenstellung liegen auf einem Flansch außerhalb des Kessels. Innerhalb des Kessels befinden sich lediglich die Korona-Nadeln mit der Schutzhaube. Eine derartige Konstruktion der Korona-Spitze gestattet einfachen Zugang zu den einzelnen Teilen dieser Apparatur, ohne daß man das Gas aus dem Kessel ablassen muß, wie das bei früheren Konstruktionen nötig war.

Zur Generatorkühlung wurde ein effektiver „Draht"-Kühler eingesetzt, der auf der unteren Platte der Stützsäule angebracht ist. Dieser Kühler stellt eine aus drei Windungen Kupferrohr bestehende Kühlschlange dar, auf deren äußerer Seite eine dichte Drahtspirale angelötet ist. Für den Fall, daß die Generatoren EG-2,5 in Gegenden mit heißem Klima aufgestellt werden, ist außer dem erwähnten Kühler noch eine Wassermantelkühlung vorgesehen. Der Kühlmantel ist an die Außenfläche des Kessels angeschweißt (siehe Abb. 7).

Der Generator besitzt einen zweiseitigen Magnetanalysator (Abb. 18 bis 20), der die Ablenkung des Ionenstrahls um 90° in zwei entgegengesetzte Richtungen auf gleicher Höhe ermöglicht. Dieser Magnetanalysator erweitert erheblich die experimentellen Möglichkeiten, da man mit dem Strahl in einem Raum arbeiten und gleichzeitig in einem anderen Raum Vorbereitungen für das nächste Experiment treffen kann. Der Generator ist zu diesem Zweck mit größenordnungsmäßig

Abb. 15. Stromversorgungsgerät für die Ionenquelle und die Umladeeinrichtung des Generators EG-2,5 (befindet sich innerhalb der Hochspannungselektrode)

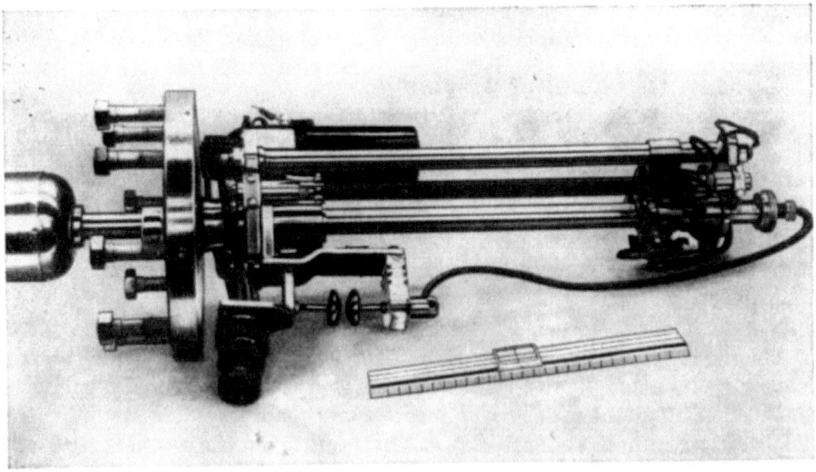

Abb. 16. Korona-Spitze des Generators EG-2,5

Abb. 17. Korona-Spitze (mit Abschlußgehäuse)

Abb. 18. Magnetanalysator des Generators EG-2,5

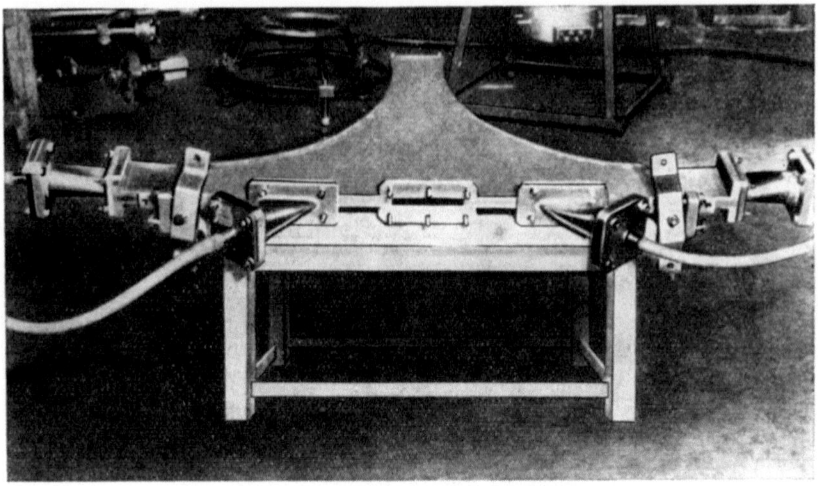

Abb. 19. Die Kammer des Magnetanalysators

Abb. 20. Wagen des Magneten

6 m langen, an die Kammer des Magnetanalysators angeschlossenen Ionenleitungen ausgerüstet (Abb. 21). Zur Fokussierung des Ionenstrahls befindet sich an der Ionenleitung eine stark fokussierende hyperbolische Doppel-Magnetlinse.

Der auf einem Wagen befestigte Ablenkmagnet kann zusammen mit der Kammer des Analysators von der Achse des Generators weggerückt werden (Abb. 20). Der Wagen besitzt die erforderlichen Einrichtungen zur Regulierung der Analysatorstellung.

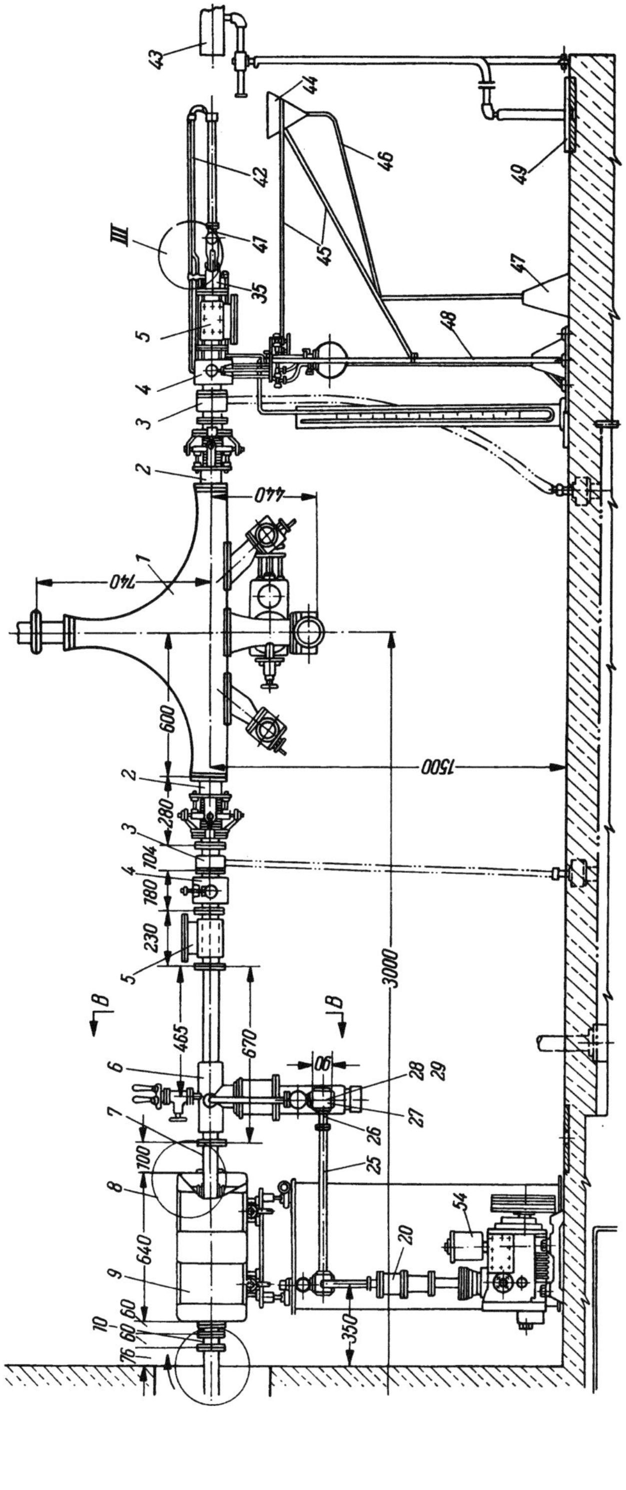

Abb. 21. Ionenleitung

1 Kammer des Magnetanalysators
2 biegsame Verbindung
3 Vakuumverschluß
4 Spalt
5 Strommeßgerät
6 Vakuummeßanlage
7 Rohr
9 Magnetlinse
27 Hochvakuumpumpe
42 Kühlleitung für das Target

Der Analysator gestattet, Ionenstrahlen mit der Masse 3 und einer Energie bis 3 MeV um 90° abzulenken. Er besitzt eine Öffnung in der Kammer für den Austritt von molekularen Wasserstoffionen, die zur Stabilisierung der Generatorspannung verwendet werden können. Die Messung der Magnetfeldstärke zwischen den Polschuhen des Magneten geschieht mit der Kernresonanzmethode auf 0,01% Genauigkeit. Die gesamte Meßanlage besteht aus dem unmittelbar am Magnet aufgestellten Geber und der Meß- und Steuerapparatur, die sich am Steuerpult befindet (in Abb. 22 und 23 sind die Schaltungen der Stromversorgung des Feldstärke-Meßgerätes und des Geberblocks gezeigt).

Das Auspumpen des Beschleunigungsrohres, der Kammer des Magnetanalysators und der Ionenleitung erfolgt mit einem Hochvakuum-Aggregat vom Typ WA-2-1R mit Quecksilberdampfstrahlpumpe. Die Absauggeschwindigkeit des Aggregates beträgt am Anschlußflansch etwa 500 Liter/sec bei $1 \cdot 10^{-5}$ mm Hg Druck.

Die Ionenleitung wird mit einem zusätzlichen Aggregat vom Typ RWA-004-1 mit Quecksilberpumpe evakuiert. Die Sauggeschwindigkeit beträgt hier am Anschlußflansch etwa 15 Liter/sec bei $1 \cdot 10^{-5}$ mm Hg Druck.

Die Aggregate besitzen Vakuumverschlüsse mit Fernsteuerung und Handbetrieb und sind mit Stickstoff-Kühlfallen ausgerüstet. Die Stickstoffzufuhr in die Kühlfallen erfolgt durch den Eigendruck des gasförmigen Stickstoffs im DEWAR-Aufbewahrungsgefäß. Um den Druck im DEWAR-Gefäß automatisch

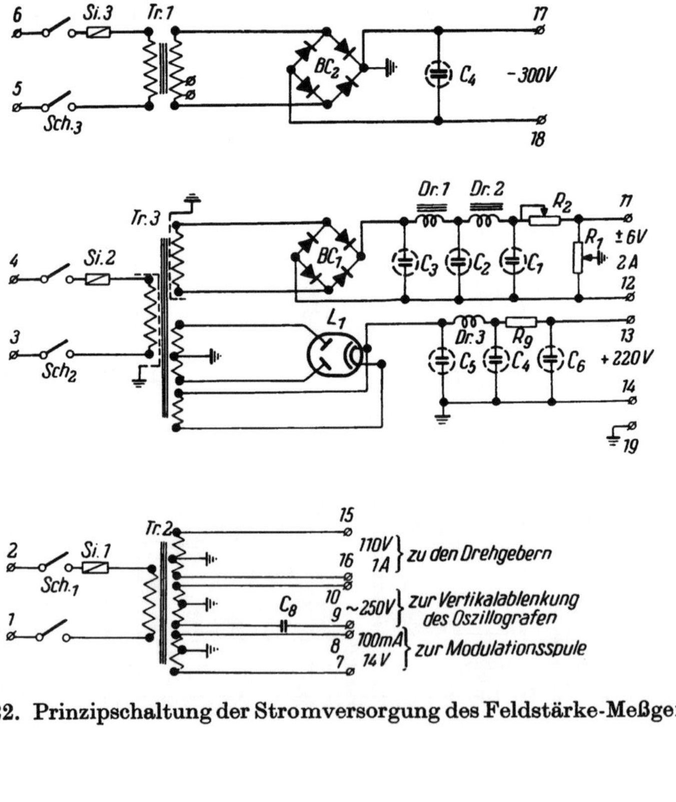

Abb. 22. Prinzipschaltung der Stromversorgung des Feldstärke-Meßgerätes

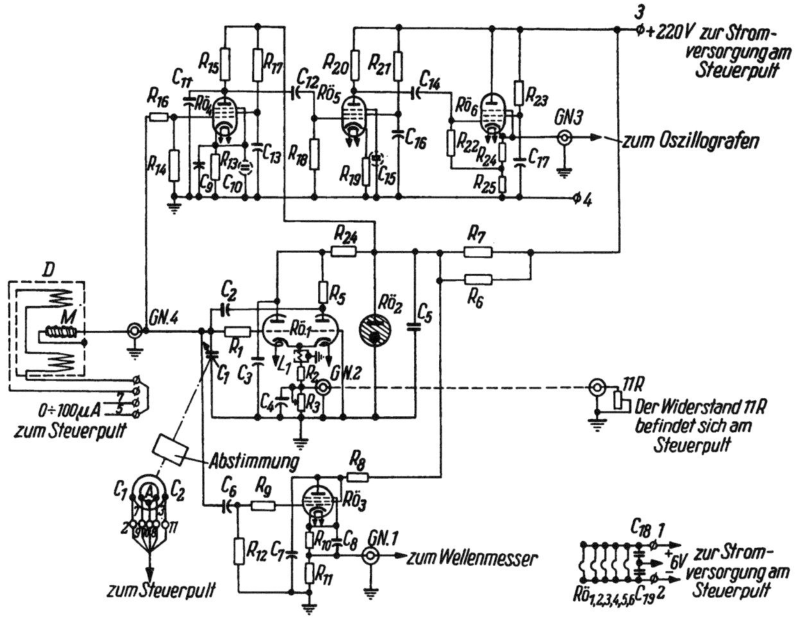

Abb. 23. Prinzipschaltung des Feldstärken-Meßgerätes

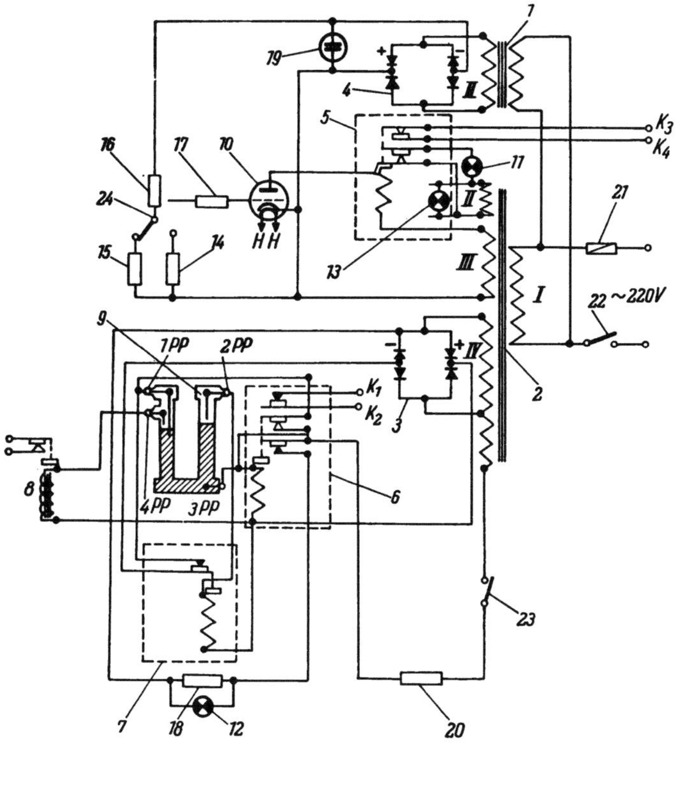

Abb. 24
Schaltung zur Temperaturüberwachung in der Stickstoff-Kühlfalle und zur automatischen Druck-Konstanthaltung des gasförmigen Stickstoffs im DEWAR-Gefäß

1, 2 Transformatoren
3, 4 Gleichrichter
5, 6, 7, 8 Relais
9 Quecksilbermanometer
10 Thyratron
11, 12, 13 Signallampen
14 Normalwiderstand
15 Thermowiderstand
16 Potentiometer
17, 18 Widerstand
19 Kondensator
20 Heizer
21 Sicherung
22, 23 Ausschalter
24 Umschalter

konstant zu halten, ist ein besonderer Heizer eingebaut, dessen Temperatur in Abhängigkeit von der Kühlfallen-Temperatur durch ein vom EKB entwickeltes Gerät reguliert wird. Bei Temperaturerhöhung in der Kühlfalle gibt dieses Gerät Signale, sein Schaltschema zeigt Abb. 24.

Im Vakuumsystem sorgt ein Kessel von 600 Liter Inhalt für den nötigen Druck an den Ausgangsflanschen der Hochvakuum-Aggregate bei periodischem Betrieb der Vorvakuumpumpen. Die Vorvakuumpumpen werden von einem im EKB entwickelten Saitenrelais automatisch geschaltet.

An der Vakuumleitung, die das Beschleunigungsrohr mit dem Vakuumsystem verbindet, befindet sich an der Austrittsstelle aus dem Generatortank ein Vakuumverschluß von 180 mm Durchmesser (Abb. 25). Dieser Verschluß dient gleichzeitig als Schutzventil, das bei Gaseinbruch in das Beschleunigungsrohr das Vakuumsystem trennt. Er besteht aus dem Gehäuse, einer Platte mit Gummidichtring, aus dem Antrieb mit Hebelmechanismus und aus einer Membran.

Bei geöffnetem Verschluß befindet sich die Platte mit dem Dichtungsring infolge des Hebelsystem-Gegengewichtes in vertikaler Lage. Falls in das Beschleunigungsrohr ein Gaseinbruch erfolgt, wird unter der Wirkung des Gasdruckes eine dünne Membran nach außen gebogen und stößt über das Hebelsystem das Gegengewicht des Verschlusses an. Dabei wird die Gleichgewichtslage gestört, die Platte fällt unter der Wirkung des Eigengewichtes nach unten und trennt das

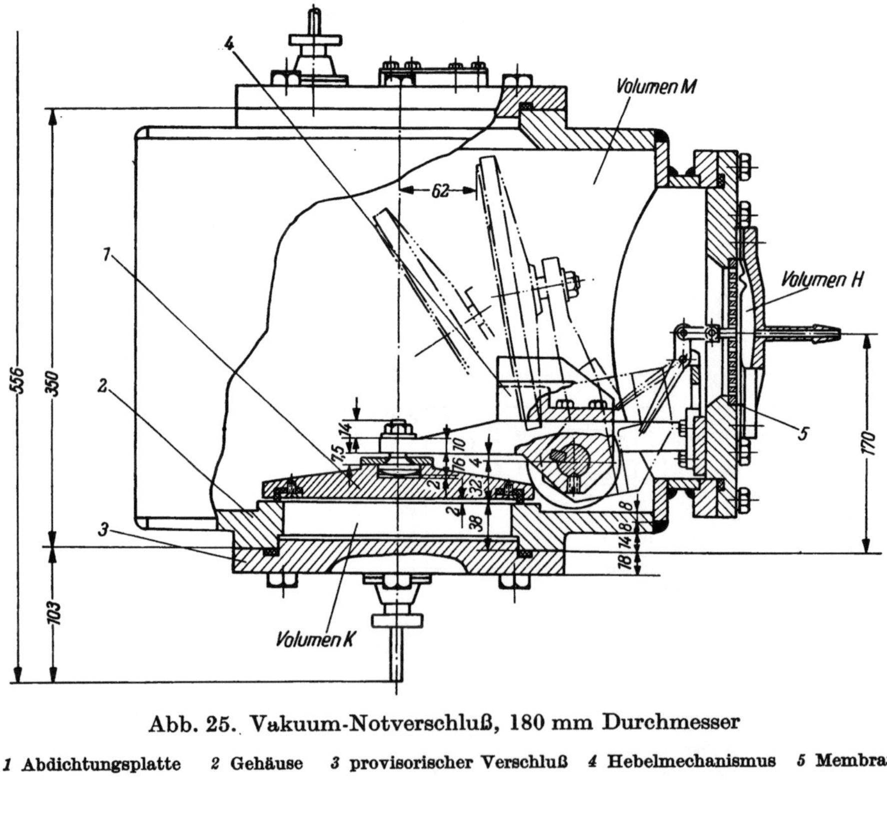

Abb. 25. Vakuum-Notverschluß, 180 mm Durchmesser

1 Abdichtungsplatte *2* Gehäuse *3* provisorischer Verschluß *4* Hebelmechanismus *5* Membran

Beschleunigungsrohr vom übrigen Raum des Pumpsystems. Bei Druckerhöhung im Rohr auf 0,3 bis 0,4 atm schließt sich der Verschluß automatisch.

Der Aufbau der beiden ersten Maschinen ist heute nahezu abgeschlossen. Es folgen einige Angaben, die beim Aufbau gesammelt wurden und die Merkmale des Generatortyps EG-2,5 charakterisieren.

Die Dimensionierung der wichtigsten Gasräume für den Generator vom Typ EG-2,5 wurde unter Berücksichtigung der Berechnungsergebnisse der maximalen elektrischen Feldgradienten E_{max} getroffen. Diese Berechnung erfolgte nach der von Boag [6] angegebenen Methode. Die Ergebnisse sind für 3000 kV Spannung des EG in Tab. 1 zusammengefaßt.

Der Generator EG-2,5 wurde für den Betrieb mit dem Gasgemisch Stickstoff mit 25% Kohlendioxyd-Beimischung bei $P = 15$ atm Druck projektiert. Aus Literaturangaben ist bekannt [8, 9], daß in Stickstoff und Kohlendioxyd bei $P = 15$ atm Druck ein Durchschlag in den großen Isolationszwischenräumen einsetzt, wenn E_{max} über 220 kV/cm gesteigert wird. In den schon in Betrieb genommenen elektrostatischen Generatoren beträgt E_{max} meist weniger als 140 kV/cm. Dieser Wert liegt ein wenig unter dem berechneten Wert für die maximale Feldstärke im Raum zwischen oberem Äquipotentialring und Kessel.

Die Erfahrung zeigte, daß der Generator vom Typ EG-2,5 genügend Reserve bezüglich der Durchschlagsfestigkeit der Isolationszwischenräume besitzt. Zum Beispiel gelang es mit der „Protonen-Variante“, die Spannung bei nur $P = 12$ atm Gasdruck bis 3 MV zu steigern.

Die Untersuchung des Generators in der „Elektronen-Variante“ ergab, daß zur Unterdrückung der Korona-Effekte der Druck des Gasgemisches in diesem Falle etwas höher, $P = 15$ atm, sein muß. Dieses Ergebnis stimmt z. B. mit den Angaben von Pollak und Cooper überein, nach denen die Korona-Entladung bei negativ gepolter Spitze schon bei wesentlich geringeren Spannungen einsetzt als bei positiver Polarität der Sprühspitze. Visuelle Beobachtung zeigte, daß sich die Korona-Entladung vorzugsweise im Gebiet der oberen Gradientenringe ausbildet, d. h. dort, wo auch der berechnete Wert der elektrischen Feldstärke am größten ist (Tab. 1).

Beim Betrieb des Generators mit dem Strahl geladener Teilchen sind folgende Ergebnisse erzielt worden. In der Ionen-Variante gelang es, stabilen Generator-

Tabelle 1

Die hauptsächlichen Gaszwischenräume für Generatoren vom Typ EG-2,5

Gaszwischenraum	E_{max}, kV/cm	Anmerkung
Oberer Äquipotentialring — Kessel	164	Durchmesser des Kessels = 1600 mm
zwischen den Äquipotentialringen	39	äußerer Durchmesser des Konduktors = 700 mm
sphärischer Teil des Konduktors — Kessel	126,5	—
zylindrischer Teil des Konduktors — Kessel	130,5	—

betrieb bei Spannungen bis 2,7 MV und Strahl-Stromstärke von etwa 15 μA zu realisieren. Diese Betriebsweise war bei $P = 11$ atm Kesseldruck gewährleistet. Ionenstrahlen bei 2 MeV Energie wurden mit Stromstärken größer als 100 μA erzeugt.

Untersuchungen haben gezeigt, daß das Fokussiersystem der Ionenquelle den Ionenstrom in 1,5 m Entfernung vom Ausgang des Magnetanalysators zu einem Brennfleck von 10 mm Durchmesser fokussiert. Bei der Inbetriebnahme wurde festgestellt, daß das Stabilisiersystem des Generators die Stabilisierung der Ionenenergie

a) bei Stabilisierung mit Hilfe der Korona-Triode besser als $\pm$ 0,2%,

b) bei Stabilisierung mit Hilfe der Elektronenkanone besser als $\pm$ 0,1% garantiert.

Es muß hinzugefügt werden, daß sich die Grenzspannung des Generators mit Strahl im Beschleunigungsrohr nicht erniedrigte.

Die oben angegebenen Werte der Ionenstrahl-Stromstärke und der Spannung wurden in der Aufbauphase erzielt, d. h. unter Bedingungen, bei denen das Erreichen maximaler Kenngrößen nicht im Vordergrund stand. Zum Beispiel ist die Annahme berechtigt, daß der Generator nach genügend langem „Training" Spannungen über 3MV liefern kann.

Bei Betrieb in der Elektronen-Variante konnten fokussierte Elektronenstrahlen mit Stromstärken bis 250 μA bei der Nennspannung erreicht werden.

Während der Inbetriebnahme der Maschine wurde eine Erhöhung der elektischen Festigkeit des Beschleunigungsrohres bei Erhöhung des Restdruckes im Beschleunigungsrohr im Intervall von $5 \cdot 10^{-6}$ bis $1 \cdot 10^{-4}$ mm Hg fest-

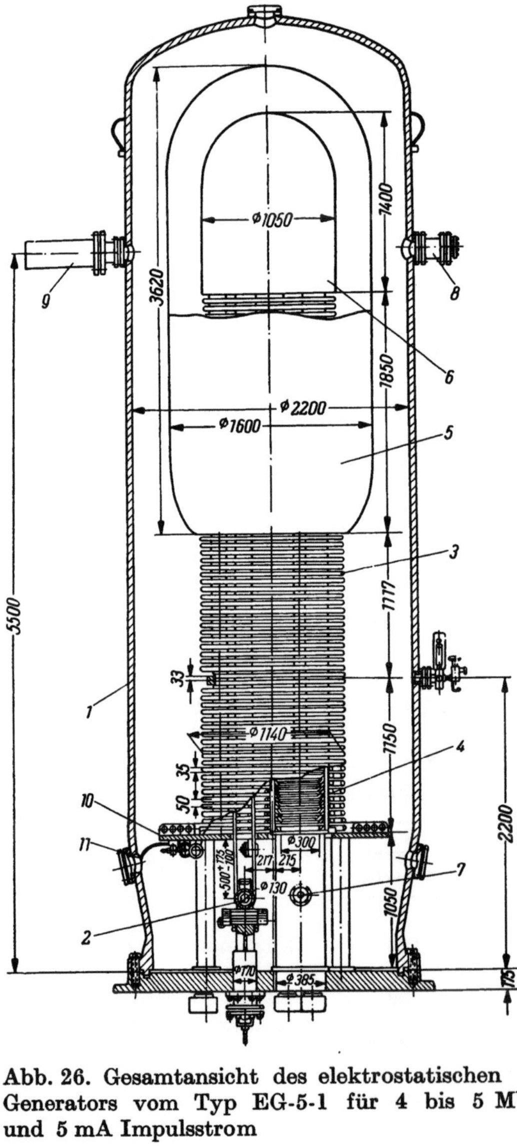

Abb. 26. Gesamtansicht des elektrostatischen Generators vom Typ EG-5-1 für 4 bis 5 MV und 5 mA Impulsstrom

gestellt (der Gasdruck wurde im geraden Teil der Vakuumleitung, die das Beschleunigungsrohr mit dem Vakuumsystem verbindet, gemessen). Diese Erscheinung wurde sowohl in der Elektronen- als auch in der Ionen-Variante des Generators beobachtet. Vorentladungsströme im Beschleunigungsrohr und die dadurch hervorgerufene Röntgenstrahlung werden durch Drucksteigerung unterdrückt. Das von uns erhaltene Ergebnis stimmt mit den Angaben von Bruc und Prevo [9] überein.

Neben dem Einfluß des Restdruckes im Beschleunigungsrohr wurde auch ein Einfluß des Potentials der zusätzlichen, im oberen Teil des Beschleunigungsrohres eingesetzten Elektrode auf die Vakuumfestigkeit festgestellt. Ein Hinweis auf einen analogen Effekt beim Betrieb elektrostatischer Generatoren in der Ionen-Variante befindet sich in der Arbeit von Chick und Petrie [3]. Experimente zeigten, daß dieser Effekt sowohl in der Ionen- als auch in der Elektronen-Variante der Maschine auftritt.

Außer dem soeben beschriebenen Generator projektierte das EKB im Jahre 1956 einen für Impulsbetrieb bestimmten elektrostatischen Generator vom Typ EG-5-1 für 4 bis 5 MV mit Beschleunigungsrohr (als Injektor, Impulsstrom 5 mA). Bei der Konstruktion dieses Generators (Abb. 26) wurden die für den Generator vom Typ EG-2,5 entwickelten Elemente zugrunde gelegt. Einige Teile wurden anders ausgeführt, so wurde z. B. im Hinblick auf den Einsatz einer Ionenquelle mit großem Gasverbrauch (vergleichsweise zu üblichen Hochfrequenz-Ionenquellen) ein Beschleunigungsrohr mit großem Durchmesser verwendet: innerer Durchmesser der Elektroden 300 mm. Die Form dieser Elektroden (Abb. 27)

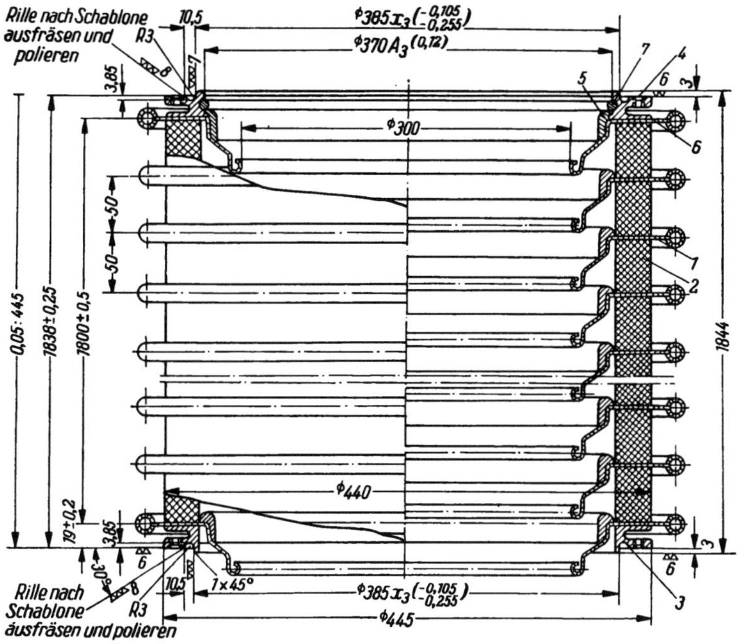

Abb. 27. Das Beschleunigungsrohr des Generators EG-5-1

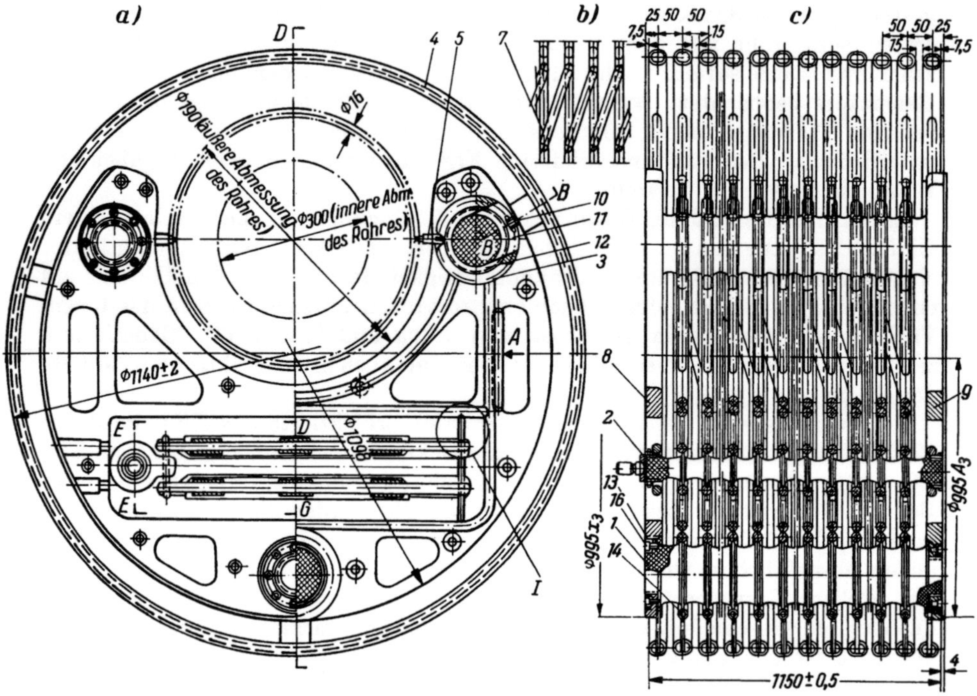

Abb. 28. Sektion der Gradientensäule des Generators EG-5-1

a) Zeichnung b) Ansicht im Schnitt A – A c) Schnitt in D – D-, E - E-, G – G-Richtung

wurde gleich denen des Generators in Saclay (Frankreich) [9] gewählt. Der Abstand der Elektroden des Rohres voneinander sowie auch der Abstand der Gradientenebenen der Isoliersäule wurde zu 50 mm angenommen. Gesamthöhe des Beschleunigungsrohres (und der Isoliersäule) 4000 mm.

Zur Herabsetzung der Feldstärke an der Oberfläche der Gradientenringe der Isoliersäule wurde der Querschnitt der Gradientenringe ellipsenähnlich gestaltet (besonders vorteilhaft für die oberen, an der Hochspannungselektrode gelegenen Ringe).

Um das Anbringen und Auswechseln des endlosen Bandes zu erleichtern, sind die inneren Stäbe der Gradientensäule an einem Ende durch Scharniere an dem Gradientenrahmen befestigt, mit dem anderen Ende sind sie an einer besonderen Säule gehaltert. Beim Auswechseln oder Ersetzen eines Bandes wird diese zusätzliche Säule angehoben und damit der nötige freie Raum geschaffen (Abb. 28).

Dabei brauchen die Gradientenringe nicht abgenommen zu werden. Der Spannantrieb für das Band ist als Zylinder mit Kolben ausgeführt, die nötige Spannkraft wird von dem Gasdruck im Kessel auf die innere Kolbenfläche ausgeübt. Bei Betrieb in Luft wird die Bandspannung durch eine besondere Schraube vorgenommen (Abb. 29). Zur Regulierung der Spannkraft ist der Zylinder auf einer Seite des Kolbens mit Öl gefüllt. Durch Änderung des Öldruckes kann man die

Bandspannung variieren. Der Vorteil dieser Einrichtung besteht in der Konstanz der Spannkraft unabhängig von der Bandverlängerung und außerdem in der Möglichkeit einfachster Regulierung dieser Spannkraft.

Der Generator vom Typ EG-5-1 besitzt ebenso wie der Generator vom Typ EG-2,5 außer der Hochspannungselektrode eine Zwischenelektrode aus nichtrostendem Stahl.

Eine im EKB konstruierte Ionenquelle mit kalter Katode liefert die nötige Stromstärke.

Wie auch im Generator EG-2,5 wird ein flacher Kesselboden benutzt. Abmessungen des Kessels: 2200 mm Durchmesser, 7400 mm Höhe.

Der Generator besitzt einen Ablenkmagnet. Es ist vorgesehen, die Generatorspannung mit einem Ionenstrahl zweifacher Masse zu stabilisieren. Dazu wird ein schwacher Ionenstrom im Dauerbetrieb ausgenutzt. Diesem Dauerbetrieb wird der Impulsbetrieb überlagert, der die vorgegebene Stärke des Injektionsstromes gewährleistet.

Eine Quecksilberdampfstrahlpumpe mit 5000 Liter/sec Sauggeschwindigkeit mit Kühlfalle für flüssigen Stickstoff evakuiert das Beschleunigungsrohr.

Der Generator vom Typ EG-5-1 befindet sich zur Zeit in der Herstellung. Einige Elemente des Generators können nach allseitiger Prüfung und nach den nötigen konstruktiven Änderungen im weiteren als Muster für den Seriengenerator für 4 bis 5 MV dienen.

Zusammenfassend kann man unsere Arbeit dahingehend charakterisieren, daß das Problem der industriellen Herstellung von Gene-

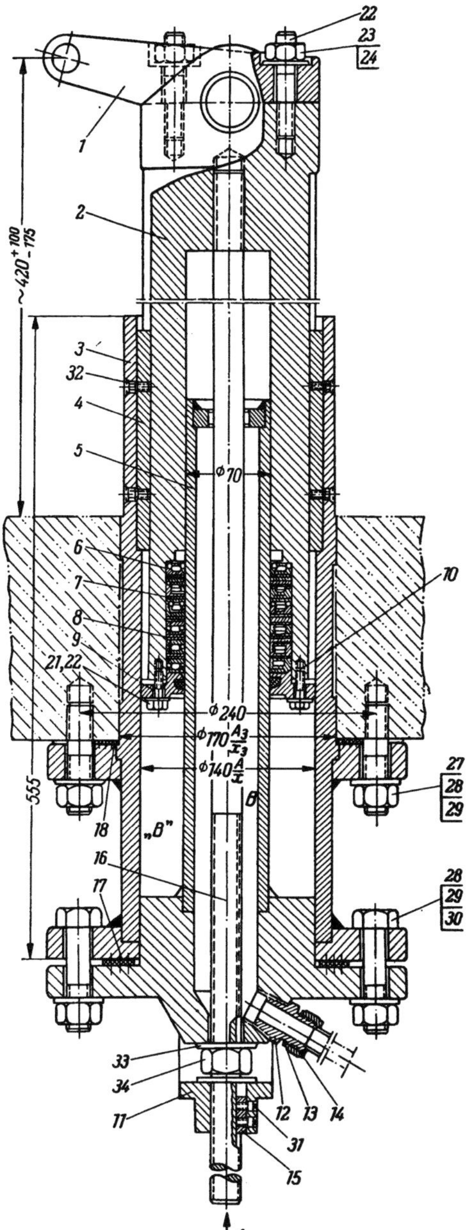

Abb. 29. Band-Spannvorrichtung des Generators EG-5-1

ratoren für größenordnungsmäßig 2,5 bis 3 MV Betriebsspannung als gelöst betrachtet werden kann. In Zukunft muß unbedingt eine weitere Verbesserung dieser Generatoren erfolgen.

Die Nachfrage nach elektrostatischen Generatoren wächst, und aus Maschinen individueller Herstellung verwandeln sie sich in Maschinen kleinserienmäßiger Produktion.

Literatur

[1] TRUMP, J. R., CLOUD, R. W., MANN, T. G. und HENSEN, E. P., El. Eng. **69** (1950) 961.

[2] Prospekte elektrostatischer Generatoren der Firma «High Voltage Engineering Corporation»

[3] CHICK, D. R. und PETRIE, D. P. R., Proc. IEE B **8** (1956).

[4] SERBINOW, A. N., Hochfrequenz-Ionenquelle, Techn. Ber. PTI AW USSR (1956).

[5] BORISOWA, G. I., Ausarbeitung einer Elektronenkanone für 1 mA. Techn. Ber. des Wiss. Forsch. Inst. f. elektro-phys. Geräte 1956.

[6] BOAG, Proc. IEE IV, **5** (1955).

[7] TRUMP, J. R., AIEE Trans. **70** (1951) 1021.

[8] PIWOWAR, L. I. und TUBAJEW, W. M., Untersuchung der elektr. Festigkeit komprim. Gase in schwach inhomogenen Feldern mit Hilfe des elektrostatischen Generators. Techn. Ber. des PTI AW USSR (1956).

[9] BRUC und PREVO, Das Beschleunigungsrohr des VAN-DE-GRAAFF-Generators. Techn. Ber. Nr. 189 des Komissariats für die Atomenergie 1953 (Übersetzung aus dem Französischen).

A. K. WALTER, A. A. ZIGIKALO, J. A. CHARTSCHENKO

Erhöhung der Spannung des 4 MV elektrostatischen Generators im Physikalisch-Technischen Institut der Akademie der Wissenschaften der Ukrainischen SSR

Einleitung

Die Spannung des 4 MV elektrostatischen Beschleunigers im Physikalisch-Technischen Institut der Akademie der Wissenschaften der Ukrainischen SSR [1] war durch Überschläge zum Druckkessel bei 4,5 MV Spannung (ohne Beschleunigungsrohre) begrenzt, die Endenergie der beschleunigten Teilchen durch Überschläge in den Beschleunigungsrohren. Die erreichte Endenergie betrug 4,2 MeV mit einem Rohr und 3,5 bis 3,8 MeV mit zwei Rohren verschiedener Konstruktionen.

Die Arbeiten zur Erhöhung der Energie der beschleunigten Teilchen wurden in zwei Richtungen betrieben:

a) Verbesserung der elektrischen Festigkeit der Gasfüllung;

b) Erhöhung der Spannungsfestigkeit der Beschleunigungsrohre.

Eine bedeutende Erhöhung der elektrischen Festigkeit der Gasfüllung konnte durch Beigabe von Schwefelhexafluorid (SF_6) oder Freon (CCl_2F_2) zum Stickstoff erreicht werden.

Die Erhöhung der Spannung an den Beschleunigungsrohren wurde durch Verbesserung der Konstruktion und der Technologie des Herstellungsprozesses erzielt sowie durch den Einbau zusätzlicher Elektroden.

Durch diese Maßnahmen konnte die maximale Spannung des Generators (ohne Beschleunigungsrohre) auf etwa 7 MV gesteigert werden. Bis zu einer Teilchenenergie von etwas über 5 MeV, bei einem Gesamtionenstrom von 5 bis 15 μA, konnte der Generator stabil betrieben werden.

Zur Zeit arbeitet der Beschleuniger bei einer Teilchenenergie von 4 bis 4,5 MeV.

Erhöhung der elektrischen Festigkeit der Gasfüllung

Die Untersuchungen wurden an der Generatorsäule mit Zwischenhauben und OHMschem Spannungsteiler durchgeführt, der aus Spezialwiderständen vom Typ KLW-350 (350 MΩ) bestand, die zwischen die Äquipotentialringe geschaltet waren. Die Beschreibung des Beschleunigers siehe in [1]. Da wir die Beschleunigungsrohre aus der Generatorsäule entfernt hatten, wirkte die Hochspannung auf die Isolatoren der Säule, auf den Spannungsteiler, den Bandtrieb und die Gasisolation.

Das Potential der Hochspannungselektrode wurde mit Hilfe des im Ohmschen Spannungsteiler fließenden Stromes bestimmt.

Die Unsicherheit der auf diese Weise gemessenen Spannung liegt in möglichen Änderungen der Widerstandswerte des Spannungsteilers, im Auftreten einer Korona-Entladung längs der Säule und zwischen Säule und Kessel.

Wie mehrfache Untersuchungen zeigten, ist der Hauptfehler durch Korona-Entladungen bedingt; der Gesamtfehler beträgt $\pm$ (5 bis 7)%.

Die Arbeiten wurden in folgender Reihenfolge durchgeführt:

a) Der Generatorkessel wurde vor der Füllung mit Gas auf einige Torr ausgepumpt.

b) Die Gasfüllung des Kessels erfolgte in Stufen von 1 bis 2 atü.

c) Beginnend von 1 atü wurde bei jeder Stufe der Bandantrieb eingeschaltet und die Generatorspannung langsam bis zum Durchschlag gesteigert.

d) Nach dem Durchschlag wurde die Spannung der Aufsprüh- und Umladeeinrichtung erniedrigt und danach wieder bis zum Durchschlag erhöht.

Der Zeitpunkt des Durchschlages konnte am Spannungsteilerstrom-Instrument, visuell durch das Leuchten im Generatorkessel und durch das dabei auftretende Geräusch festgestellt werden.

Die ersten Untersuchungen am elektrostatischen Generator im Jahre 1955, die mit Stickstoff-Kohlendioxyd-Gasgemisch durchgeführt worden waren (Abb. 1, Kurve *a*), hatten gezeigt, daß die Generatorspannung bei einem Druck von 18 atü infolge von Durchschlägen zum Kessel begrenzt ist. Der Durchschlag erfolgt an den unteren Abrundungen der Zwischenelektroden, wo die Feldstärke größer war als die berechnete, weil aus technologischen Schwierigkeiten diese Abrundungen einen kleineren Krümmungsradius aufwiesen als es im Projekt vorgesehen war. Die dadurch bedingte Änderung der elektrischen Feldstärke beeinflußte den Verlauf der Durchschlagsspannungskurve. Wie man aus Abb. 1 ersieht, erhält man bei einer Drucksteigerung oberhalb 8 bis 10 atü nur eine unbedeutende Vergrößerung der Durchschlagsspannung.

Ein größerer Kohlendioxydanteil im Gasgemisch erhöht die Durchschlagsspannung geringfügig, der allgemeine Verlauf bleibt jedoch erhalten (Abb. 1, Kurve *b*). Aus diesem Grunde verwendeten wir Gasgemische aus Stickstoff mit elektronegativen Gasen als Zusätze. Als elektronegative Gase verwendet man häufig Schwefelhexafluorid (SF_6), Freon (CCl_2F_2), Tetrachlorkohlenstoff (CCl_4) und andere.

Viele Versuchsreihen haben gezeigt, daß ein Zusatz von 2 bis 6% dieser Gase zum Stickstoff die elektrische Festigkeit der Gasfüllung zwischen Elektrodenanordnungen mit nur leicht ungleichmäßigem Feldverlauf stark erhöht.

Versuche mit Schwefelhexafluorid als Zusatz konnten nicht in vollem Umfang durchgeführt werden, da uns nur eine geringe Menge dieses Gases zur Verfügung stand. Außerdem befand sich während dieser Untersuchungen die große Zwischenhaube in Reparatur. Trotzdem wurde die Spannungscharakteristik $U = f(p)$ steiler, wie man an Kurve *c* in Abb. 1 erkennt, und die maximale Durchschlagsspannung bei 8 atü Druck des Gasgemisches stieg auf 4,8 MV. Der Durchschlag erfolgte von den Äquipotentialringen des mittleren Säulenabschnittes zum Kessel. Der sehr hohe Preis des Schwefelhexafluorids und die schwierige Beschaffung zwingen dazu, Freon-12 zu verwenden. Die Isolationseigenschaften von Freon sind fast die gleichen wie die des Schwefelhexafluorids, Freon ist 70 mal billiger als Schwefelhexafluorid. Freon besitzt jedoch erhebliche Nachteile, die seine Anwendung in Hochspannungsaggregaten einschränkt. Der Druck von gesättigtem Freondampf ist bei 20 °C kleiner als 6 atü, wodurch eine obere Grenze des Druckes von Gasgemischen mit Freon gegeben ist. Der größte Nachteil des Freons ist seine Instabilität in elektrischen Entladungen. Besonders bei Anwesenheit von Feuchtigkeit können die Zersetzungsprodukte zu Metallkorrosion führen. Auf Grund von Versuchen, die in einer speziellen Glaskammer durchgeführt wurden, konnten wir eine Anzahl einfacher Maßnahmen festlegen, die es uns jetzt gestatten, den mit Gasgemisch und 10% Freonzugabe gefüllten Beschleuniger über längere Zeit zu betreiben.

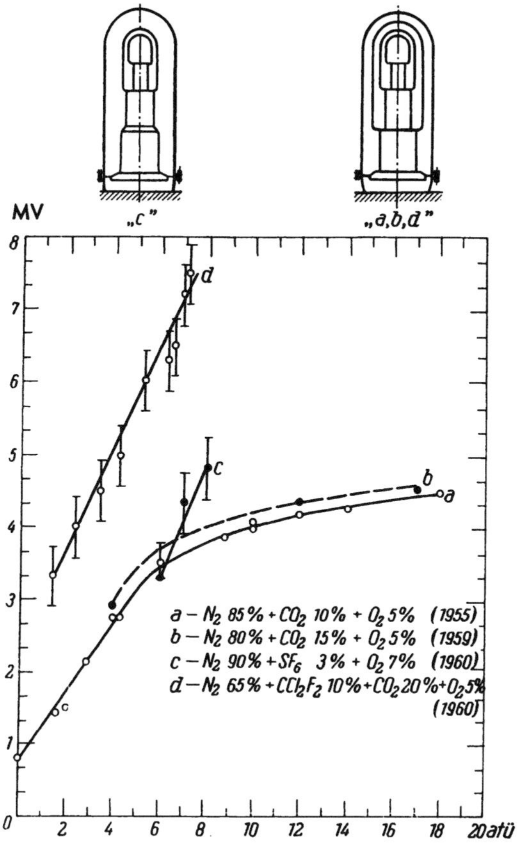

Abb. 1. Durchschlagspannung in Abhängigkeit vom Druck im Tank; Parameter Gasgemisch und Zahl der Zwischenhauben (*a* bis *d*)

Im einzelnen wurden folgende Maßnahmen getroffen:

1. Das Füllgas muß regelmäßig, spätestens nach hundert Betriebsstunden des Beschleunigers, durch einen mit Aluminiumgel (AlO_2) gefüllten Trockner geleitet werden. Damit wird das Gas von den Zersetzungsprodukten des Freon, die durch die Korona-Entladung entstehen, und von Feuchtigkeit befreit.

2. In der Nähe der erdseitigen Aufsprühkämme im Druckkessel ist ein mit trockenem Aluminiumgel gefüllter netzartiger Behälter angebracht.

3. Alle metallischen Außenflächen, besonders die Hochvoltkontakte sind mit Schutzlack überzogen. Ausgenommen davon wurden selbstverständlich die Äquipotentialringe, die Hauben, der Kessel, die Aufsprühbürsten, die Gegenelektroden und die Bandrollen.

4. Die Gleitkontakte des Regeltransformators sind mit Vaseline eingefettet.

Als Gasgemisch benutzten wir Stickstoff, Kohlendioxyd und Freon. Die Durchschlagsspannung dieses Gasgemisches in Abhängigkeit vom Druck zeigt Kurve *d* in Abb. 1. Die elektrische Festigkeit stieg im Druckbereich 1 bis 7 atü auf das Zweifache gegenüber dem Fall ohne Freonzusatz. Schon bei 7,5 atü Gasdruck ist die maximale Spannung größer als 7 MV. Der Durchschlag erfolgt zwischen Haube und Kessel, an der unteren Abrundung der Haube.

Außer der elektrischen Festigkeit der Gasfüllung, die durch die Spannung bestimmt wird, bei der sich der Funkendurchschlag ausbildet, spielt auch die Größe der von der Säule abfließenden Ladung in Abhängigkeit von der Generatorspannung eine wichtige Rolle. Bei Betrieb ohne Beschleunigungsrohre ist im Idealfall der Aufsprühstrom I_{Aufspr} gleich dem im Ohmschen Spannungsteiler der Säule abfließenden Strom (I_{Sp} — Spannungsteilerstrom). Der Unterschied dieser Ströme muß bei unendlich hohem Isolationswiderstand gleich Null sein. In Wirklichkeit fließt zusätzlich Ladung ab über die Säulenisolatoren, den Bandantrieb und — was zur Charakterisierung der Gasfüllung besonders wichtig ist — durch Korona-Entladung im Gas. Den Ladungsverlust $\Delta I = I_{\text{Aufspr}} - I_{\text{Sp}} = f(U_G)$ in Abhängigkeit von der Generatorspannung zeigt Kurve a in Abb. 2. Diese Versuche wurden mit einer Stickstoff-Kohlendioxyd-Füllung des Druckkessels bei 9,5 atü durchgeführt. Bei Spannungen höher als

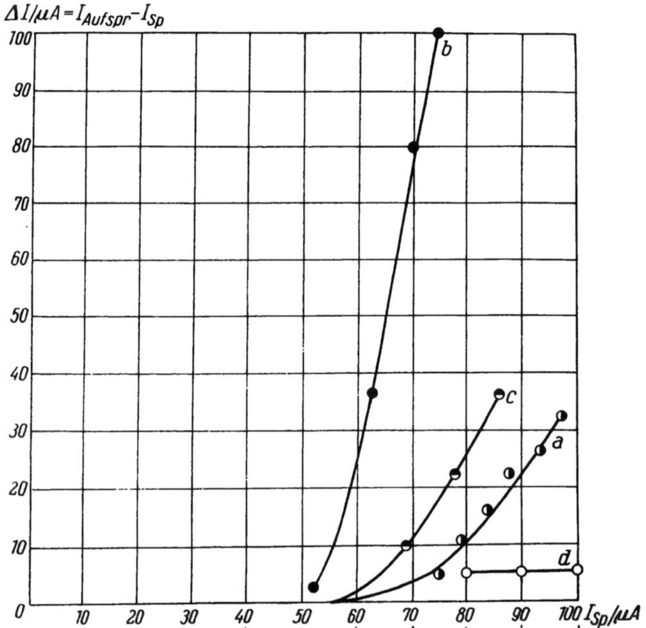

Abb. 2. Verluststrom in Abhängigkeit vom Strom durch den Spannungsteiler (Generatorspannung); Parameter (a bis d)

a Säule ohne Beschleunigungsrohr, $P = 9{,}5$ atü, Gasgemisch: 80 % N_2 + 15 % CO_2 + 5 % O_2;
b Säule mit einem Beschleunigungsrohr ohne Blenden gemäß Abb. 4, (innerer Durchmesser 130 mm). $P = 9{,}4$ atü, Gasgemisch: 76 % N_2 + 18 % CO_2 + 6 % O_2;
c Säule mit einem Beschleunigungsrohr und Blenden gemäß Abb. 4, $P = 9{,}5$ atü, Gasgemisch: 76 % N_2 + 18 % CO_2 + 6 % O_2;
d Säule mit einem Beschleunigungsrohr und Blenden gemäß Abb. 4, $P = 6$ atü, Gasgemisch: 10 % CCl_2F_2 + 66 % N_2 + 18 % CO_2 + 6 % O_2

3 MV ist ein Ansteigen der Ladungsverluste deutlich zu sehen. In der gleichen Abbildung zeigt Kurve *d* denselben Zusammenhang bei gleichen Gasen im Kessel, aber mit Freonzusatz. Wie man sieht, wird selbst bei einer Spannung von 5 MV kein Ladungsverlust beobachtet.

Die Untersuchung der elektrischen Festigkeit der Gasfüllung zeigt, daß ein Zusatz von Freon zum üblichen Stickstoff-Kohlendioxyd-Gasgemisch die maximale Spannung des Generators erheblich zu steigern gestattet und praktisch keine Ladungsverluste auftreten. Außerdem ist zu bemerken, daß auf Grund des niedrigen Gasdruckes im Kessel (7 atü) der Bandantrieb sehr ruhig läuft und deshalb der Bandverschleiß auch bei maximaler Spannung nur gering ist. Trotz dieser bedeutend höheren elektrischen Festigkeit der Gasfüllung unterscheiden sich die Spannungen für die Aufsprüh- und Umladeeinrichtungen nur unerheblich von den üblichen Werten. Somit ist durch Verwendung des Freonzusatzes die Gewähr für einen stabilen Betrieb des elektrostatischen Generators bei 6 MV Spannung gegeben.

Das Beschleunigungsrohr

Die Endenergie der beschleunigten Teilchen aus elektrostatischen Beschleunigern ist durch die Durchschlagsspannung der Beschleunigungsrohre begrenzt. Vielseitige Untersuchungen aller der Erscheinungen, die mit dem Betrieb der Beschleunigungsrohre zusammenhängen, haben noch immer nicht zur Aufstellung von abgeschlossenen Theorien geführt, welche präzise qualitative Schlußfolgerungen und konstruktive Angaben liefern könnten. Vielmehr wird die Berechnung und Konstruktion der Rohre auf Grund von Erfahrungsmaterialien und einiger qualitativer Vorstellungen über die in den Rohren ablaufenden physikalischen Erscheinungen vorgenommen.

Zweifellos ist der maximalen Betriebsspannung der Beschleunigungsrohre durch folgende Faktoren eine Grenze gesetzt:

1. durch die elektrische Festigkeit längs der Isolatoroberflächen im Vakuum und im Druckgas;
2. durch den Austausch geladener Teilchen im Raum zwischen den Elektroden im Vakuum;
3. durch die Kollektivprozesse des Austausches geladener Teilchen im evakuierten Teil des Rohres;
4. durch die Erscheinungen, die durch Restgase und Dämpfe organischer Substanzen im Rohr hervorgerufen werden.

Zum Aufbau des Beschleunigungsrohres mit möglichst günstigen Parametern müssen eine Reihe konstruktiver und technologischer Fragen geklärt werden, unter denen die hauptsächlichsten folgende sind:

1. Auswahl geeigneter Isolatoren, Verbindungen von den Rohrelektroden mit den Isolatoren und der Herstellungstechnologie des Rohres. Diese Fragen müssen so gelöst werden, daß eine maximale elektrische Festigkeit sowohl der einzelnen Sektionen als auch des gesamten Rohres gewährleistet ist.
2. Verhinderung des Austausches von geladenen Teilchen im evakuierten Rohrteil. In der Hauptsache ist dabei an die Unterdrückung der Elektronenbelastung

gedacht, die bei einer bestimmten Spannung einsetzt und mit größer werdender Spannung stark ansteigt.

Zur Lösung der ersten Frage wurde eine Versuchsserie über die elektrische Festigkeit einzelner Rohrsektionen verschiedener Konstruktionen angestellt. Diese Untersuchungen dienten als Grundlage für die Herstellung der Rohre in der Werkstatt.

Konstruktion und Technologie des Herstellungsprozesses der Beschleunigungsrohre

Die bei der Herstellung und Prüfung einzelner Rohrsektionen gesammelten Erfahrungen zeigten, daß die nach Abb. 3 gearbeiteten Sektionen die größte elektrische Festigkeit aufwiesen. Nachteile dieser Sektionen waren:

1. Ungenügende Beständigkeit des metallischen Überzuges der Porzellanisolatoren. Die mittels Katodenzerstäubung aufgebrachten metallischen Schichten verloren nach einer gewissen Betriebszeit ihre Leitfähigkeit. Untersuchungen der Struktur dieser Schichten zeigten, daß sie aus Kristallgruppen bestehen, die untereinander durch punktförmige Kontakte verbunden sind. An Stellen fehlender Leitfähigkeit waren keine Kontakte vorhanden.

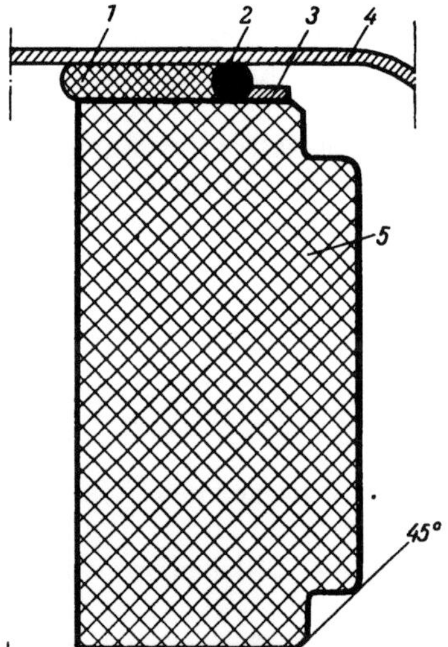

Abb. 3. Schematische Darstellung der Verbindung Isolator—Elektrode einer Beschleunigungsrohrsektion

1 Klebschicht BF-4
2 Bleidichtung
3 Metallisierung
4 Elektrode
5 Porzellanisolator

Um eine gute Leitfähigkeit der metallischen Schichten zu erhalten und um ihre mechanische Festigkeit zu erhöhen, wurde — nachdem das Porzellan mittels Katodenzerstäubung mit einer Metallschicht überzogen worden war — eine zweite, zusätzliche Metallschicht durch elektrolytischen Niederschlag aufgebracht. Auf diese Weise wurde eine erhöhte Beständigkeit und eine dauerhafte Verbindung der Metallschicht mit dem Porzellan erreicht.

2. Beim Zusammenbau des Rohres vor dem „Ausbacken" ergab sich in jeder Rohrsektion die Gesamtdicke des Klebemittels, das auf den Porzellanisolator und die Elektrode aufgebracht worden war, dicker als die Bleidichtung, die laut Konstruktion das Hineinlaufen des Klebemittels in das Innere des Rohres verhindern sollte. Wie später festgestellt wurde, besaß die Klebeschicht eine Dicke bis zu 0,5 mm, während die Bleidichtung 0,35 mm dick war. Deshalb drang an vielen Stellen das Klebemittel in das Innere und drückte teils sogar die Bleidichtung hinein. Die elektrischen Eigenschaften des Rohres wurden dadurch selbstverständlich verschlechtert.

3. Die Glasur auf der Außenfläche der Porzellanisolatoren war in ihrer Qualität

unbefriedigend. Während der Prüfung auf maximale Spannung von 4 MV konnten Entladungen längs des Porzellans unter der Glasur festgestellt werden, die Spuren hinterließen, so daß auch bei niedrigerer Spannung an diesen Stellen danach Entladungen einsetzten. Dieser Nachteil wurde beseitigt, indem mit Hilfe eines Sandstrahlgebläses die Glasur entfernt wurde.

Zur Vermeidung der vorstehend geschilderten Fehler wurde eine neue Technologie ausgearbeitet. Die Durchschlagsspannung der nach dieser Technologie geklebten Sektionen des Beschleunigungsrohres (Abb. 3, bei Erprobung in der Vakuumkammer, beschrieben in [2]) erreichte 120 kV. Die Entladung erfolgte auf der Druckgasseite des Rohres. Es war also zu erwarten, daß auf Grund der elektrischen Entladung längs der Isolatoroberfläche die gewählte Rohrkonstruktion eine stabile Betriebsspannung von nicht weniger als 70 bis 80 kV pro Sektion zuläßt. Bei 3750 mm Länge des aktiven Teiles des Beschleunigungsrohres, das heißt bei 75 Sektionen, muß die Betriebsspannung 75 × (70 bis 80) = 5,25 bis 6 MV betragen. Bei der Herstellung eines Versuchsbeschleunigungsrohres der 1960er Serie nach der neuen Technologie wurde besondere Sorgfalt auf den Arbeitsablauf und die Einhaltung der Vakuumhygiene verwendet. Der Zusammenbau der Isolatoren und Elektroden erfolgte unter Glashauben. Die Arbeiter trugen weiße Mäntel und Handschuhe.

Um die Einhaltung der angegebenen Technologie zu überprüfen, wurden einzelne Sektionen vor dem Zusammenbau kompletter Rohre auf ihre elektrische Festigkeit geprüft. Die ersten Exemplare wiesen noch erhebliche Fehler auf, die durch Abweichungen von der angegebenen Technologie verursacht waren und schließlich dazu führten, daß die Betriebsspannung nicht erreicht werden konnte. Zur Gewährleistung der exakten Durchführung der angegebenen Technologie leiteten Wissenschaftler des Laboratoriums die Werkstattarbeiter an und kontrollierten den gesamten Herstellungsprozeß. Eine derartig sorgfältige Beachtung der Technologie garantierte eine überaus hohe Qualität der Rohrfertigung und konnte bei der nachfolgenden Prüfung der Beschleunigungsrohre im Beschleuniger unter Beweis gestellt werden.

Die Elektronenbelastung des Beschleunigungsrohres

Die Elektronenbelastung wurde in sehr vielen Fällen beim Betrieb elektrostatischer Beschleuniger von über 2 MV Spannung beobachtet. Man bezeichnet damit einen im evakuierten Rohrteil entstehenden Elektronenstrom, der durch das elektrische Feld zur Hochspannungselektrode beschleunigt wird. Diese Elektronen werden an den Flanschen der Ionenquelle abgebremst und erzeugen eine intensive harte Röntgenstrahlung. Mit Ansteigen der an das Beschleunigungsrohr angelegten Spannung wächst der Elektronenstrom stark an, wodurch das Band stärker belastet und die Beschleunigungsspannung begrenzt wird. Häufig kommt es bereits vor dem Zeitpunkt der Belastung des Bandes zu einem Durchschlag im Druckgas auf Grund der starken ionisierenden Wirkung der Bremsstrahlung. Die Größe der Elektronenbelastung läßt sich am einfachsten erfassen, indem man sie mit dem Ladungsverlust vergleicht, der zur Kompensation der Elektronenladungen aufgewendet werden muß. Außerdem finden Ladungsverluste noch an Säulen- und Bandisolation statt und in den Entladungen zwischen Säule und Kessel. Bei diesen Versuchen bleibt die Ionenquelle selbstverständlich ausgeschaltet.

Wenn man also den Aufsprühstrom I_{Aufspr} (Strom auf das Band von dem Sprühkamm) mißt und davon den im Ohmschen Spannungsteiler fließenden Strom I_{Sp} abzieht, so erhält man einen Differenzstrom ΔI, der die Ladungsverluste der Säule charakterisiert. Derartige Messungen sind zwar nicht sehr genau, erlauben aber das wesentliche der Erscheinung festzuhalten.

Wie schon im ersten Abschnitt ausgeführt, sind bei Betrieb ohne Beschleunigungsrohre die Ladungsverluste offenbar nur durch die Korona-Entladung von der Säule zum Kessel und längs der Säule sowie durch Ladungsabfluß von den Isolatoren bedingt. Die Kurve *a* in Abb. 2 zeigt die Abhängigkeit der Ladungsverluste $\Delta I = I_{Aufspr} - I_{Sp}$ von der Generatorspannung (bzw. der dazu proportionalen Größe I_{Sp}). Wie man sieht, steigt der Differenzstrom ΔI oberhalb 3,5 MV Spannung an; die Tankfüllung war ein N_2-CO_2-Gasgemisch bei $P = 9{,}5$ atü.

Nach Einbau eines Beschleunigungsrohres mit konusförmigen Elektroden (25 mm Sektionshöhe, freier Durchmesser 106 mm) änderte sich die Abhängigkeit $\Delta I = f(I_{Sp})$ außerordentlich stark (Abb. 2, Kurve *b*). Dies weist auf das Einsetzen der Elektronenbelastung oberhalb 3 MV Spannung hin. Durchschläge zum Kessel und zwischen den Zwischenhauben verhinderten eine weitere Spannungserhöhung. Diese Kurve zeigt den Anstieg der Ladungsverluste, die durch zwei zusätzliche Prozesse hervorgerufen sind: durch Erhöhung des Elektronenstromes im Beschleunigungsrohr und durch Vergrößerung des Stromes der Gasentladung

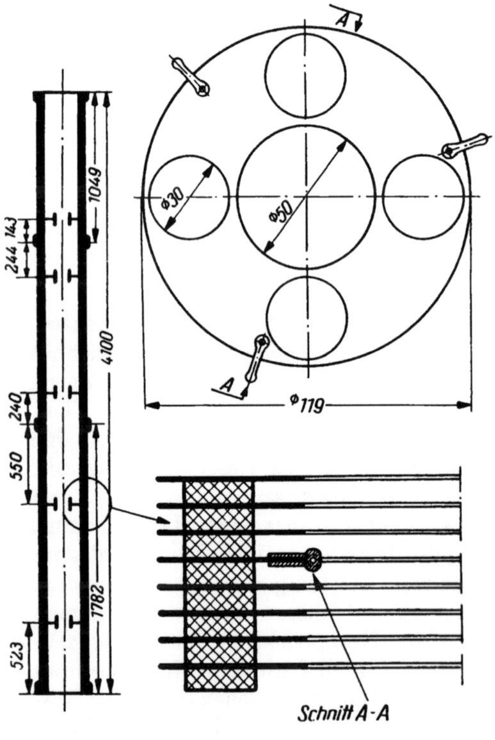

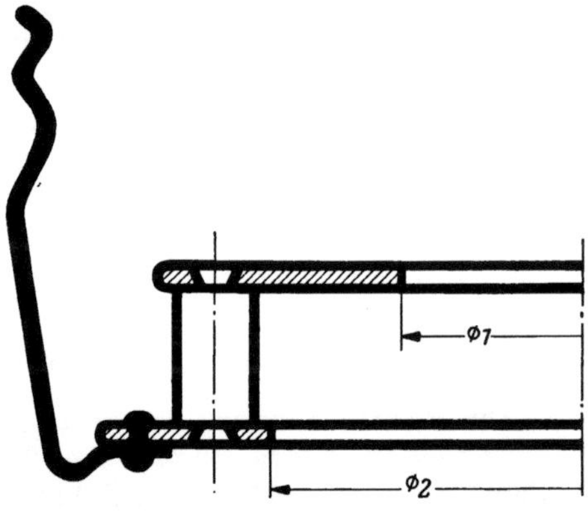

Abb. 5. Konstruktion der Blendenanordnung im Beschleunigungsrohr nach Abb. 4

Abb. 4. Versuchsrohr mit Blendenanordnung zur Verringerung der Elektronenbelastung zwischen Hochspannungselektrode und Drucktank auf Grund der intensiven Ionisation durch die Bremsstrahlung.

Im Jahre 1955 unternahmen wir den Versuch, die Elektronenbelastung mit Hilfe einer Blendenanordnung (Abb. 4) zu verkleinern. Auf Grund defekter Halterung der Blenden erzielten wir jedoch keine positiven Ergebnisse. Der Einbau zweier Blenden mit je 25 mm Innendurchmesser lieferte dann eine ganz erhebliche Verringerung der Ladungsverluste. Die Konstruktion dieser Blenden geht aus Abb. 5 hervor. Sie wurden an den Verbindungsstellen der Rohrabschnitte angebracht (Abb. 6, die Punkte *1* und *2*). Die Befestigung der Blenden an die Rohrabschnitte erfolgte mittels Federn (Abb. 7) und einer speziellen Klemmvorrichtung (Abb. 8).

Die Kurve *c* in Abb. 2 zeigt, daß die Ladungsverluste viel kleiner werden, wenn die Blenden eingebaut sind. Sie übersteigen sogar nur wenig die Ladungsverluste in der Gasfüllung bei Betrieb ohne Beschleunigungsrohre (Kurve *a*). Das heißt, daß sich auch die Elektronenbelastung verringert. Die maximale Spannung war durch den Überschlag zum Kessel hin begrenzt und erreichte 4 bis 4,2 MV.

Eine weitere erhebliche Verbesserung der Eigenschaften des Beschleunigungsrohres konnte durch Verwendung vieler einsetzbarer Blenden erzielt werden. Mit Erhöhung der Blendenanzahl bezweckten wir eine Verkürzung der freien Flugstrecke der im Ladungsaustauschprozeß beteiligten Partikel. Der Ladungs-

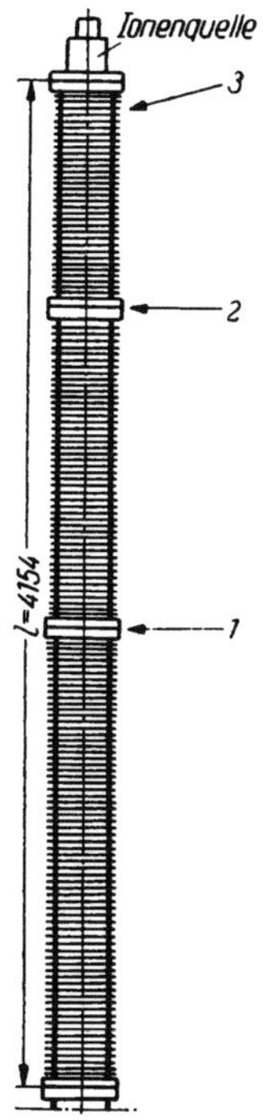

Abb. 6. Lage der Blenden im Beschleunigungsrohr

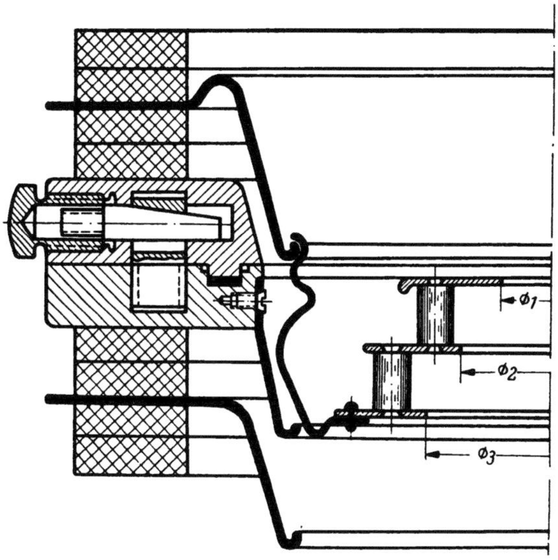

Abb. 7. Halterung der Blenden

austausch ist offenbar als Grund für das Auftreten der Elektronenbelastung des Beschleunigungsrohres anzusehen. Die inneren Durchmesser der Blendeneinsätze wurden so gewählt, daß sie aufeinanderfolgende, zur Ionenquelle hin geöffnete Kegel darstellen (Abb. 9).

Die einsetzbaren Blenden verwendeten wir wegen der erheblichen technologischen Schwierigkeiten, die bei der Herstellung eines gesamten Beschleunigungsrohres mit solchen Elektroden auftreten würden. Außerdem besteht noch der Vorteil, verschiedene Blendenanordnungen ausprobieren zu können. So wurden zum Beispiel beim Betrieb des Meß-Beschleunigungsrohres, in welchem sich neben dem Ionenstrahl auch der zur Stabilisierung der Generatorspannung benutzte Elektronenstrahl der Elektronenkanone befindet, die Blenden anders aufgestellt (Abb. 10) als im „Arbeitsrohr“ (Abb. 9).

Bei der Wahl der Blendenform hat man zwei sich widersprechende Aufgaben zu lösen. Einerseits muß man zur Unterdrückung des Teilchenaustausches den gesamten Rohrraum, ausgenommen die Durchtrittsöffnung für den Ionenstrahl, möglichst dicht abschließen, andererseits fordern ein gutes Hochvakuum am

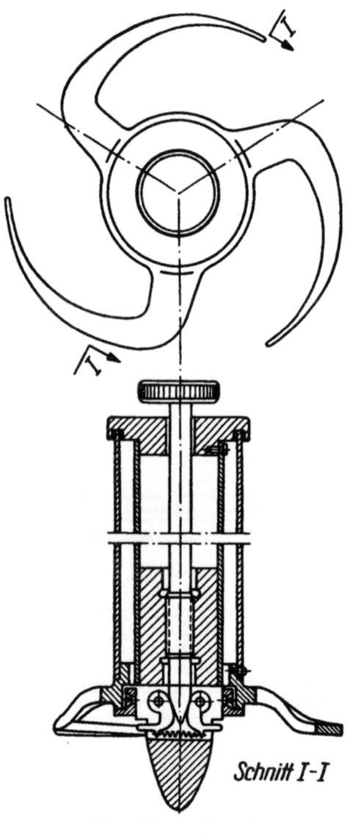

Abb. 8. Klemmvorrichtung

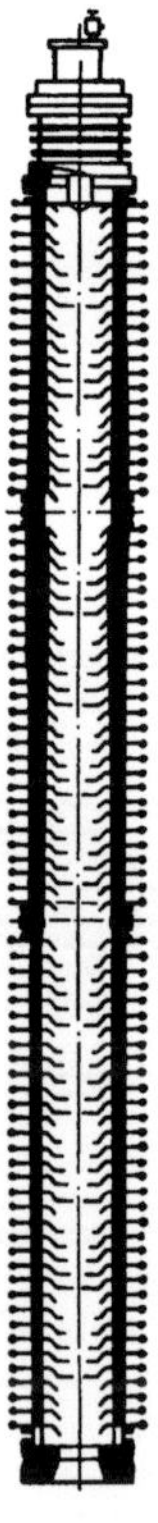

Abb. 9. Längsschnitt durch das Beschleunigungsrohr

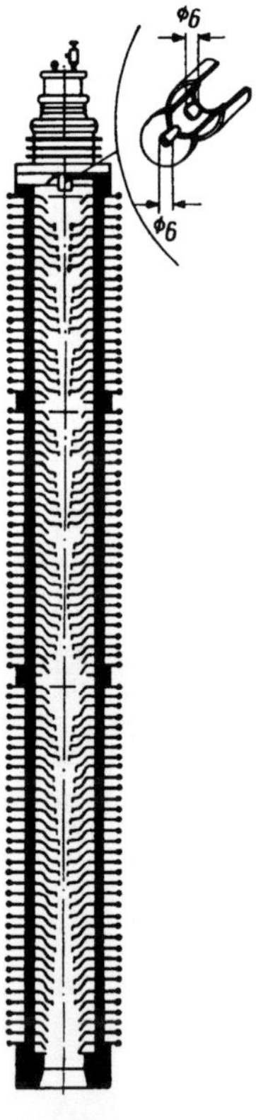

Abb. 10. Längsschnitt durch das Meßrohr

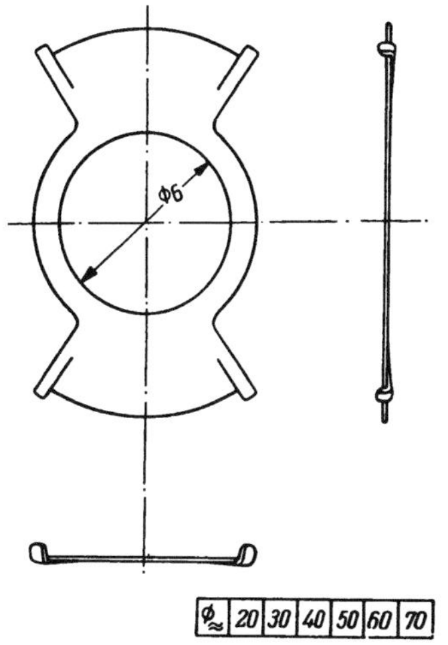

Abb. 11. Form der einsetzbaren Sektorenblenden

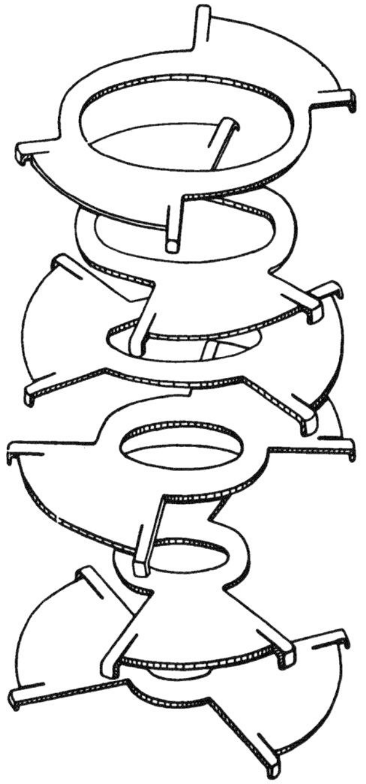

Abb. 12. Perspektivische Darstellung eines Satzes der einsetzbaren Sektorenblenden

Rohrende (Austrittsöffnung der Ionenquelle) und der normale Betrieb der Ionenquelle hohe Absauggeschwindigkeit. Für neuzeitliche Beschleuniger mit unter Umständen 4 m langen isolierenden Rohren ist das besonders wichtig. Eine Kompromißlösung konnte durch Verwendung von Sektorenblenden (Abb. 11) erreicht werden. Diese einsetzbaren Blenden waren aus 1,0 mm dickem Duraluminium hergestellt. Ein Satz besteht aus einer Anzahl Blenden mit Durchtrittsöffnungen von 20 bis 70 mm, jeweils um 10 mm abgestuft (Abb. 12). Wie man der Aufnahme entnimmt, verdeckt eine Blende nur etwa 25 bis 40% der Rohröffnung. Drei hintereinander angeordnete Blenden sind um je 120° gegeneinander verdreht, so daß der Flugweg für Teilchen außerhalb der Rohrmitte vollständig unterbunden wird. Die Befestigung der Blenden an den Rohrelektroden erfolgte mittels Haken, die in den inneren Elektrodenrand eingreifen (Abb. 13). Abb. 12 zeigt die Blendenanordnung. Es konnte gezeigt werden, daß sich in einem mit Blenden nach Abb. 10 bestückten Beschleunigungsrohr die Sauggeschwindigkeit von 120 l/sec. vor dem Einbau auf nur 80 l/sec. nach dem Einbau der Blenden verringerte. Das reicht für den üblichen Betrieb der Ionenquelle aus.

Abb. 14 gibt die Abhängigkeit des Druckes an verschiedenen Stellen im Beschleunigungsrohr mit und ohne einsetzbare Sektorenblenden von der eingelassenen Gasmenge wieder. Wie man sieht, übersteigt der Druck an der Ionenquellen-

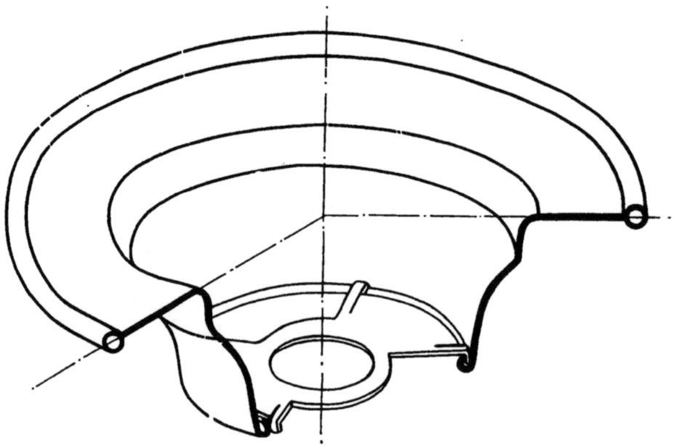

Abb. 13. Schnitt einer Trichterelektrode mit eingesetzter Sektorenblende

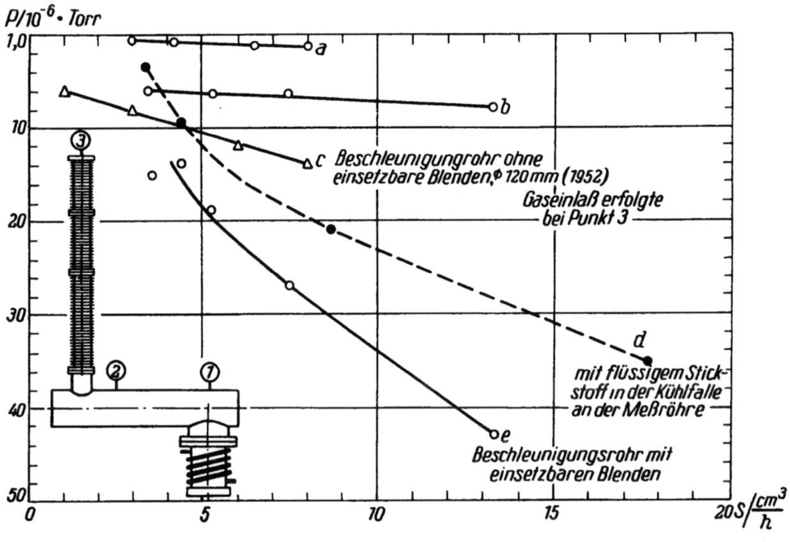

Abb. 14. Druck an verschiedenen Stellen des Systems in Abhängigkeit vom Gaseinlaß (Gaseinlaß erfolgte bei Punkt *3*)

a im Punkt *1*
b im Punkt *2*
c im Punkt *3*; Beschleunigungsrohr ohne Blenden, Durchmesser 120 mm [1952]
d im Punkt *3*; mit flüssigem Stickstoff in der Kühlfalle an der Meßröhre
e im Punkt *3*; Beschleunigungsrohr mit einsetzbaren Blenden

seite des Beschleunigungsrohres selbst bei einem Gaseinlaß bis zu 12 cm³/Std. den Wert $4 \cdot 10^{-5}$ Torr nicht. Unter üblichen Betriebsbedingungen für die Ionenquelle ist die Gaszufuhr kleiner als 3 cm³/Std. und der Druck auf der Ionenquellenseite bleibt unter $2 \cdot 10^{-5}$ Torr.

Der Einbau einer so großen Zahl von Blenden (60 bis 70 Stück) vergrößert die Metalloberfläche im Vakuum ganz erheblich und führt zur Erhöhung der an den

Abb. 15. Abhängigkeit
des Druckes
an verschiedenen Stellen
des Systems von der Auspumpzeit

a, b im Punkt *3*
c, d im Punkt *2*
e im Punkt *1*

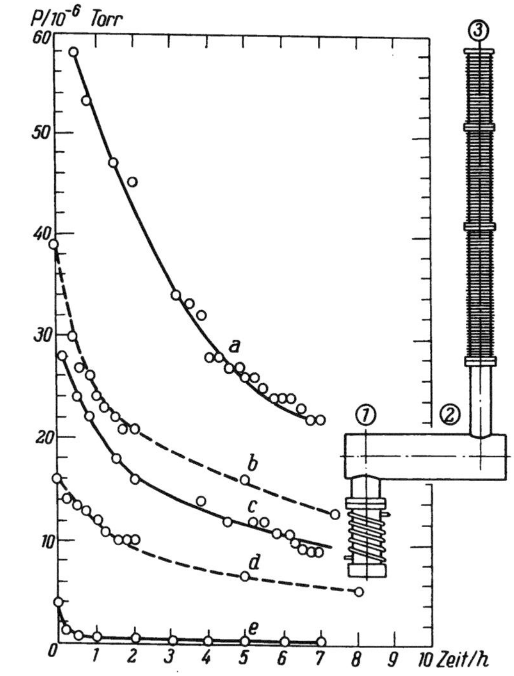

Metalloberflächen adsorbierten Mengen von Gasen und organischen Dämpfen. Es erhebt sich somit die Frage, ob dadurch die Vakuumeigenschaften des Rohres stark verschlechtert werden und ob nicht eine außerordentlich lange Zeit zur Erreichung des Betriebsvakuums im Beschleunigungsrohr nötig wird. In Abb. 15 sind Kurven angegeben, die den Druckabfall im Rohr bei konstanter Absauggeschwindigkeit in Abhängigkeit von der Zeit charakterisieren. Vor diesen Messungen wurde getrocknete Luft in das System eingelassen. Die Anlage blieb acht Stunden lang gelüftet. Danach wurde mit einer Vorvakuumpumpe bis auf 10^{-2} Torr und anschließend mit Hochvakuumpumpen ausgepumpt. Die Kurven *a*, *c*, *e* zeigen den Druckabfall an der Ionenquelle (Kurve *a*), auf der Erdseite des Rohres (Kurve *c*) und über der Pumpe (Kurve *e*). Die Kurven *b* und *d* geben an, wie schnell das Endvakuum nach einer achtstündigen Unterbrechung des Pumpvorganges erreicht wird: an der

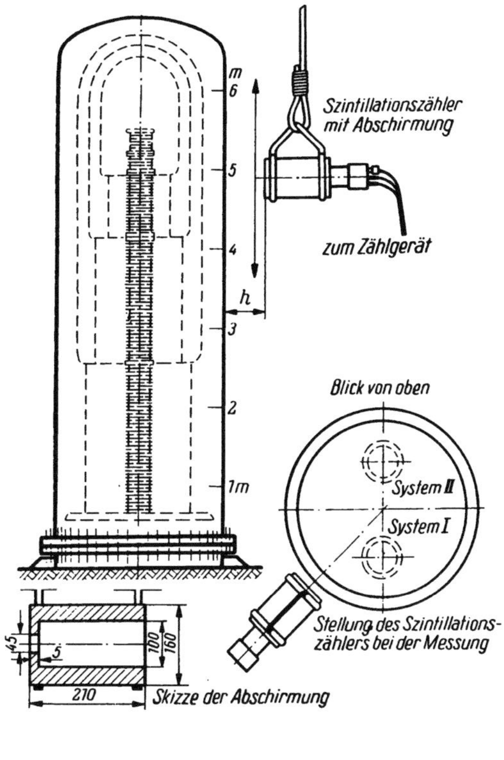

Abb. 16. Lage des Szintillationszählers zum Drucktank

Ionenquelle — Kurve *b*, an der Erdseite des Rohres — Kurve *d*. Man sieht, daß in diesem Falle das Endvakuum viel früher erreicht wird.

Messungen der elektrischen Festigkeit dieses Rohres ergaben, daß sich seine Eigenschaften erheblich von denen früherer Beschleunigungsrohre unterschieden. Die Gerade *d* in Abb. 2 zeigt, daß bis 5 MV Spannung keinerlei Elektronenbelastung im Beschleunigungsrohr nach Abb. 9 auftritt (ohne Ionenstrahl).

Die nachfolgenden Untersuchungen an diesem Beschleunigungsrohr mit Ionenstrahl ergaben, daß zu seinem einwandfreien Betrieb die Formierung des Ionenstrahles vor Eintritt in das Beschleunigungsrohr gewährleistet sein muß. Es muß verhindert werden, daß gestreute geladene oder neutrale Teilchen auf das Rohr treffen können.

Die Messungen ergaben 5,0 und 5,3 MeV Endenergie der beschleunigten Teilchen bei 15 μA und 5 μA Ionenstrom. Weiter wurden Messungen der Ladungsverluste $\Delta I'$ und der Intensität der Bremsstrahlung bei verschiedenen Beschleunigungsspannungen und Stromstärken des Ionenstrahles durchgeführt, um einige weitere Charakteristika der Beschleunigungsrohre der beschriebenen Konstruktion kennenzulernen. Der Ladungsverlust wurde als folgende Differenz angesetzt:

$$\Delta I = I_{\text{Aufspr}} - I_{\text{Sp}} - I_{\text{Str}},$$

wo I_{Str} die Stromstärke des Ionenstrahles bedeutet. Die Intensität der Röntgenstrahlung wurde mit Hilfe eines durch Bleiabschirmung geschützten Szintillationszählers gemessen (Abb. 16). Er befand sich 2 bis 4 m vom Drucktank entfernt und konnte längs der Beschleunigersäule verschoben werden.

Untersuchung der Eigenschaften des Beschleunigungsrohres

Die Einwirkung des Ionenstrahles auf die Eigenschaften des Beschleunigungsrohres

Durch Nachweis der Bremsstrahlung in Höhe der Ionenquelle (Abb. 17, Kurve *a*) konnte festgestellt werden, daß bei Betrieb des Beschleunigungsrohres mit einsetzbaren Blenden, aber ohne Ionenstrahl, praktisch kein Elektronenstrom auftritt; jedoch schon $I_{\text{Str}} = 5\,\mu$A Gesamtstrom des Ionenstrahles änderten die Situation vollkommen. Bei der Beschleunigung von Protonen entsteht ein Elektronenstrom, der zusammen mit der ihn begleitenden ionisierenden Bremsstrahlung eine zusätzliche Quelle der Ladungsverluste darstellt. Die Kurven *b* in Abb. 17 zeigen eine ganz beträchtliche Steigerung der Ladungsverluste und der Gammastrahlenintensität mit zunehmender Beschleunigungsspannung (Ionenstrom von 5 μA). Außerdem entsteht dabei auch ein Strom neutraler und gestreuter Teilchen. Die Vergrößerung der Stromstärke des Ionenstrahles auf $I_{\text{Str}} = 16\,\mu$A führt zu noch stärkeren Ladungsverlusten und zur weiteren Erhöhung der Bremsstrahlungsintensität (Kurven *c* in Abb. 17).

Mit der Erhöhung des Restgasdruckes zusammenhängende Erscheinungen

Wenn man das Vakuum im Beschleunigungsrohr von seinem Normalwert $2 \cdot 10^{-6}$ Torr auf etwa $7{,}3 \cdot 10^{-6}$ Torr verschlechtert (gemessen auf der Erdseite), indem man die Gaszufuhr in die Ionenquelle konstant hält, so übersteigt der

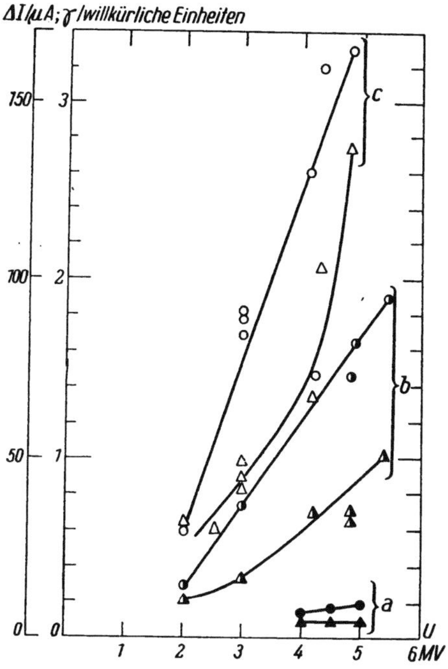

Abb. 17. Ladungsverluste ΔI und Bremsstrahlungsintensität γ in Abhängigkeit von der Generatorspannung. Parameter Ionenstromstärke. (Beschleunigungsrohr nach Abb. 9 mit Blenden nach Abb. 11)

a) ● $\gamma = f(U)$,
▲ $\Delta I = f(U)$, $I_{Str} = 0$
b) ◑ $\gamma = f(U)$,
◭ $\Delta I = f(U)$, $I_{Str} = 5 \mu A$
c) ○ $\gamma = f(U)$,
△ $\Delta I = f(U)$, $I_{Str} = 16 \mu A$

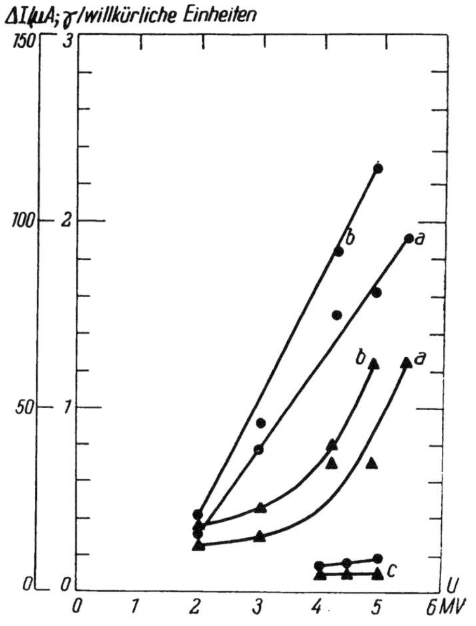

Abb. 18. Ladungsverluste ΔI und Bremsstrahlungsintensität γ in Abhängigkeit von der Generatorspannung. Parameter Ionenstromstärke und Druck im Beschleunigungsrohr. (Beschleunigungsrohr nach Abb. 9 mit Blenden nach Abb. 11)

a) ● $\gamma = f(U)$,
▲ $\Delta I = f(U)$, $I_{Prot} = 5 \mu A$
$p_{Beschl} = 2{,}5 \cdot 10^{-6}$ Torr;
b) ● $\gamma = f(U)$,
▲ $\Delta I = f(U)$,
$I_{Prot} = 5 \mu A$,
$p_{Beschl} = 7{,}3 \cdot 10^{-6}$ Torr;
c) ● $\gamma = f(U)$,
▲ $\Delta I = f(U)$, $I_{Prot} = 0$,
$p_{Beschl} = 2 \cdot 10^{-6}$ Torr
$\Delta I = I_{Aufspr} - I_{Str} - I$

Druck an der Ionenquelle nicht 2 bis $3 \cdot 10^{-5}$ Torr (Abb. 14), und es herrschen noch brauchbare Arbeitsbedingungen. Man kann annehmen, daß die Größe des Elektronenstromes auch bei etwas erhöhtem Restgasdruck im Beschleunigungsrohr von ihrem Normalwert wenig abweicht. In Abb. 18 sind in Abhängigkeit von der Beschleunigungsspannung die Ladungsverluste ΔI und die Bremsstrahlungsintensität γ für den Betriebsfall mit einem Beschleunigungsrohr bei $5 \mu A$ Ionenstrom und verschiedenen Restgasdrücken (Wasserstoff) angegeben. Wie man sieht, erhöhen sich die Größen ΔI und γ mit Vergrößerung des Restgasdruckes im Beschleunigungsrohr. Das spricht dafür, daß die im Rohr vonstatten gehenden Prozesse vom Restgas beeinflußt werden.

Untersuchungen der Kollektivprozesse des Teilchenaustausches im Beschleunigungsrohr

Einige zusätzliche Kenntnisse über die Natur der sich im Beschleunigungsrohr bewegenden Teilchen lassen sich angeben, wenn man die relativen Größen der Teilchenströme mit Hilfe von Thermoelementen mißt. Zu Beginn der Messungen interessierte uns weniger große Genauigkeit der Meßgrößen als vielmehr der Charakter des Zusammenspiels der verschiedenen Erscheinungen im Beschleunigungsrohr, und wir begnügten uns deshalb mit Thermoelementen einfacher Bauweise und geringer Empfindlichkeit. In Abb. 19 ist die Konstruktion der Thermoelemente angegeben, deren eingehende Beschreibung in der Diplomarbeit von Nadykto [3] zu finden ist. Die Anordnung am Beschleuniger ist ebenfalls aus Abb. 19 ersichtlich. Das Thermoelement φ_1 befindet sich in der Achse des Beschleunigungsrohres hinter dem Ablenkmagneten.

Mit Hilfe eines Magneten wird der Ionenstrahl um 90° abgelenkt. Wie die Rechnungen ergaben, hätten beschleunigte geladene Teilchen eine Masse von über 300 haben müssen, um bei 90° Ablenkung eines Protonenstrahles noch auf das Thermoelement zu fallen, oder es hätte sich um neutrale Teilchen handeln müssen. Die Messungen bestätigten, daß die Angaben von φ_1 und I_1 nach der Ablenkung des Strahles mit der Teilchenmasse $M = 3$, das heißt bei weiterer Erhöhung des Stromes im Ablenkmagneten, kaum geändert wurden. Man kann also mit Hilfe des Thermoelementes φ_1 den Strahl der neutralen Teilchen messen. Mit dem Galvanometer I_1 können, wenn auch nur sehr grob, die relativen Anteile dieses Strahles über die Größe der Sekundäremission gemessen werden.

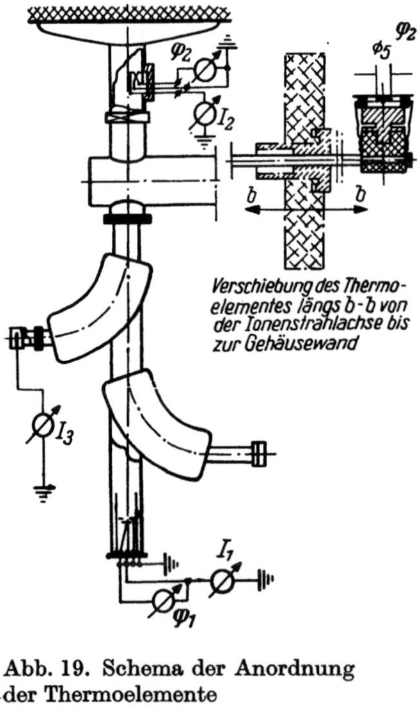

Abb. 19. Schema der Anordnung der Thermoelemente

Das zweite Thermoelement φ_2 befand sich hinter dem Teilchenaustritt aus dem Beschleunigungsrohr. Es war an einem Stab befestigt und konnte senkrecht zur Rohrachse verschoben werden, wodurch die Intensitätsverteilung der beschleunigten Teilchen über dem gesamten Rohrquerschnitt ausgemessen werden konnte. Das Galvanometer I_2 zeigte gleichzeitig die Intensitätsänderungen des Teilchenstromes an. Diese Messungen wurden mit dem Meßrohr nach Abb. 9 und mit einer Kaltkatoden-Ionenquelle durchgeführt [1]. Ein voller Meßzyklus bestand aus der Messung des Ionenstromes, der Bremsstrahlungsintensität sowie der Größen φ_1; φ_2; I_1; I_2. Auf Seite 220 war die zur Messung der Bremsstrahlungsintensität benutzte Anordnung beschrieben. Der Szintillationszähler befand sich während dieser Messungen immer in Höhe der Ionenquelle.

Messungen ohne Ionenstrahl

Versuchsbedingungen: Thermoelement φ_2 befindet sich in der Rohrachse, Ablenkmagnet ausgeschaltet, Ionenquelle außer Betrieb, Gasdruck im Beschleunigungsrohr $2 \cdot 10^{-6}$ Torr. Bei Spannungserhöhung von 4 auf 5 MV wurde keine Änderung der Bremsstrahlungsintensität (nach wie vor innerhalb des Rauschpegels) und der Anzeigen der Thermoelemente festgestellt. Das bedeutet, daß im Beschleunigungsrohr mit Blenden bei 5 MV Spannung kein Teilchenaustauschprozeß stattfindet, wenn die Ionenquelle ausgeschaltet ist.

Messungen mit Ionenstrahl
Gestreute Teilchen außerhalb des Beschleunigungsraumes

Mit Hilfe des Thermoelementes φ_2 konnte eine ganz erhebliche Anzahl von Teilchen nachgewiesen werden, die beim Durchtritt des Ionenstrahles durch das Rohrstück (Druck $3{,}1 \cdot 10^{-6}$ Torr, Abb. 20) auftraten. In Abb. 20 ist die Abhängigkeit der Galvanometeranzeigen I_2 und φ_2 von der Lage des Thermoelementes φ_2 relativ zum Ionenstrahl angegeben. Näher als 35 mm an die Achse des Ionenstrahles konnte das Thermoelement nicht gebracht werden, weil die Teilchendichte stark zunahm und die für das Thermoelement zulässige Grenze weit überschritt. Es gibt keine triftigen Gründe für die Annahme, daß es sich um neutrale Teilchen aus der Ionenquelle oder dem Beschleunigungsrohr handelt, da diese durch Blenden mit 30 mm Durchmesser, die längs des gesamten Rohres angebracht waren (Abb. 9), scharf kollimiert worden wären. Die weiteren Messungen der Teil-

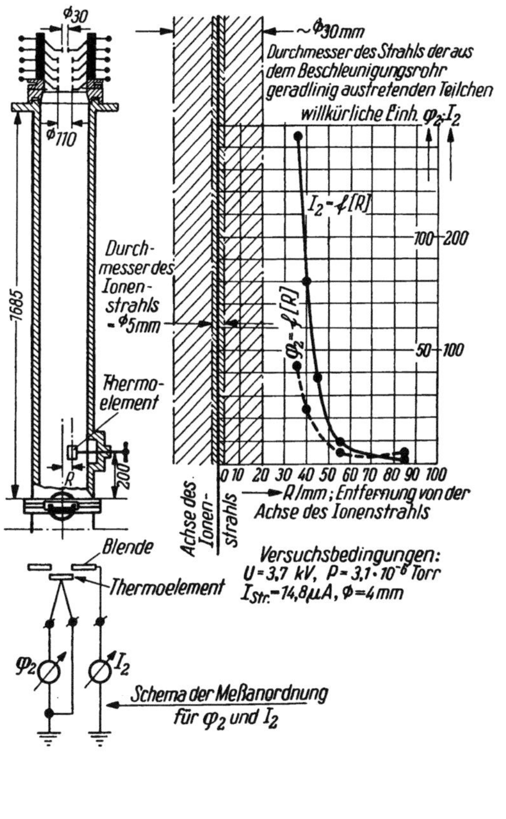

Abb. 20. Abhängigkeit der Thermoelementströme von der Lage des Thermoelements relativ zum Ionenstrahl

chenintensität in Abhängigkeit vom Gasdruck mit dem Thermoelement φ_2 führten zu der Annahme, daß diese Teilchen wahrscheinlich bei Zusammenstößen der Ionen mit Molekülen des Restgases und organischer Dämpfe entstehen.

Messungen mit Ionenstrahl bei verschiedenen der Ionenquelle zugeführten Gasmengen

Die Annahme, daß der Kanal in der Absaugelektrode der Ionenquelle als Ausgangspunkt der neutralen und gestreuten Teilchen anzusehen ist, weil an dieser Stelle eine sehr intensive Umladung der Ionen stattfindet, kann man prüfen, indem man bei konstantem Ionenstrom die Gaszufuhr in die Ionenquelle ändert. Bei 3 MV Spannung und $I_{\text{Str}} = 15\,\mu$A Ionenstrom wurde die in die Ionenquelle einströmende Wasserstoffmenge von $S = 1{,}1$ auf 4,4 cm³/h erhöht. Dabei wurde der Gasdruck im Rohr konstant $\sim 3{,}2 \cdot 10^{-6}$ Torr gehalten. Ein leichtes Ansteigen der Bremsstrahlungsintensität (ungefähr 20%) konnte festgestellt werden; die Anzeigen der Thermoelemente blieben jedoch praktisch unverändert. Wahrscheinlich waren sie zu unempfindlich.

Messungen mit Ionenstrahl bei verschiedenen Restgasdrücken im Beschleunigungsrohr

Bei $U_{\text{Gen}} = 3$ MV Generatorspannung und $I_{\text{Str}} = 5\,\mu$A und $15\,\mu$A Ionenstrom wurden die Größen γ, φ_1 und φ_2 in Abhängigkeit vom Gasdruck im Beschleunigungsrohr gemessen. Durch Vermindern der Absauggeschwindigkeit der Hochvakuumpumpe (durch teilweises Schließen des Schiebers) konnte der Restgasdruck erhöht werden. Wie man aus Abb. 21 entnehmen kann, erhöhen sich bei Druckanstieg die Zahl der auf die Thermoelemente auftreffenden Teilchen und die Bremsstrahlungsintensität. Diese Anstiege sind genau proportional der Ionenstromerhöhung. Der steile Anstieg der Geraden weist darauf hin, daß mit ansteigendem Druck im Rohr die elastischen Zusammenstöße der Restgasmoleküle mit dem Ionenstrahl und neutralen Teilchen eine immer größere Rolle spielen, woraus auch die auf das Thermoelement auftreffenden Teilchen resultieren.

Ein Vergleich der entsprechenden Zusammenhänge für 3 und 4 MV Spannung (Abb. 21 und 22) zeigt, daß sich der allgemeine Verlauf nicht ändert (die Neigung der Geraden bleibt etwa gleich), daß sich aber die relative Teilchenzahl und Bremsstrahlungsintensität mit Ansteigen der Ionenenergie ebenfalls erhöht. Man kann annehmen, daß die Sekundärelektronen hierbei sowohl aus direkten Wechselwirkungsprozessen des Ionenstrahles mit den Molekülen des Restgases und der organischen Dämpfe stammen, als auch durch Sekundäremission entstehen auf Grund des Aufpralls von gestreuten Teilchen aus der elastischen Streuung der Gasmoleküle an den Ionen des Strahles auf die Elektroden. Der zuletzt genannte Prozeß kann den überwiegenden Anteil betragen.

Zusammensetzung des Ionenstrahles bei verschiedenen Drücken im Beschleunigungsrohr

Mit Hilfe eines magnetischen Analysators mit $r = 500$ mm Radius und $a = 5$ mm Austrittsspalt und eines in $L = 1$ m Entfernung vom Magneten aufgestellten Stromindikators wurde der Strom I_{gel} (Abb. 19) der geladenen Teilchen gemessen, die mit $U_{\text{Gen}} = 3$ MV im Rohr beschleunigt wurden. Dabei konnte eine große

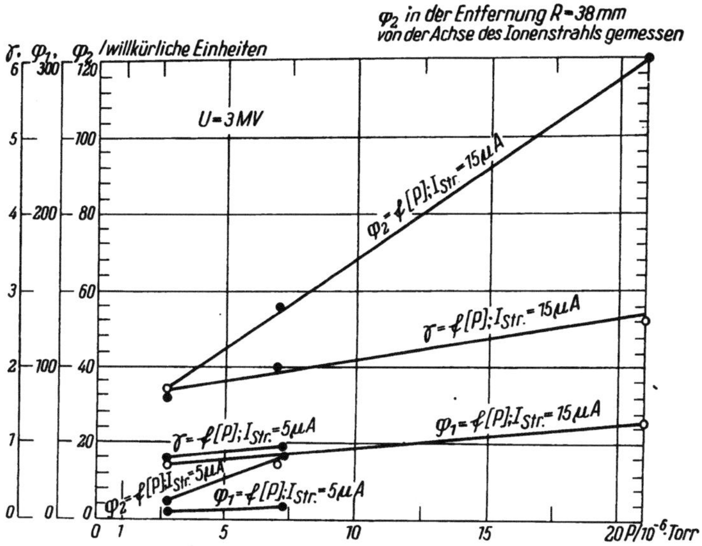

Abb. 21. Abhängigkeit von γ, φ_1, φ_2 vom Gasdruck im Beschleunigungsrohr. Parameter Ionenstromstärke; Generatorspannung 3 MV

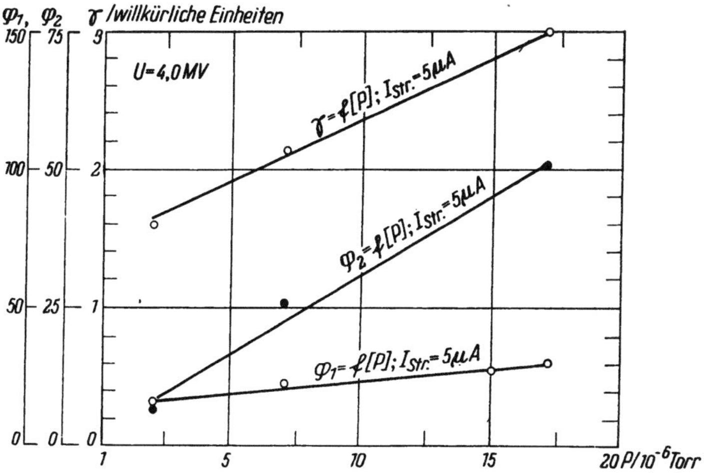

Abb. 22. Abhängigkeit von φ_1, φ_2, γ vom Gasdruck im Beschleunigungsrohr, Generatorspannung 4 MV

Anzahl von Teilchen festgestellt werden, die verschiedene Energien aufwiesen (Abb. 23). Exakt feststehende Maxima in der Kurve entsprechen den Teilchen mit den Massen H_1, H_2 und H_3. Das erste Maximum bei $I_{\text{Magn}} = 11$ A Magnetstrom entspricht H_2-Molekülen der vollen Energie U_{Gen}, die jedoch noch vor dem Eintritt in den Magnetanalysator dissoziierten, das heißt sich in 2 H_1-Atome von je $U_{\text{Gen}}/2$ Energie teilten.

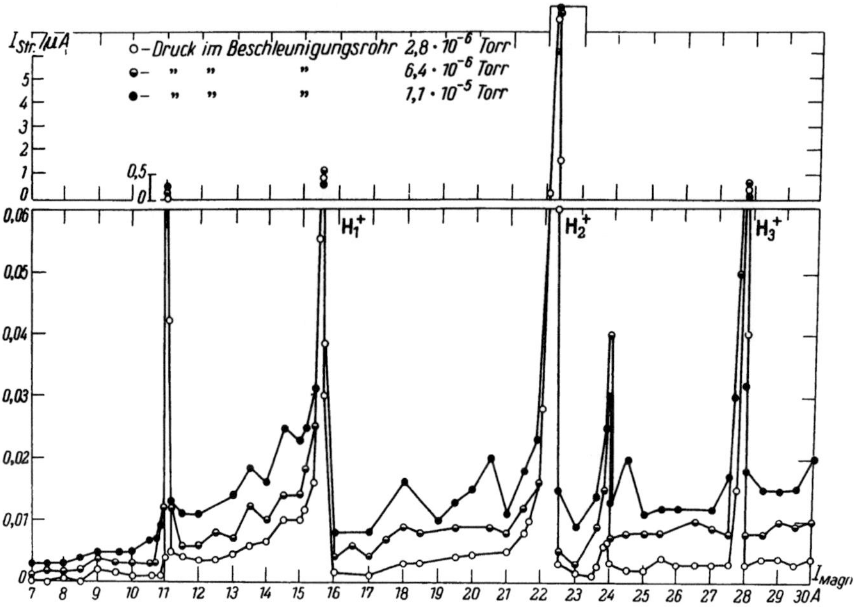

Abb. 23. Energiespektrum des Ionenstrahls

Die hohe Intensität der gestreuten Teilchen, die etwa 20 bis 30% aller geladenen Teilchen ausmachen, rührt trotz des hinreichend hohen Vakuums im Beschleunigungsrohr ($2{,}6 \cdot 10^{-6}$ Torr erdseitig, etwa 1 bis $2 \cdot 10^{-5}$ Torr an der Ionenquelle) offenbar von Stoß- und Streuprozessen der Teilchen mit dem Restgas im Beschleunigungsrohr her.

Die Erhöhung der Bremsstrahlungsintensität bei Druckanstieg im Rohr (siehe die Kurven in Abb. 18, 21, 22) muß man hauptsächlich auf die Wechselwirkung der beschleunigten geladenen Teilchen mit dem Restgas und auf die Wechselwirkung der dabei entstandenen Sekundärprodukte mit den Rohrelektroden zurückführen.

Als Beweis dafür kann angeführt werden, daß sich bei Druckerhöhungen im Beschleunigungsrohr besonders die Anzahl der Teilchen mit einer Energie kleiner als Beschleunigungsenergie erhöht.

Schlußfolgerungen

1. Freon-12 kann als Mittel zur Erhöhung der Durchschlagsfestigkeit eines Gasgemisches verwendet werden, wenn gleichzeitig die nötige Sorgfalt für den Schutz der Metallteile vor Korrosionen gewährleistet ist.

2. Die maximale Spannung konnte bei Verwendung von Freon auf 7 MV gesteigert und die Ladungsverluste durch Korona-Entladung zwischen Säule und Kessel unterdrückt werden.

3. Durch verbesserte Konstruktion und Technologie des Herstellungsprozesses der Beschleunigungsrohre konnte deren elektrische Festigkeit erhöht werden, so daß bei Verwendung einsetzbarer Blenden die Endenergie der beschleunigten Teilchen auf 5 MeV gesteigert werden konnte.

4. Die einsetzbaren Blenden, die das Beschleunigungsrohr in einzelne Teilabschnitte unterteilten, deren Öffnungen die Form von umgestülpten Kegeln mit 30 mm kleinstem Durchmesser hatten, verhinderten gänzlich die spontane Entstehung der Elektronenbelastung im Beschleunigungsrohr (ohne Ionenstrahl) bis zu Spannungen von 5,5 MV.

5. Beim Durchgang des Ionenstrahls durch das Beschleunigungsrohr entstehen infolge der Wechselwirkung der beschleunigten Ionen mit den Dampfmolekülen organischer Substanzen und des Restgases Ströme von

a) Elektronen, die zur Ionenquelle hin beschleunigt werden und Bremsstrahlung auslösen;

b) neutralen Teilchen;

c) gestreuten geladenen und neutralen Teilchen, deren Hauptmenge sich innerhalb 3° längs der Rohrachse in Richtung des Strahles bewegt;

d) gestreuten Teilchen aller möglichen Energien und Massen ($M > 3$), die sich längs der Achse des Ionenstrahls bewegen und 20 bis 40% aller beschleunigten Teilchen betragen.

Die Entstehungsprozesse dieser Teilchen und die Wechselwirkung der gestreuten Teilchen mit den Rohrelektroden sind die entscheidensten Faktoren für die elektrische Festigkeit des Beschleunigungsrohres.

Zur weiteren Verbesserung der Parameter des Beschleunigungsrohres muß man

1. eine Erweiterung des Untersuchungsprogrammes bezüglich der Prozesse, die beim Durchgang des Ionenstrahles durch das Beschleunigungsrohr vonstatten gehen, vornehmen und

a) die Masse und die Ladung der Teilchen in allen Abschnitten des Strahl-Spektrums feststellen sowie

b) die Masse, Ladung und Winkelverteilung der im Strahl gestreuten Teilchen in Abhängigkeit vom Restgasdruck und der Sorte der Pumpenfüllung bestimmen;

2. die Gasmengen, die durch das Beschleunigungsrohr gepumpt werden, verringern und das Vakuum entweder durch differenzielles Evakuieren oder durch Verwendung von Titanpumpen an der Ionenquelle in der Hochspannungselektrode auf 10^{-7} Torr verbessern;

3. eine neue Herstellungstechnologie für gelötete Beschleunigungsrohre (Ag, Ta) ausarbeiten;

4. zum Auspumpen der Beschleunigungsrohre Titanpumpen (eventuell noch Quecksilberpumpen) verwenden.

Literatur

[1] Walter, A. K. und Zigikalo, A. A., Prib. u. Techn. Exp. 4 (1957) 1.

[2] Zigikalo, A. A., Chartschenko, J. A. und Bogdalin, G. J., Bericht des PTI AW USSR 1957.

[3] Nadykto, B. T., Diplomarbeit 1958, PTI AW USSR.

Otto Tischer[1])

Untersuchung der elektrischen Festigkeit einiger Beschleunigungsrohrsektionen von van-de-Graaff-Beschleunigern

Einleitung

Die Spannungsfestigkeit eines Beschleunigungsrohres wird vor allem durch sein Verhalten auf der Vakuumseite bestimmt. In einigen Veröffentlichungen [1 bis 9] beschäftigt man sich mit der Aufklärung des Entladungsmechanismus von Funkenüberschlägen im Hochvakuum. Mit der Lösung dieses Problems wäre die Möglichkeit gegeben, durch geeignete Maßnahmen eine höhere Spannungsfestigkeit zu erreichen.

Zur Zeit kann eine größere Spannungsfestigkeit nur empirisch gefunden werden. Die vorliegende Arbeit beschreibt einige Varianten, bei denen eine Geometrie der Blenden und Isolatoren mit hoher Spannungsfestigkeit erreicht wurde.

I. Beschreibung des Versuchsaufbaues

Abb. 1 zeigt schematisch den Versuchsaufbau. Mit einem Hochspannungstransformator, der einen Scheitelspannungswert von 80 kV liefert, wird durch eine Greinacher-Verdopplerschaltung eine maximale Spannung von 160 kV erreicht. Durch einen Widerstand wird der Spitzenstrom begrenzt und die Gleichrichter vor Überbelastung geschützt. Bei einem Durchschlag an der Meßfunkenstrecke oder an der zu prüfenden Sektion wirkt der Widerstand R_D als Dämpfungswiderstand. Die an dem zu untersuchenden Objekt anliegende Spannung wird über den Meßwiderstand R_M mit einem Mikroamperemeter gemessen und der Spannungsverlauf durch einen Kompensationsschreiber mitgeschrieben.

Bei den Untersuchungen wurde angestrebt, daß die gleichen Bedingungen vorliegen, unter denen ein Beschleunigungsrohr in einem van-de-Graaff-Beschleuniger arbeitet. Deshalb wurde die zu untersuchende Sektion in einem Piacrylgefäß so eingebaut, daß innerhalb der Sektion Hochvakuum besteht und außerhalb ein Schutzgas gegeben werden kann. Mit Freon (CCl_2F_2) als Schutzgas bei geringem Überdruck ist die notwendige Spannungsfestigkeit gegen äußere Überschläge vorhanden. Der Entladungsstrom der Sektion wird nach Verstärkung mit einem Oszillografen sichtbar gemacht.

---

[1]) Zentralinstitut für Kernphysik, Rossendorf Bereich, Physik der Atomkerne

Abb. 1
Blockschaltbild
der Versuchsanlage

H. Sp. — Hochspannungserzeuger
RD — Dämpfungswiderstand,
RM — Meßwiderstand,
KS. — Kompensationsschreiber,
V — Verstärker,
OSZ. — Oszillograf,
HVP. — Hochvakuumpumpe,
VVP. — Vorvakuumpumpe

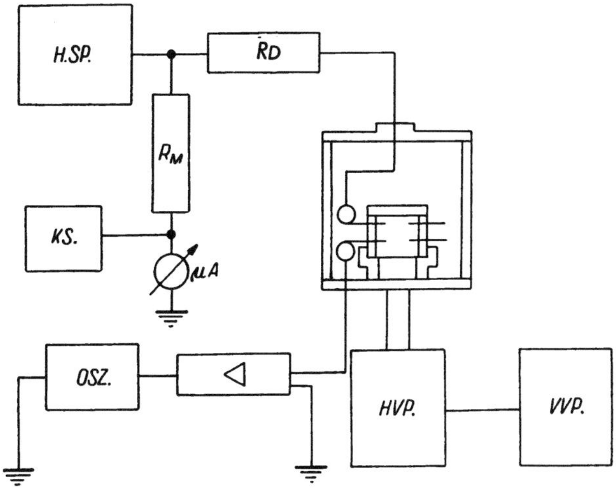

Ein Hochvakuumschieber über der Diffusionspumpe gestattet ein schnelles Auswechseln der Sektion. Die notwendige Belüftung erfolgt dabei mit Stickstoff.

II. Sektionsaufbau und Untersuchungsergebnisse

Zur Durchführung einer systematischen Untersuchung war es notwendig, Versuche an Einzelsektionen durchzuführen, mit dem Ziel, eine möglichst hohe Spannungsfestigkeit zu erreichen. Bei der ersten Sektion wurde eine solche Anordnung verwandt, deren Beschreibung man oft in der Literatur findet. Als Isolatormaterial fand auf Grund seiner guten elektrischen Eigenschaften Steatit Verwendung. Die Isolatorabmessungen wurden so gewählt, daß die Höhe 25 mm, sein äußerer Durchmesser 140 mm und die Wandstärke 15 mm betrugen. Die Innenseite des Isolators wurde gewellt ausgeführt, um das Auftreten von Gleitentladungen zu verhindern. Als Blendenmaterial fand Kupferblech von 0,5 mm Stärke Verwendung, da es sich leicht verarbeiten läßt. Durch eine Klebung mit Epoxydharz wurde die Verbindung Isolator-Blende hergestellt. Einige Varianten des Sektionsaufbaues zeigt Abb. 3.

Es war beabsichtigt, eine Betriebsspannung von 50 kV pro Sektion mit Sicherheit zu erreichen, um am gesamten Beschleunigungsrohr eine Spannung von 2 MV zu erhalten. Aus einer Arbeit von Piwowar, Tubajew und Nowikow [10] kann man entnehmen, daß der Unterschied in der Spannungsfestigkeit zwischen einer Einzelsektion und der Spannungsfestigkeit pro Sektion an einem Rohrstück aus 10 Sektionen ungefähr 10% beträgt. Wir versuchten aus Sicherheitsgründen eine Spannung an der Einzelsektion zu erzielen, die 100% höher liegt als die geforderte Betriebsspannung.

Zur Überprüfung der Meßapparatur wurden Versuche mit einer einfachen Elektrodenanordnung (Spitze—Spitze) durchgeführt. Gleichzeitig sollte die Abhängigkeit der Spannungsfestigkeit vom Vakuum im Druckbereich von $5 \cdot 10^{-4}$

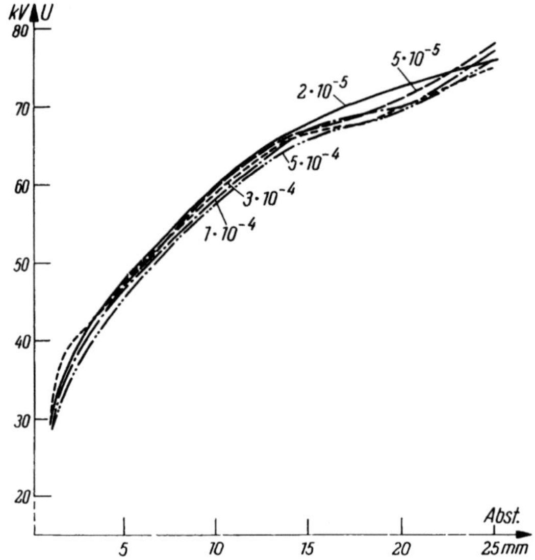

Abb. 2. Darstellung der Durchschlagsspannung in Abhängigkeit vom Elektrodenabstand. Als Parameter ist der Druck in Torr im Rezipienten angegeben

bis besser als $1 \cdot 10^{-5}$ Torr untersucht werden. In Abb. 2 ist die Durchschlagsspannung in Abhängigkeit vom Abstand aufgetragen und der entsprechende Vakuumwert als Parameter angegeben. Aus den gemessenen Kurven ist zu entnehmen, daß in dem untersuchten Vakuumbereich keine Abhängigkeit der Spannungsfestigkeit vom Vakuum besteht.

Die geringen Streuungen der einzelnen Kurven (ungefähr 4 kV) sind auf die durch Funkenüberschläge bewirkten geometrischen Veränderungen der Elektrodenoberfläche zurückzuführen. Die Untersuchungen an Einzelsektionen wurden mit einer Anordnung, wie sie in Abb. 3 schematisch dargestellt sind, begonnen. Die interessierenden Meßwerte sind unter der entsprechenden Sektion in einer Tabelle eingetragen.

U_{BT} ist dabei diejenige Spannung, bei der der erste Durchschlag während der Trainierung auftrat.

U_{DT} ist die Durchbruchsspannung, die eine weitere Steigerung der Spannung nicht mehr zuläßt.

U_B und U_D sind die entsprechenden Werte nach Abschluß der Trainierung.

Diese Werte allein geben noch keinen vollständigen Aufschluß über das Verhalten einer Sektion, sondern dazu muß der gesamte Spannungsverlauf während der Trainierung berücksichtigt werden. In Abb. 4 ist deshalb der vom Kompensationsschreiber aufgezeichnete zeitabhängige Spannungsverlauf für die jeweilige Sektion dargestellt.

Bei der Sektion 3a ist zwischen Blende und Isolator ein Kupferring so eingelegt, daß eine galvanische Verbindung zwischen Blende und Silberschicht auf dem Isolator besteht. Die Elektrode ist eine einfache Lochblende mit einer Zentralbohrung von 20 mm. Zur Verringerung des Strömungswiderstandes befinden sich in den Blenden weitere Bohrungen, die von Blende zu Blende versetzt sind. In der Kurve 4a ist die Spannung in Abhängigkeit von der Trainierungszeit aufgetragen.

Die hier auftretenden Spitzen stellen jeweils einen Durchschlag dar. Die Häufigkeit der Durchschläge während der Trainierung zeigt die schlechten elektrischen Eigenschaften dieser Sektion. Abb. 3a gibt die charakteristischen Werte wieder. Nach Beendigung der elektrischen Prüfung wurde die Sektion auseinandergenommen und auf sichtbare Durchschläge mit einem Mikroskop untersucht. Bei der oben angegebenen Anordnung wurden Durchschlagsspuren vorwiegend am Ende der Silberschicht und zwischen Kupferring und Silberschicht festgestellt, und zwar an den Stellen, wo der Kupferring nicht vollständig an der Silberschicht anlag. Die Prüfungsergebnisse entsprechen nicht den Anforderungen, die wir an eine Sektion stellen müssen, und die Häufigkeit der Überschläge läßt diese Sektionsanordnung als wenig geeignet für ein Beschleunigungsrohr erscheinen.

Auf Grund der Untersuchungsergebnisse an der Sektion 3a wurde die neue Sektion so abgeändert, daß an Stelle des Kupferringes ein Bleiring direkt an die Blende angegossen wurde. Diese neue Anordnung gibt Abb. 3b wieder. Der Spannungsverlauf ist in Abb. 4b zu sehen und zeigt in den charakteristischen Werten sowie in der Vielzahl der Durchschläge noch schlechtere elektrische Eigenschaften als die vorhergehende Sektionsanordnung. Bei der optischen Untersuchung sind Durchschlagsspuren an den Stellen festgestellt worden, wo der Isolator auf der Vakuumseite am Bleiring endet.

Bei den Sektionen 3a und 3b hat sich die Fehlerquelle an der Verbindung Isolator–Metall–Vakuum gezeigt. Die Blendenform wurde deshalb so abgeändert, daß eine feldmäßige Entlastung dieser Stelle eintritt. In 3c ist die abgeänderte Form der Blende dargestellt. Gleichzeitig ist die Beilage (Blei- oder Kupferring) weggelassen worden, so daß sich nur noch die Silberschicht auf dem Isolator befindet. Der Nachteil dieser Anordnung tritt hier darin auf, daß die Epoxydharzschicht mit dem Vakuum direkt in Verbindung kommt. Diese Tatsache kann sich sehr ungünstig auf die Spannungsfestigkeit der Sektion auswirken, wenn die Entgasung nur mangelhaft durchgeführt wird. Untersuchungen des Isolators zeigten, daß Durchschlagsspuren am Rand der Silberschicht vorhanden waren. In den elektrischen Werten ist ein deutliche Steigerung im Vergleich zu den Sektionen 3a und 3b zu verzeichnen. Wie in Abb. 4c zu sehen ist, wirkt sich die erhöhte Spannungsfestigkeit aber nur gering auf die Verminderung der Anzahl der Durchschläge aus.

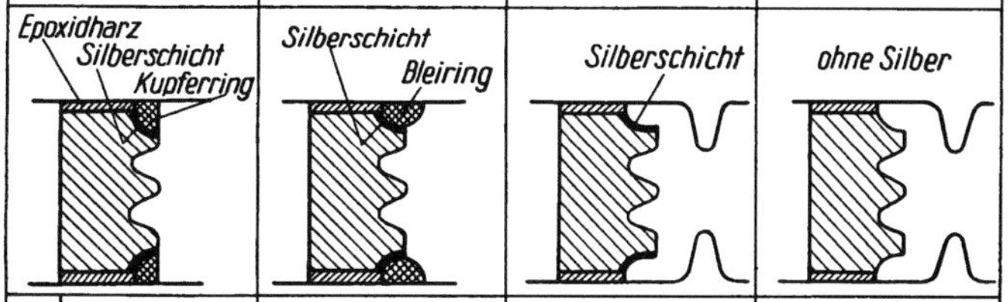

	a	b	c	d
U_{BT}	41 kV	26 kV	69 kV	72 kV
U_{DT}	81 kV	74 kV	93 kV	137 kV
U_B	81 kV	66 kV	69 kV	108 kV
U_D	81 kV	75 kV	93 kV	139 kV

Abb. 3. Darstellung der untersuchten Sektionsanordnungen und ihre charakteristischen elektrischen Daten

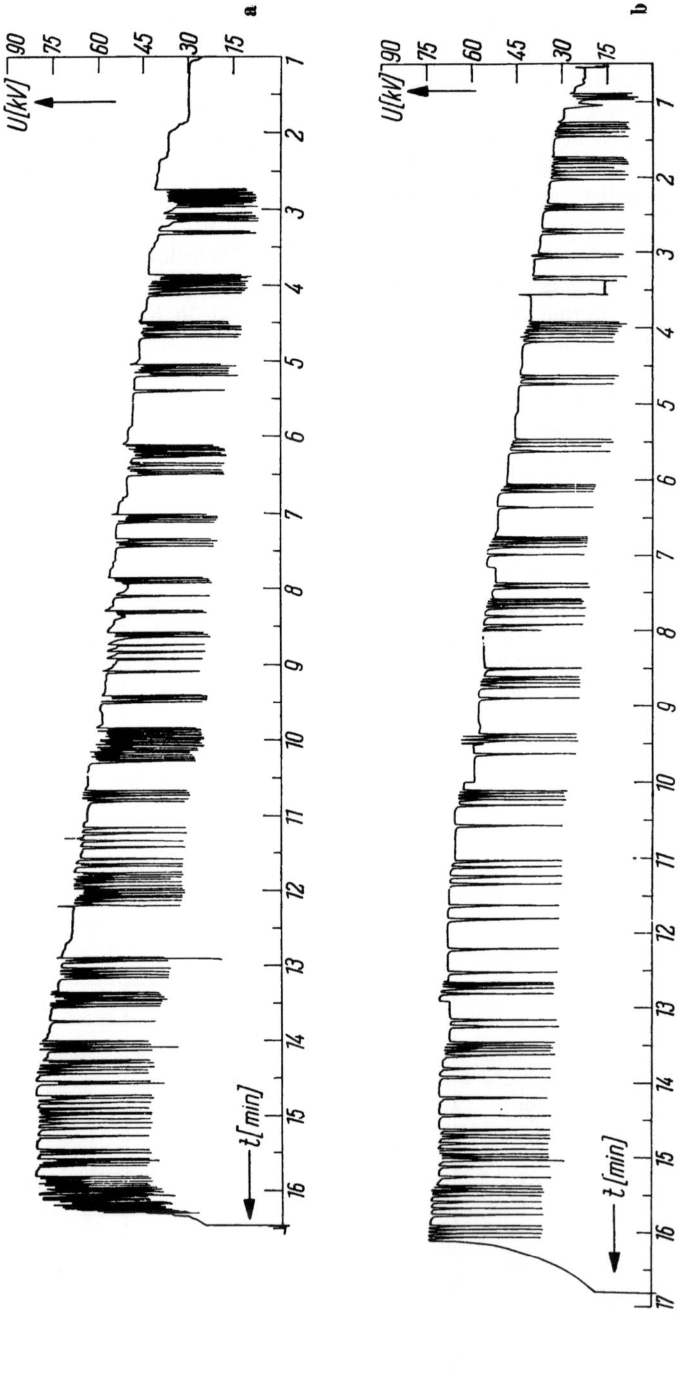

Abb. 4. Spannungsverlauf an der Sektion in Abhängigkeit von der Trainierungszeit für die Sektionen nach Abb. 3. Die Kurven a bis d sind dabei den Sektionsanordnungen a bis d in Abb. 3 zugeordnet

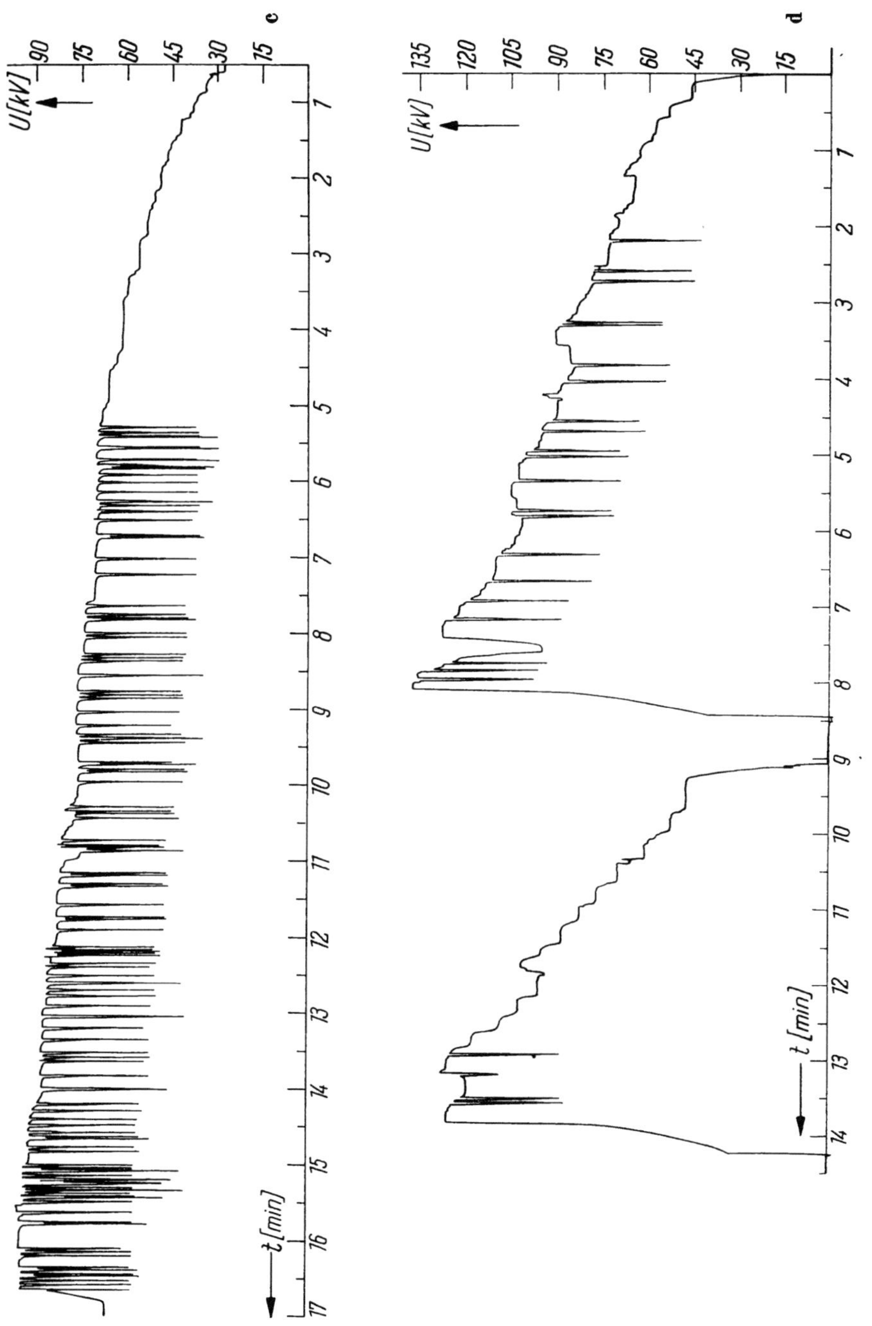
c
U[kV]
90
75
60
45
30
15
t [min]
1
2
3
4
5
6
7
8
9
10
11
12
13
14
15
16
17
d
U[kV]
135
120
105
90
75
60
45
30
15
t [min]
1
2
3
4
5
6
7
8
9
10
11
12
13
14

Als einzige Änderung gegenüber der Sektion 3c wurde in der Anordnung 3d die Silberschicht vom Isolator entfernt. Die Untersuchung dieser Sektion ergab eine wesentliche Steigerung in den charakteristischen elektrischen Daten, wie aus Abb. 3d zu entnehmen ist. Auch die Anzahl der Durchschläge hat, trotz schnellerer Spannungssteigerung, beträchtlich abgenommen. Dies zeigt auch der in Abb. 4d dargestellte Spannungsverlauf.

III. Einige Schlußfolgerungen aus den vorliegenden Ergebnissen

Gewöhnlich wird das Beschleunigungsrohr als Ganzes im Generator trainiert. Dabei lassen sich Durchschläge kaum vermeiden. Wenn man bedenkt, daß jeder Durchschlag eine Beschädigung oder sogar Zerstörung des Rohres zur Folge haben kann, wird es sich als ratsam erweisen, daß man es nicht in seiner Gesamtheit sondern sektionsweise trainiert. Der Vorteil, den diese Methode erbringen kann, ist aus den Kurven des Spannungsverlaufes an der Einzelsektion zu erkennen. Bei einer sektionsweisen Trainierung außerhalb des Generators macht sich eine kurzzeitige Zwischenbelüftung beim Einbauen des Beschleunigungsrohres notwendig. Durchgeführte Versuche einer kurzzeitigen Belüftung mit Stickstoff ergaben nur eine geringe Veränderung in der Spannungsfestigkeit an der Einzelsektion. Somit wären die Voraussetzungen für eine sektionsweise Trainierung außerhalb des Generators gegeben. Die Faktoren, die die elektrische Festigkeit am gesamten Rohr beeinflussen und an der Einzelsektion nicht wirksam in Erscheinung treten, wurden nicht berücksichtigt. Diese Aufgabe ist späteren Untersuchungen vorbehalten.

Literatur

[1] Trump, J. G. und Van de Graaff, R. J., J. appl. Phys. **18** (1947) 327.
[2] Allen, J. S., Phys. Rev. **55** (1939) 236.
[3] Hill, A. G., Buechner, W. W., Clark, J. S. und Fisk, J. B., Phys. Rev. **55** (1939) 463.
[4] Webster, E. W., Trump, J. G. und Van de Graaff, R. J., J. appl. Phys. **23** (1952) 264.
[5] Bourne, H. C., Cloud, R. W. und Trump, J. G., J. appl. Phys. **26** (1955) 596.
[6] Fünfer, L., Z. angew. Phys. **5** (1953) 426..
[7] Cranberg, L., J. appl. Phys. **23** (1952) 327.
[8] Schmidt, G., Acta Phys. **IX**/1 – 2.
[9] Boersch, H., Hamisch, H. und Wiesner, S., Z. angew. Phys. **13** (1961) 450.
[10] Piwowar, Tubajew und Nowikow, J. techn. Phys. **30** (1960).

Bei Fragen zur Produktsicherheit wenden Sie sich bitte an:
If you have any questions regarding product safety,
please contact:

Walter de Gruyter GmbH
Genthiner Straße 13
10785 Berlin
productsafety@degruyterbrill.com